MAYA 模型

中国国际人才开发中心 组编

✳ 完美动力 编著

完美动力影视动画课程实录

教学光盘

案例工程文件

约2000分钟教学视频

相关素材及参考视频

海洋出版社

2015年 • 北京

内 容 简 介

"完美动力影视动画课程实录"系列丛书是根据完美动力动画教育的影视动画课程培训教案整理改编而成的，按照三维动画片制作流程分为《Maya 模型》、《Maya 绑定》、《Maya 材质》、《Maya 动画》和《Maya 动力学》5 册。本书为其中的模型分册。

主要内容：本书共 7 章。第 1 章为基础建模，概述 Maya 建模的三种方式及各自的适用范围，重点介绍多边形建模的一般过程、常用工具及命令；第 2 章为场景建模，概述场景及一般制作规律，并以室内场景为例详细讲解其建模过程、方法和要点；第 3 章为卡通角色建模，概述卡通角色的基本类型及建模原则，指出卡通角色和写实角色的建模区别，并通过实例详细说明其制作方法；第 4 章与第 5 章分别详细介绍男性与女性角色完整、准确的建模方法，并说明二者在形体、骨骼结构、肌肉与脂肪分布、建模布线等方面的异同点；第 6 章讲解角色道具建模方法及与角色的匹配技巧；第 7 章系统介绍动画制作中关于角色表情在模型阶段需要掌握的常识，并在总结典型表情的基础上，说明表情制作的流程及方式。

读者对象：

● 影视动画社会培训机构的初级学员

● 中高等院校影视动画相关专业学生

● CG 爱好者及自学人员

图书在版编目（CIP）数据

Maya 模型/完美动力编著. —北京：海洋出版社，2012.6
（完美动力影视动画课程实录）
ISBN 978-7-5027-8264-1

Ⅰ. ①M… Ⅱ. ①完… Ⅲ. ①三维动画软件 Ⅳ. ①TP391.41

中国版本图书馆 CIP 数据核字（2012）第 093274 号

总 策 划：吕允英

责任编辑：张鹤凌 张嫛嫘

责任校对：肖新民

责任印制：赵麟苏

排　　版：海洋计算机图书输出中心 晓阳

出版发行 海洋出版社

地　　址：北京市海淀区大慧寺路 8 号（716 房间）
　　　　　 100081

经　　销：新华书店

技术支持：（010）62100050　 hyjccb@sina.com

本书如有印、装质量问题可与发行部调换

发 行 部：（010）62174379（传真）（010）62132549
　　　　　（010）68038093（邮购）（010）62100077

网　　址：www.oceanpress.com.cn

承　　印：北京画中画印刷有限公司

版　　次：2012 年 6 月第 1 版
　　　　　 2015 年 8 月第 2 次印刷

开　　本：889mm×1194mm 1/16

印　　张：16.75 （全彩印刷）

字　　数：587 千字

印　　数：3001～5000 册

定　　价：90.00 元（含 2DVD）

编审委员会

编写委员会

序

在 2012 年的初春，接到了为"完美动力影视动画课程实录"系列丛书作序的邀请，迟迟未能动笔，皆因被丛书内容深深吸引之故。

自从 2000 年国家在政策层面上提出"发展动画产业"以来，中国动画产业的发展突飞猛进。据统计，2011 年全国制作完成的国产电视动画片共 435 部、261224 分钟，全国共有 21 个省份以及有关单位生产制作了国产电视动画成片。国产动画产量的大幅增长，一定程度上反映了我国动画产业蓬勃发展的势头和潜力。尽管中国跃居世界动画产量大国之列，但是却不是动画强国，中国与美国、日本等动画强国相比存在着诸多差距。

这些差距表现在多个方面，又有多种因素制约着中国动画行业的发展，其中最为突出的是我国缺乏大批优秀的动画创作人才，要解决这一困境，使我国的动画产业得到长足发展，动画教育是根本。

目前全国各地的院校纷纷建立了动画专业，也有很多动画公司、培训机构开展了短期培训。随着动画产业的不断发展，动画教育面临着诸多的挑战，很多院校的动画专业课程设置不合理，学习的内容与实际生产脱节，甚至有些社会培训机构都是教软件怎么使用。对于动画教育存在的这些弊端，多媒体行业协会也在不断地探索，动画教育应该是有章法的，应该由项目管理者，或者项目经理来规划课程。动画教育不应单纯讲授软件的操作，我觉得应该能做到让学生明白整个动画生产流程，学习专业的动画创作知识。

除了系统、科学的课程体系外，一套完备的、科学的、系统的专业教材，也是动画教育的关键。自进入多媒体事业，特别是多媒体教学、人才培养事业之后，笔者早已认识到目前多媒体教学领域中，针对初学者的优秀教学书籍的匮乏。

完美动力此次编著的系列图书按照动画生产流程，以由浅入深、循序渐进的原则从基础知识和简单实例逐步过渡到符合生产要求的成熟案例解析。图书内容均为完美动力动画教育讲师亲自编写，将动画制作经验和教学过程中发现的问题在书中集中体现。每本书中的案例都经过讲师精心挑选，具有典型性和代表性，且知识的涵盖面广。该系列图书的公开出版，实在是行业内一大幸事。

　　完美动力是北京多媒体行业协会不可缺少的会员单位之一，在北京及全国多个省份设有分支机构和子公司，承担着中国文化传播、影像技术、动画艺术、网络技术与影视动画教育的领军任务，并为中国的 CG 产业培育出大批实战队伍。完美动力主要从事影视动画制作、电视包装、影视特效等业务，对北京多媒体行业协会的工作，也一直给予了支持。相信"完美动力影视动画课程实录"系列图书能够给广大 CG 爱好者，尤其是想进入影视动画行业的读者及刚刚从事影视动画工作的行业新人，带来实实在在的帮助，成为大家学习、工作的良伴。

北京多媒体行业协会秘书长

© TOUCHSTONE PICTURES

前　言

　　影视动画，是一门视听结合的影视艺术。优秀的影视动画作品能给人们带来欢笑与快乐，带来轻松与享受，甚至带来人生的感悟与思考。在我们或迷恋于片中的某个角色，或为滑稽幽默的故事情节捧腹大笑，或感叹动画作品的丰富想象时，一定在想是谁创造了如此的视听盛宴？是他们，一群默默努力奋斗的 CG 动画从业者。或许，你期望成为他们中的一员；也可能，已走在路上。

　　你可能是动画院校的学生，或者动画培训机构的学员，也可能是正在进行自学的爱好者。不论采取哪种方式进行学习，拥有一套适合自己的教程，都可以让你在求学的道路上受益，或者用最短的时间走得最远。

　　之所以说是一套，是因为影视动画的制作需要经过由多个环节组成的完整生产流程。对于三维动画，其中最主要的是建模、绑定、材质渲染、动画制作及动力学特效。可以说，每一部动画作品的诞生都是许许多多人共同努力的成果。你可能在日后的工作中只负责其中的一个模块，但加强对其他模块的了解能够帮助我们与其他部门进行有效协作。全面了解、侧重提高，是动画初学者惯常的学习模式。

　　为了帮助大家学习、成长得更快，我们特别推出"完美动力影视动画课程实录"系列图书。该系列图书是根据完美动力动画教育的影视动画课程培训教案整理改编而成的，按照三维动画片制作流程分为《Maya 模型》、《Maya 绑定》、《Maya 材质》、《Maya 动画》、《Maya 动力学》5 本。

　　《Maya 模型》介绍了道具建模、场景建模、卡通角色建模、写实角色建模、角色道具建模、面部表情建模等动画片制作中常用的模型制作方法。卡通角色建模与写实角色建模是本书的重点，也是学习建模的难点。

　　《Maya 绑定》首先依次介绍了机械类道具绑定、植物类道具绑定、写实角色绑定、蒙皮与权重、附属物体绑定、角色表情绑定的方法，然后说明了绑定合格的一般标准，并对绑定常见问题及实用技巧进行了归纳和总结，最后指出了绑定进阶的主要方面。

　　《Maya 材质》分为两篇，第 1 篇"寻找光与材质世界的钥匙"依次为走进光彩的奇幻世界、熟悉手中的法宝——材质面板应用、体验质感的魅力——认识 UV 及贴图、登上材质制作的快车——分层渲染；第 2 篇"打开迷幻般的材质世界"依次为成就的体验——角色材质制作、场景材质制作、Mental Ray 渲染器基础与应用、少走弯路——初学者常见问题归纳。

《Maya 动画》同样分为两篇，在第 1 篇"嘿！角色动起来"中首先介绍了 Maya 动画的基本类型、动画基本功——时间和空间，然后重点讲解人物角色动画和动物角色动画的制作方法；在第 2 篇"哇！角色活起来"中首先说明在动画制作中如何表现生动的面部表情和丰富的身体语言，然后指出动画表演的重要性，并说明如何通过"读懂角色"、"演活角色"来赋予角色生命。

《Maya 动力学》共 8 章，分别是粒子创建（基础）、粒子控制、流体特效、刚体与柔体特效、自带特效（Effects）的应用、Hair（头发）特效、nCloth（布料）特效和特效知多少。

本套图书由一线教师根据多年授课经验和课堂上同学们容易出现的问题精心编写。内容安排上，按照由浅入深、循序渐进的原则，从基础知识、简单实例逐步过渡到符合生产要求的成熟案例。为了让大家能够在学习的过程中知其然知其所以然，还在适当位置加入了与动画制作相关的机械、生物、解剖、物理等知识。每章末尾除了对本章的知识要点进行归纳和总结，帮助大家温故与知新外，还给出了作品点评、课后练习等内容。希望本套图书能给大家带来实实在在的帮助，成为你影视动画制作前进道路上的"启蒙老师"或"领路人"。

本套图书由完美动力图书部组织编写。在系列图书即将出版之际，感谢北京多媒体行业协会、中国国际人才开发中心的殷切关心和大力支持。感谢丛书顾问们的学术指导和编委会成员的通力合作。同时，还要感谢邴强、刘键、林鹏、于斌、吴宗谕、李溢波、罗文等参与本书案例视频的讲解录制，感谢完美动力学员王岩、王丹、綦超、孟彦君、陈峰、田永超、孙艳彬、赵鑫、姜南、王宇慧、乌力吉木任等参与本书的通读核查。最后，感谢海洋出版社编辑吕允英、张曌嫘、张鹤凌等为本书的成功出版所提供的中肯建议和辛勤劳动。

由于时间仓促，难免存在疏漏之处，敬请广大读者和同仁批评指正。

完美动力集团董事长　肖随山

光盘说明

章次及名称	教学视频	参考图片	盘符
第 1 章 初探门径——基础建模	第 1 章 初探门径——基础建模	1.4.3 Camera Side	
第 2 章 设身处地——场景建模	2.2.1 拱形长廊的制作 2.2.2 顶和石柱的制作 2.2.3 墙和门洞的制作 2.2.4 地面和桥的制作 2.2.5 细节部分的制作	—	
第 3 章 个性鲜明——卡通角色建模	3.2.2 头部的外形制作 3.2.3 ～ 3.2.4 眼睛及耳朵的制作 3.2.5 ～ 3.2.6 唇、齿、颈及胡须的制作 3.2.7 ～ 3.2.8 头发及头饰的制作 3.2.9 ～ 3.2.14 身体及服装的制作	3.2.1 Cartoon Front 3.2.1 Cartoon Side	A 盘
第 4 章 形如真人——男性写实角色建模	4.2.1 头部骨骼结构 4.2.2 1）头部基本外形制作 4.2.2 2）五官基本形态制作 4.2.3 2）眼睛及眼球的制作 4.2.3 3）耳朵制作 4.2.3 4）～ 5）鼻子及其细节制作 4.2.3 6）嘴巴制作 4.2.3 7）耳朵与头部的缝合 4.2.3 8）牙齿的制作 4.3 ～ 4.4 男性基础外形制作与细化 4.5 男性人体外形细化 4.6.2 手部基础外形制作 4.6.3 手部细节制作 4.7 男性脚部制作 4.8 身体缝合并调整比例	4.2 Head Front 4.2 Head Side 4.2.3 Teeth Top	

章次及名称	教学视频	参考图片	盘符
第 5 章 形如真人——女性写实角色建模	5.2 女性头部制作 5.3 女性基础外形制作 5.4 ～ 5.5 女性身体细化及上肢制作 5.6 ～ 5.7 女性角色下肢及手部制作 5.8 ～ 5.10 女性脚部制作、身体缝合及调整细节	—	
第 6 章 整装待发——角色道具建模	6.2 皮靴制作 6.3.1 衣服基础外形制作 6.3.2 ～ 6.3.12 衣服细节制作 6.3.13 ～ 6.3.14 扣子及腰带制作	6.2 Boot	B 盘
第 7 章 生动传神——面部表情建模	7.3 制作目标体常用命令 7.4.1 面部肌肉分析及布线要求 7.4.2 嘴部表情制作 7.4.3 眼睛表情制作 7.4.4 眉毛表情制作 7.5 口型制作	—	

目 录

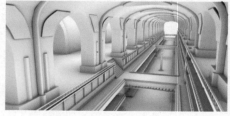

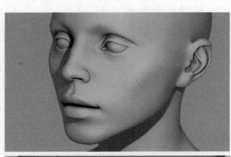

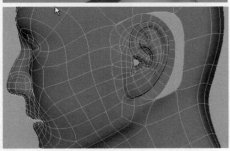

目录

XI

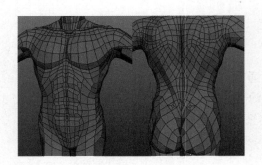

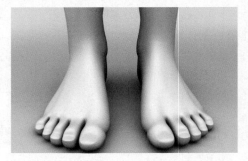

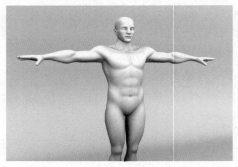

形如真人——女性写实角色建模   150

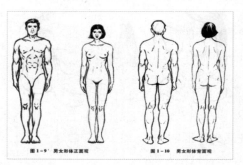

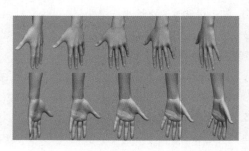

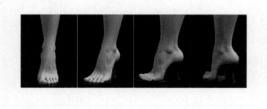

6 整装待发——角色道具建模 ……………………………………… 176

7 生动传神——面部表情建模 …………………………………… 226

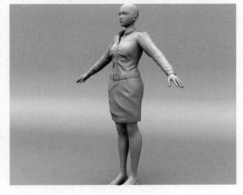

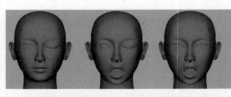
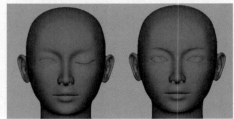

开　篇

我们生活在一个丰富多彩的世界里，这个世界中的物体多种多样，形态各异：有的柔软、有的坚硬、有的庞大、有的微小、有的尖锐、有的圆润。

随着电脑科技和影视动画的发展，人们越来越希望在三维动画中看到生活里随处可见的元素，并希望它们以一种艺术的形式出现在舞台上。那么，如何才能在电脑屏幕上完美地呈现出现实世界的模型元素呢？从影视表演的角度来说，讲述一个故事所需要的模型元素大致有三种，即场景、道具和角色，三者缺一不可。

场景，即角色表演的场地和舞台，根据光照可以分为室内和室外，根据规模可以分为大型和小型。我们生活中所住的房子、坐车经过的车站、车水马龙的街头，都可以称作场景，如图0-1所示。影视动画中场景是根据故事情节而选定的。

有了场景，还需要有道具来推动故事的发展。所谓道具，就是指在场景中分布，以及角色表演所需要的一些物品物件，如房中的桌子椅子和瓶瓶罐罐，角色的刀剑或者玩具等。图0-2中的桌椅，便是生活中常见的道具。

图0-1 场景   图0-2 道具

在场景和道具都准备好了以后，故事的主角（角色）就可以闪亮登场了。角色是影视表演的灵魂，也是模型中重要的元素，它可以是人，可以是动物，也可以是通过艺术加工拟人化的具有生命的物体。图0-3中的小女孩，便是一个非常具有代表性的角色。

当明确了故事的场景、道具和角色之后，接下来的工作，就是在电脑中创建三维模型。能够创建三维模型的软件常用的有Autodesk Maya、ZBruch、Autodesk 3DMax、Cinema4D等，在影视动画片制作中Autodesk Maya是最常用的建模软件。

Maya的建模同绘画、雕塑等艺术活动一样，也是一项来源于生活的艺术创作，它需要我们具有一双善于观察的眼睛，能够捕捉到物体的形态特征。很多初学者在刚学习Maya建模时，往往脱离不开二维绘画的模式，即只注意到物体的外形，忽略了物体的空间感。也有的初学者会把一些命令和步骤看得非常重要，到头来只是掌握了一些工具，并不能够做好Maya模型。

在Maya的建模过程中，对命令的应用并不是很多，主要在于对物体和角色结构的了解。生活中的任何物体和角色，都有一定的比例和结构，这些关键点把握好之后还需关注细节。如图0-4所示的老式电话机，我们在制作的时候，需要观察机身上的细节变化，只有先分析出光滑的转折和较为坚硬的边角之间的区别，才能用相应的方法将其表现出来。

图0-3　角色（人物）

图0-4　老式电话机

　　对于植物来说，它们的结构、形态和生活中的物品又有很大的区别。如图0-5所示的藤蔓植物，我们在制作的时候，需要充分表现植物本身生动、自然、富有生命力的姿态特点，不能将其做得过于死板。

　　人类角色则更为复杂，需要了解人体的比例和生理结构。图0-6是达·芬奇所绘的人体比例图，此图的含义是：一个正常站立的男性双臂平伸时，指尖距离正好等于人体的身高；另一方面，以脐孔为圆心，以脐孔到脚底的长度为半径画一个圆，人的双臂举到与头平齐的高度时，正好四肢顶端都相交在这个圆上。

图0-5　藤蔓植物

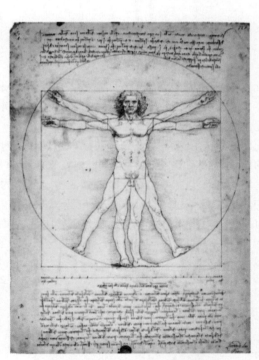

图0-6　达·芬奇所绘的人体比例图

　　达·芬奇所绘的这张人体比例图说明了人类身体的比例，这个比例符合"黄金分割"定律，是人类身体比例的普遍规律。人类生活的地域与种族的不同，人体比例或多或少都会存在差异。在绘画或三维创作领域，通常以头长与身高相比较来确定人物的比例。由于人类个体的差异，身体比例会有细微的不同，有7.5:1的，也有8:1的，有的甚至达到9:1（通常所说的"9头身"）。同时在不同的年龄段人体与头长比例也是不一样的，如图 0-7 所示。儿童一岁左右身高大约只有 4 个头长，身高的中点在脐孔处，大约每五年增加一个头的比例。二十岁左右身高达到八个头长，身高的中点慢慢移向耻骨联合处。

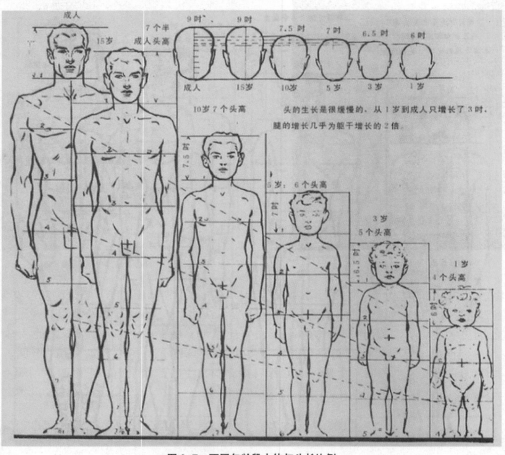

图 0-7　不同年龄段人体与头长比例

女性的比例和男性存在着明显的差别，主要体现在女性属于长躯干型，即躯干和下肢的比例都大于男性，从图 0-8 可以看出女性直立时，头顶到足底的中间位置要高于耻骨联合处，这是女性人体区别于男性人体的一个重要方面。

长期的研究和总结发现人体头部也是具有相对固定的比例的，在传统理论中，一般用"三庭五眼"来概括面部的比例，如图 0-9 所示。其中，"三庭"指的是将脸部的长度，即从额头发际线到下颚，按照从发际线到眉毛、眉毛到鼻尖、鼻尖到下颚分为 3 份，各份的长度均分脸部长度的 1/3。"五眼"指理想脸型的宽度为五个眼睛的长度，就是以一个眼睛的长度为标准，从发际线到眼尾（外眼角）为一眼，从外眼角到内眼角为二眼，两个内眼角的距离为三眼，从内眼角到外眼角，又一个眼睛的长度为四眼，从外眼角再到发际线称为五眼。

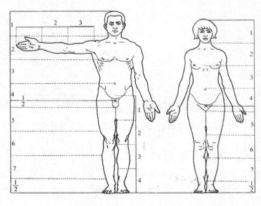

图 0-8　男女人体比例

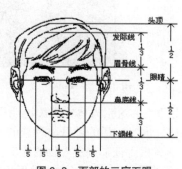

图 0-9　面部的三庭五眼

"三庭五眼"是人的脸长与脸宽的一般标准比例。现如今，在"三庭五眼"的基础上出现了一个更为精确的标准，各个部位皆符合此标准，即为普遍意义上的美，具体如下：眼睛的宽度，应为同一水平脸部宽度的3/10；下巴长度应为脸长的1/5；眼球中心到眉毛底部的距离，应为脸长的1/10；眼球应为脸长的1/14；鼻子的表面积，要小于脸部总面积的5/100；理想嘴巴宽度应为同一水平脸部宽度的1/2。

当然，上述的这些理论也不是绝对的，现实中的角色会存在或多或少的偏差，有时候角色也会有相应的夸张要求，我们必须在理论的基础上，根据制作的具体需要概括角色特点，才能准确地再现一个角色模型。

至此，相信大家已经对模型创建有了初步了解。事实上，对于动画片制作而言，模型只是其中的一个环节，其在三维动画制作流程中的位置如图 0-10 所示。

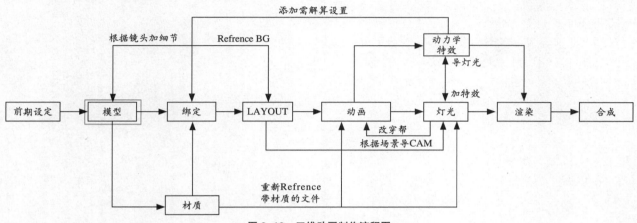

图 0-10 三维动画制作流程图

可以看出，模型处于动画制作中期（即三维部分）的首要位置，它是连接二维设定与三维创作的纽带，所完成的主要工作是将二维环节设定的场景、道具及角色用三维的形式呈现出来。之后还需要通过绑定为模型添加控制，使像雕塑一样静止的模型具备运动起来的能力，然后由动画师在动画环节让各种各样的角色真的动起来。接下来还需要进入灯光、渲染等环节为灰色的模型添加纹理、质感，为单调的场景添加灯光，营造整体氛围，这样角色才真实生动，空间才逼真可信。完成这些工作还不够，还需要进入合成环节对三维软件渲染生成的图片进行校色、添加后期特效等，使画面色彩更为协调、炫丽，并最终将这一张张静帧图片串联起来，输出动画成片。

可以说，一部优秀动画作品的诞生是许许多多人共同努力的成果。本书将教会我们如何把模型创建好，为后续环节打下坚实的基础。

初探门径——
基础建模

> 了解Maya三种不同的建模方法及区别
> 掌握建模的常用命令
> 了解建模的一般流程

模型是三维影片制作的起始点，后面的绑定、材质、动画和后期制作都建立在模型的基础上。好的模型是角色鲜活、生动的前提。本章主要学习 Maya 的建模方法、常用的建模命令，并通过简单的实例初步了解建模的一般过程。

1.1 Maya的建模方式

Maya 建模的方式有 Polygon（多边形）建模、NURBS（曲面）建模和 Subdiv（细分）建模 3 种。从图 1-1 中可以看出它们在线框构成方式上的不同。

(a) Polygon　　　　(b) NURBS　　　　(c) Subdiv

图 1-1　三种建模方式

Polygon（多边形）建模方式是在点与点之间通过直线边连接，并且允许由多个顶点来构成面，所以多边形建模有很大的随意性。多边形建模比较直观、容易掌握，只要对模型结构有所了解基本上都能做出非常逼真的模型，同时也容易衔接材质和动画等环节，在电影中应用较为广泛。

NURBS（曲面）建模方式是通过控制点（CV）来调整曲面的一种方法，可以产生非常光滑的曲面，但在制作精度比较高的模型时，要比多边形建模繁琐、复杂得多。

Subdiv（细分）建模方式介于多边形和曲面建模之间，它可以把多边形以类似曲面的光滑形式表现出来，并且可以随时在多边形与细分之间转化，造型较方便。但由于处理的数据量比较大，对计算机性能要求较高，不太适合用在电影等大型的三维场景中。

在当前的动画和电影场景中，多边形和曲面建模应用较广，特别是多边形建模，要求掌握的命令不多，但却可以做出现在几乎所能想到的任何物体，使之最为流行；曲面建模因其可以产生非常光滑的曲面，在有机体和工业造型领域应用较多。细分建模因其出现较晚，方法不如前两种浅显易懂，所以应用较少。由于目前在影视动画生产领域以多边形建模为主，本书主要介绍多边形建模。

1.2 多边形建模的一般过程

同任何真实物体的制作过程一样，多边形建模需要完整的思路和流程。

当我们拿到一张二维原画设定稿以后，不要急于上手。先分析需要建模的对象（道具、场景、角色）的形态，观察它们的比例、特征以及性格等，当了解了这些特征以后，下一步的工作也就自然胸有成竹了。

接下来就是确定模型的基本形态。对于任意一个复杂的模型，都可以从一个基础的形态入手，由整体到部分，由简入繁，逐步刻画出细节。

基本形态确立好以后，就开始添加关键线或者点，这里的关键点或者线，主要指一些关键处的结构线，好比是盖房子，地基打好以后，需用钢筋水泥搭建出房子的骨架一样。

最后就是原画设定稿调整细节，在前面几步调整好以后，根据原画设定稿中体现出的具体特点去刻画它的结构和细节，逐步把模型的特征刻画出来。

以人物头部建模为例，观察图 1-2 所示的参考图，了解角色特征以后，就可以从一个盒子入手，逐步添加结构线，确立好大体的比例关系和构造，然后一步步刻画出角色的细节，制作步骤如图 1-3 所示。

图 1-2　角色参考图

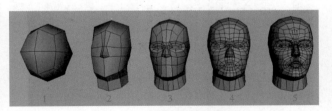

图 1-3　角色头部制作步骤

角色头部模型制作方法具体如下。

1 确立盒子作为头部的基本形体，同时通过简单的调形使其变成球状，这样就保证了头部的基本形态是圆形，也为以后的步骤省却了调形的繁琐。

2 头部添加结构线，这里的结构线主要是眼睛、鼻子的横向结构线，这两条线确立了眼睛和鼻子的位置，也分割了面部的空间，同时通过另外的加线，将鼻子的高度拉了出来，面部显现大致轮廓。

3 进一步明确五官位置，包括两个眼睛和嘴缝的具体位置，以及鼻子的体感，都在这一步得到充分刻画。

4 对五官的仔细刻画，包括眉弓、眼皮、鼻翼、鼻头、嘴唇等，这一步是建立在头部整体外形确立的基础上的，是头部模型进一步细化的保证。

5 对整个头部进行系统的整理，将所有细节表现深入到位，完美呈现出头部的结构，这样，一个头部的建模过程才算完成。

1.3 多边形建模的常用工具及命令

前面我们了解了建模的种类和一般过程，接下来我们来学习在多边形建模过程中的一些常用工具。只有借助于工具，才能在 Maya 中将自己的思路和想法表现出来。

Maya 中的 Polygon（多边形）物体是由 Vertex（点）、Edge（线）、Face（面）构成的，调整这些元素创建模型的方式就是 Polygon（多边形）建模。Maya 提供了很多针对 Polygon（多边形）建模的工具和命令，下面先来介绍常用部分。

1）编辑边工具

在 Polygon（多边形）建模方式中常用的编辑边工具有 3 种，分别是：Cut Faces Tool（切面工具）、Split Polygon Tool（分离边工具）、Insert Edge Loop Tool（插入循环边工具）。这些工具的菜单位置如图 1-4 所示。

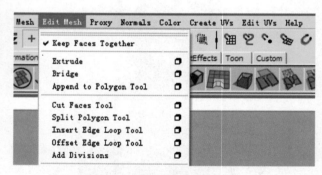

图 1-4　编辑边工具菜单位置

（1）Cut Faces Tool（切面工具）

工具作用：在物体上添加切面边或将物体分割成两个部分。

创建立方体如图 1-5 所示，在立方体被选择的状态下，执行 Edit Mesh → Cut Faces Tool 命令。在视图中按住鼠标左键拖动会出现一条切线，如图 1-6 所示。移动鼠标确定切线位置后放开鼠标左键，会在整个模型上产生一条线，这条线贯穿整个模型，将原有的模型沿着这条线划分成了两个部分，如图 1-7 所示。

（2）Split Polygon Tool（分离边工具）

工具作用：在 Polygon（多边形）物体表面创建点或边。

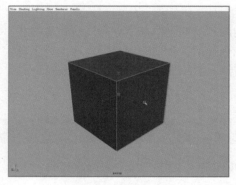

图 1-5　创建立方体

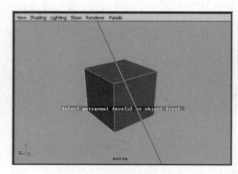

图 1-6　拖动鼠标产生切线

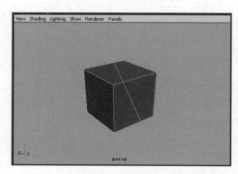

图 1-7　使用切面工具将模型分成两部分

创建立方体，在立方体被选择的状态下，执行 Edit Mesh → Split Polygon Tool（分隔多边形工具）命令。在物体的边上单击鼠标左键产生点，再选择另一条边单击产生线，可以一次选择多条边画线，完成操作之后按【Enter】键，这样就在模型上得到所画的线，如图 1-8 所示。

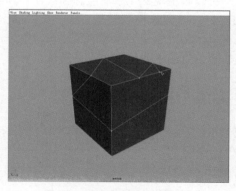

图 1-8　使用分离边工具产生线

使用分离边工具时，起始点和结束点必须绘制在线上。

（3）Insert Edge Loop Tool（插入循环边工具）

工具作用：在原有多边形上插入一条环形线。

创建立方体，在立方体被选择的状态下，执行 Edit Mesh → Insert Edge Loop Tool（插入循环边工具）命令。按住鼠标左键在物体的一条边上拖动，产生一条环形线，确定环线的位置后松开鼠标左键，在鼠标单击的位置得到了一条环形线，如图 1-9 所示。

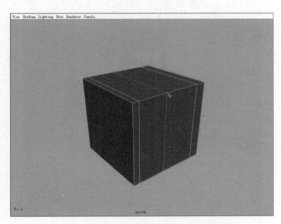

图 1-9　使用插入循环边工具得到环形线

2）选择边工具

在 Polygon 模块下的 Select 菜单下 Maya 提供了几个快速选择边的工具，其中常用的有：Select Edge Loop Tool（选择连续相接的循环边工具）、Select Edge Ring Tool（选择连续的环状循环边工具）和 Select Border Edge Ring Tool（选择边界边工具）。使用这些工具可以大大节约建模时间，提高工作效率。这些工具的菜单位置如图 1-10 所示。

Select	Mesh	Edit Mesh	Proxy	Normals	Color	Create UV:

Object/Component	F8
Vertex	F9
Edge	F10
Face	F11
UV	F12
Vertex Face	Alt+F9

Select Edge Loop Tool
Select Edge Ring Tool
Select Border Edge Tool

图 1-10　选择边工具菜单位置

（1）Select Edge Loop Tool（选择连续相接的循环边工具）

工具作用：选择多边形上的一组连续的环形边。

在物体被选择的状态下，执行 Select → Select Edge Loop Tool（选择相接的循环边工具）命令。左键双击选择物体上的边，可以选择连续相接的循环边，被选择的边呈橘黄色，如图 1-11 所示。

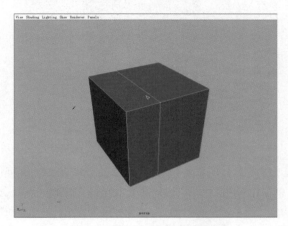

图 1-11　选择循环边工具使用方法

（2）Select Edge Ring Tool（选择连续的环状循环边工具）

工具作用：选择多边形上一组连续的圈形边。

在物体被选择的状态下，执行 Select → Select Edge Ring Tool（选择连续的环状循环边）命令，双击左键选择物体上的一条边，可以选择连续环状循环边，如图 1-12 所示。

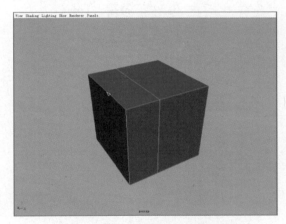

图 1-12　选择环状循环边工具使用方法

（3）Select Border Edge Ring Tool（选择边界边工具）

工具作用：选择多边形上未封闭的边界。

在物体被选择的状态下，执行 Select → Select Border Edge Ring Tool（插入循环边工具）命令，双击左键选择物体上的边，可以选择连续的边界边，边界边是只属于一个面的边，如图 1-13 所示。

3）挤压命令

（1）Extrude（挤压）

命令作用：在多边形上选择要挤出的面（或点、线），挤压出新的面（或点、线）。

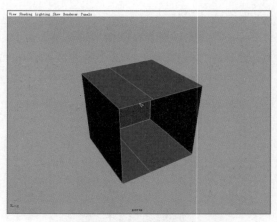

图 1-13　选择边界边工具使用方法

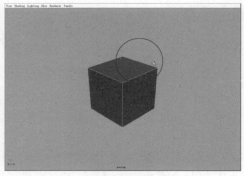

(a) 挤压前

挤压工具的操作方法：选择模型，在 Maya 视图中单击鼠标右键，在弹出菜单中选择 Vertex（点）〔或 Edge（线）、Face（面）〕，进入模型编辑模式。用鼠标左键点击需要编辑的点（或线、面），如图 1-14 所示。然后执行 Edit Mesh → Extrude（挤压）命令，调节手柄实现对点（或线、面）的挤压操作，挤压后的效果如图 1-15 所示。

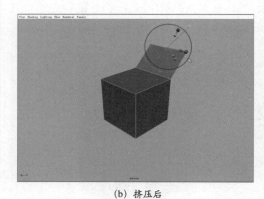

(b) 挤压后

图 1-16　挤压线的效果

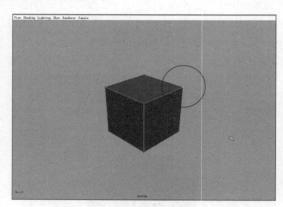

图 1-14　选择点

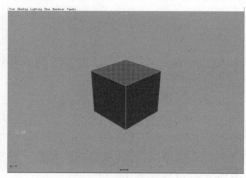

(a) 挤压前

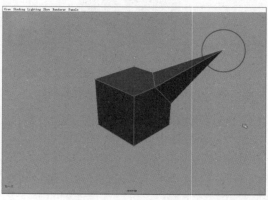

图 1-15　挤压点

使用挤压工具挤压 Edge（线）的效果如图 1-16 所示。

使用挤压工具挤压 Face（面）的效果，如图 1-17 所示。

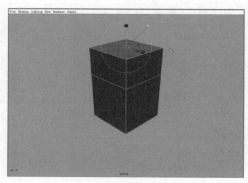

(b) 挤压后

图 1-17　挤压面的效果

（2）Keep Faces Together（保持面一致）
命令作用：勾选此命令可以保持新复制出来的面

在一起；不勾选此命令则新复制的面会散开。

命令所在菜单位置，如图 1-18 所示。

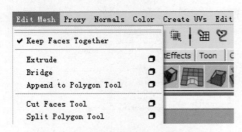

图 1-18　保持面一致命令菜单位置

执行 Edit Mesh → Keep Faces Together（保持面
一致）命令，保持勾选，执行 Edit Mesh → Extrude
（挤压）命令，使用挤压移动手柄沿 Y 轴方向拉动产
生的面如图 1-19 所示。

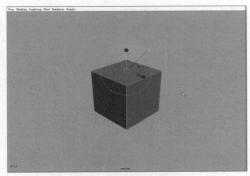

（a）挤压前

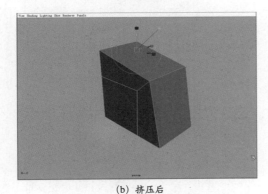

（b）挤压后

图 1-19　保持面挤压效果

执行 Edit Mesh → Keep Faces Together（保持面
一致）命令，取消勾选，执行 Edit Mesh → Extrude
（挤压）命令，使用挤压移动手柄沿 Y 轴方向拉动产
生的面如图 1-20 所示。

4）Image Plane（相机的虚拟投影平面）

命令作用：为 Maya 中的摄像机导入背景图片。

在 Front 视图工作区，执行 View → Camera
Attribute Editor（图 1-21）命令，会弹出相机属性对
话框，在 Environment（环境）的下拉窗口中，单击
Image Plane 的 "Create" 按钮创建相机图片，如图
1-22 所示。

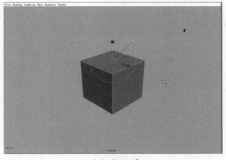

（a）挤压前

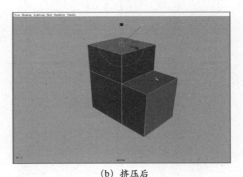

（b）挤压后

图 1-20　勾选掉保持面挤压效果

图 1-21　相机属性位置

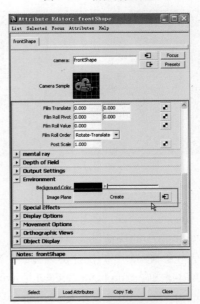

图 1-22　创建相机图片

单击【Create】按钮后，在弹出的对话框中输入图片路径，导入图片，如图1-23所示。

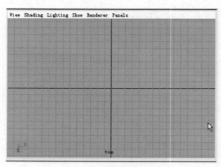

(a) 顶视图

(b) 透视图

(c) 前视图

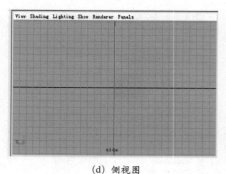

(d) 侧视图

图 1-23　导入的相机背景图片

5）Duplicate Special（专用复制）

Duplicate 命令的快捷键为【Ctrl+D】，Duplicate Special（专用复制）命令的快捷键为【Ctrl+Shift+D】。在 Edit 菜单中，单击 Duplicate Special 后面的选项盒。弹出 Duplicate Special（专用复制）命令属性窗口，如图 1-24 所示。

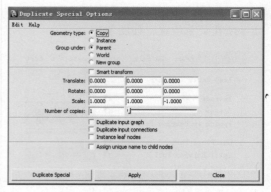

图 1-24　专用复制命令属性窗口

【参数说明】

● Geometry type（复制方式）：分为 Copy（普通复制）和 Instance（关联复制）两种。
 ➤ Copy（普通复制）：复制出来的新物体具有独立性，如图1-25所示。

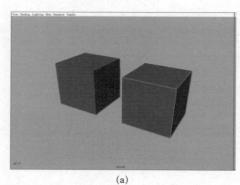

(a)

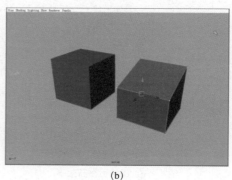

(b)

图 1-25　普通复制效果

 ➤ Instance（关联复制）：复制出的物体引用原物体属性。当编辑原物体或复制出来的物体改变形状时，两个物体同时变形，如图1-26所示。

通过改变 Duplicate Special 的选项，还可以按照不同坐标轴的位移、缩放和旋转复制多个物体。

图 1-27 中 Translate 是位移值，Rotate 是旋转值，Scale 是缩放值，它们后面的三个方框中分别是 X 轴、Y 轴和 Z 轴的数值。Number of copies 表示一次复制操作的数量。

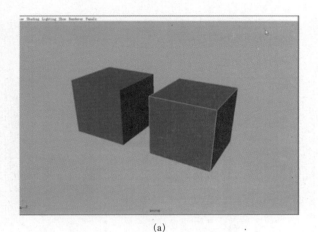

(a)

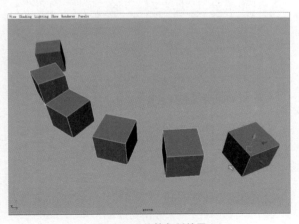

(b)

图 1-26　关联复制效果

	X	Y	Z
☐ Smart transform			
Translate:	2	0.0000	0.0000
Rotate:	0.0000	20	0.0000
Scale:	1.0000	1.0000	1.0000
Number of copies:	5		

图 1-27　坐标轴属性窗口

创建一个立方体，按图 1-28 所示设置专用复制的属性，然后单击【Apply】（应用）按钮，得到如图 1-28 所示的效果。

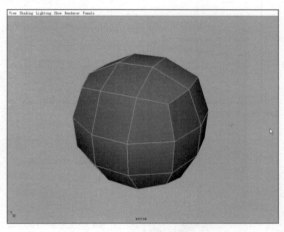

图 1-28　旋转复制效果

实例：将立方体调整成球体

我们通过将立方体调整成球体，可以对三维空间有一个初步了解，并熟悉 Maya 的视图操作和 Polygon（多边形）物体 Vertex（点）、Edge（线）、Face（面）级别的切换，掌握物体属性设置方法以及常用命令。本例最终效果如图 1-29 所示。

图 1-29　最终效果

1　执行 Create → Polygon Primitives → Interactive Creation（互动创意）命令并取消勾选，如图 1-30 所示，这样就可以通过 Create → Polygon Primitives 直接创建物体。如果不取消勾选，则需要在视图中使用拖拽的方式创建三维物体。

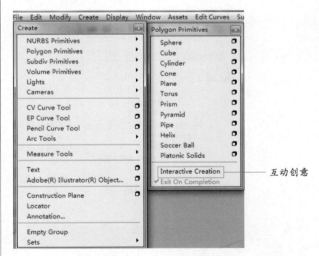

图 1-30　取消勾选互动创意

2　执行 Create → Polygon Primitives → Cube（立方体）（图 1-31）命令，在 Maya 透视图中得到一个立方体，如图 1-32 所示。

3　选择立方体，在视图右侧通道栏中的 INPUTS（输入）属性下，单击 polyCube（多边形立方体）展开当前选择物体的属性。Width，Height，Depth 分别代表模型的宽、高、长，Subdivisions 表示物体的段数（图 1-33），现在将物体的长、宽、高的段数数值分别改为 3，如图 1-34 所示。

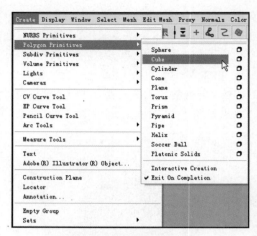

图 1-31 创建立方体命令

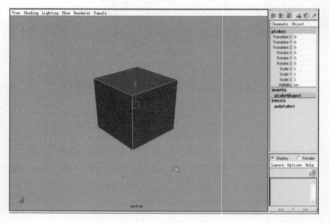

图 1-32 得到立方体

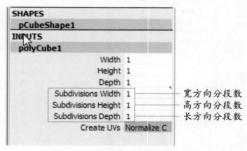

图 1-33 更改段数

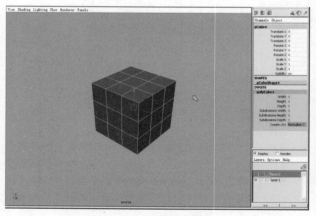

图 1-34 展开段数属性

4 单击鼠标左键选择模型，然后单击鼠标右键，在弹出的菜单中选择 Vertex（点），进入物体的 Vertex（点）编辑模式如图 1-35 所示。

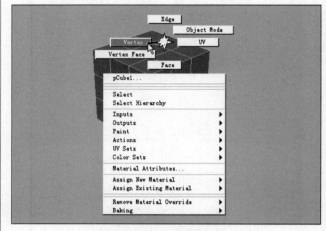

图 1-35 进入点编辑模式

5 单击模型上显示的点，按【Shift】键加选如图 1-36（a）所示的点，按【W】键使用移动工具，将选择的点在相应轴向移动，使立方体的中间部位突起。用同样的方法按照图 1-36（b）～图 1-36（d）所示的效果，调整立方体所有的面，完成立方体调成球体的操作。

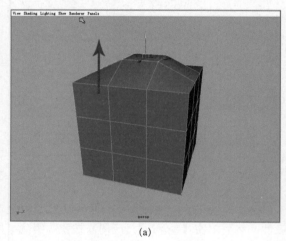

(a)

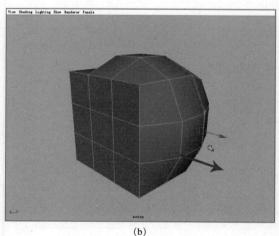

(b)

图 1-36 将立方体调整成球体

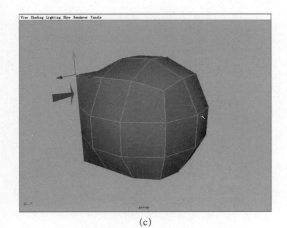

(c)

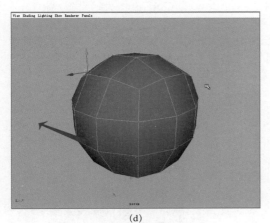

(d)

图 1-36（续）

1.4 简单道具实例——摄像头

前面我们学习了 Maya 建模的基础知识，本节综合运用多边形建模的工具和命令制作摄像头这个简单道具模型。

摄像头造型简单，结构明显，模型最终效果如图 1-37 所示。

图 1-37 摄像头模型

1.4.1 摄像头上半部分制作

1 制作镜头后面部分，执行 Create → Polygon Primitives → Cube（立方体）命令，在场景中创建一个立方体，如图 1-38 所示。

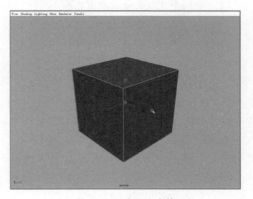

图 1-38 建立立方体

2 按【R】键选择缩放工具，使用 X 轴方向手柄，对物体进行 X 轴方向的缩放，这样可以很快得到这个部分的厚度，如图 1-39 所示。

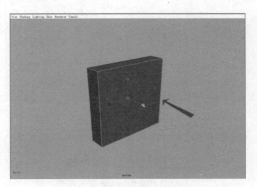

图 1-39 缩放立方体

3 执行 Edit Mesh → Insert Edge Loop Tool（插入循环边工具）命令，靠近立方体的每一条边分别加一圈循环（图 1-40），在 Vertex（点）级别对物体进行编辑，把物体四个角调整成圆弧状，这样更符合实际物体结构需要，如图 1-41 所示。

图 1-40 插入循环边

> **提 示**
>
> 为了方便后面创建新物体在视图的操作，按【Ctrl+H】键隐藏步骤 3 制作的物体。

图 1-41　调整点

4 执行 Create → Polygon Primitives → Sphere（球体）命令，在场景中创建一个球体。选择球体，按【E】键使用旋转工具，将物体按 Z 轴旋转 90°，进入物体的 face（面）级别，选择并删除不需要的面。按【R】键使用缩放工具，对物体进行 X 轴方向的挤压，如图 1-42 所示。

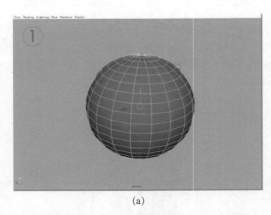

（a）

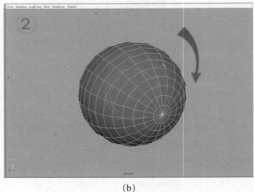

（b）

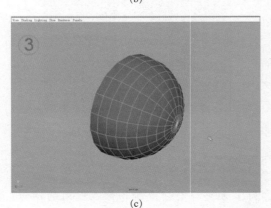

（c）

图 1-42　球体调整

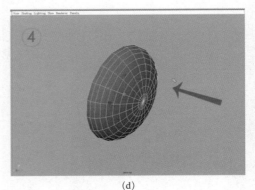

（d）

图 1-42（续）

5 执行 Window → Outliner（大纲列表）命令，在大纲列表中选择被隐藏的物体，按【Shift+H】键，让它显示出来，按【W】键使用移动工具，调整两个模型的位置如图 1-43 所示。选择这两个模型按【Ctrl+H】键将它们隐藏。

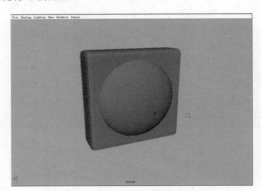

图 1-43　调整模型位置

> **提 示**
>
> 在大纲列表中被隐藏物体的名称显示为深蓝色。

1.4.2　镜头制作

1 执行 Create → Polygon Primitives → Cylinder 命令，在场景中创建一个圆柱体，选择物体，按【Ctrl+D】复制出一个新的圆柱体，按【W】键，使用移动工具将复制出来的物体按 Y 轴方向移动（图 1-44）。

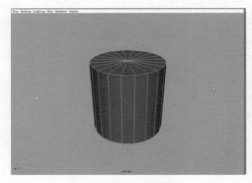

图 1-44　建立并移动圆柱

Maya模型

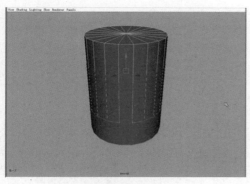

图 1-44（续）

2 选择复制出来的新的圆柱体模型，按【R】键，使用缩放工具对物体进行整体缩放，这步操作可以表现出镜头的大型与层次感（图 1-45）。

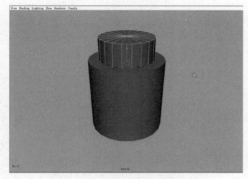

图 1-45 缩放圆柱

3 在物体上单击鼠标右键，从弹出的菜单中选择 Face（面），进入物体面级别，选择圆柱体上面的面，然后执行 Edit Mesh → Extrude（挤压）命令，先使用挤压产生的手柄对面进行缩放〔图 1-46（a）〕，然后使用移动手柄进行 Y 轴方向的移动操作〔图 1-46（b）〕。

4 在物体上单击鼠标右键，在弹出的菜单中选择 Object mode（物体），进入物体编辑模式，同时选择这两个物体，执行 Mesh → Combine 命令，将两个物体合并成一个物体（图 1-47），按【R】键，使用旋转工具将物体按 Z 轴方向旋转 90°（图 1-48）。

5 执行 Create → Polygon Primitives → Sphere，在场景中创建一个球体。按【W】键，使用移动工具将球体移动到如图 1-49 所示的位置。

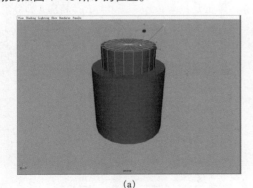

（a）

图 1-46 挤压面

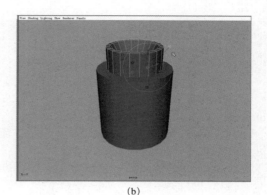

（b）

图 1-46（续）

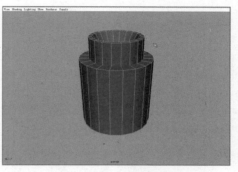

图 1-47 合并物体

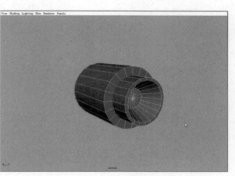

图 1-48 旋转角度

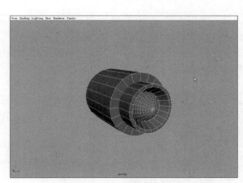

图 1-49 移动球体

6 摄像头局部制作完成后，使用按【Shift+H】键，显示刚才隐藏的摄像头后面部分的模型，将之前的镜头后面部分与刚完成的模型摆放到一起，形成完整的摄像头上半部分（图 1-50），按【Ctrl+S】键将这部分模型保存。

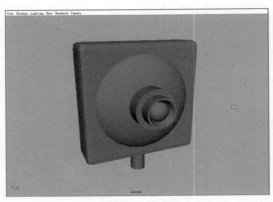

图 1-50　摄像头局部效果

1.4.3　摄像头底座制作

1 在 front 视图工作区，执行 View → Camera Attribute Editor 命令，在弹出的摄像机属性对话框里单击 Environment 前面的小三角，展开选项，单击 Image Plane 的【Create】按钮导入图片（光盘 \ 参考图片 \1.4.3 Camera Side），如图 1-51 所示。

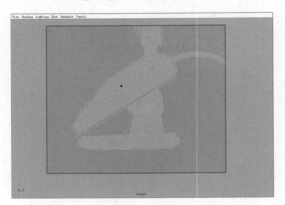

图 1-51　导入图片

2 执行 Mesh → Create Polygon Tool（创建多边形工具）命令。

3 切换到 Front 视图，用鼠标左键沿着参考图的形状边缘点击，画出夹子的形状，完成后按【Enter】键确认创建，此时就创建出了制作夹子所需要的多边形面片，如图 1-52 所示。

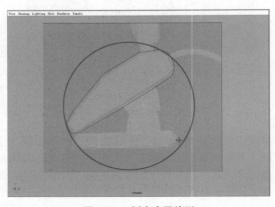

图 1-52　划出夹子外形

4 在透视图中，选择参考图片，按【Ctrl+H】组合键将其隐藏，在模型上单击右键选择 Face（面）进入面级别，执行 Edit Mesh → Extrude（挤压）命令，使用挤压工具的移动手柄向 Z 轴方向拉出物体的厚度，如图 1-53 所示。这样可以将多边形面片挤压成具有体积的模型。

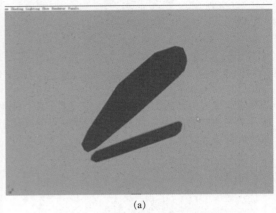

(a)

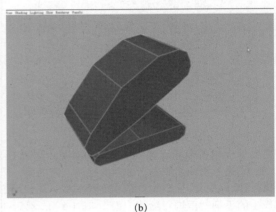

(b)

图 1-53　挤压夹子厚度

5 执行 Create → EP Curve Tool（EP 曲线工具）命令创建一条曲线，按照摄像头底座连接线的形状对曲线在点进行调整。然后执行 Create → Polygon Primitives → Cylinder，创建一个圆柱体。首先选择圆柱体，按【R】键使用缩放工具调整圆柱体的大小，右键选择 Face（面）进入面级别，选择圆柱上面的圆形面，然后按【Shift】键加选刚刚创建的曲线，如图 1-55（a）所示。单击 Edit Mesh → Extrude（挤压）命令后面的选项盒，按照如图 1-54 调节参数，单击【Apply】按钮可以得到如图 1-55（b）所示的效果，得到了管状物体。

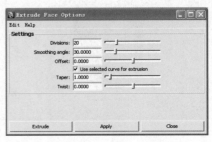

图 1-54　挤压参数

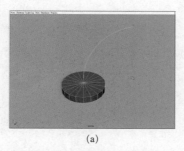
(a)

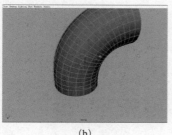
(b)

图1-55　挤压管状效果

6 使用立方体和圆柱体，结合相应的命令，制作图1-56所示的红色区域内的物体。这些物体制作完成后将所有隐藏的物体显示出来，就完成了摄像头模型的制作。

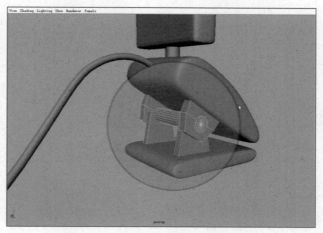
图1-56　其他物体

1.5　本章小节

（1）Maya建模的方式有三种：Polygon（多边形）建模、NURBS（曲面）建模和Subdiv（细分）建模，其中多边形建模是较容易掌握也是时下最流行的。

（2）简单说，多边形建模的一般过程包括：**分析结构、比例→确定基本形态→添加关键点（线）→刻画细节**，难点在于准确把握模型结构和比例关系。

（3）在使用Extrude（挤压）命令时，要根据实际的制作需要确定Keep Faces Together（保持面一致）是否被勾选，否则创建出来的效果是错误的。

（4）多边形建模的常用工具和命令，见表1-1。

表1-1　多边形建模的常用工具和命令

命令	说明	命令	说明
Cut Faces Tool	切面工具	Select Border Edge Ring Tool	选择边界边
Split Polygon Tool	分离边工具	Extrude	挤压
Insert Edge Loop Tool	插入循环边工具	Image Plane	相机的虚拟投影平面
Select Edge Loop Tool	选择连续相接的循环边	Duplicate Special	专用复制
Select Edge Ring Tool	选择连续的环状循环边		

1.6　课后练习

观察图1-57，运用本章所学知识，创建麦克风的三维模型。创建过程中需要注意以下几点。

（1）把握住麦克风的比例：道具建模最重要的就是比例，在制作时，注意观察麦克风的话筒、连接杆和底座之间的比例关系。

（2）灵活运用学过的命令：麦克风的每个部分都可以运用之前学过的基础命令来实现，制作过程中要做到活学活用。

图1-57　麦克风模型

2

设身处地——
场景建模

> 了解场景及分类
> 了解场景建模需要把握的比例关系、空间透视关系及布
  线技巧
> 学习场景制作的方法

在第1章我们了解了Maya建模的一般过程，熟悉了多边形建模的常用工具，并使用这些工具制作了一些小道具。本章通过制作一个大型室内场景，来学习场景建模的一般方法，并为卡通角色建模打下坚实基础。

2.1 场景及一般制作规律

生活中居住的房子，坐车经过的车站，车水马龙的街头，都可以称作场景，形形色色的场景组成了五彩缤纷的世界，也为艺术创作提供了丰富的素材。本节就让我们一起来了解动画作品中的场景及一般制作规律。

场景建模的一般顺序：首先根据参考图用几何形体搭建场景空间结构和比例关系，然后对场景细节进行逐步完善。

2.1.1 Maya 中的场景

场景：角色活动的场所。

作为演员或动画角色活动的场所，场景展现剧情的历史背景、文化风貌、地理环境和时代特征等重要信息。场景设计需要结合影片的总体风格进行。影视创作中的场景通常采用实地采景或用实物搭建，三维动画中的场景则是模型师根据原画师的设计将现实中的物体在三维软件中制作出来的。图2-1（a）为现实中的场景，图2-1（b）则为用三维软件制作出来的场景。

（a）现实场景

（b）三维场景

图 2-1　现实场景与三维场景

影视动画中的场景主要分为两大类：**写实型场景和创作型场景。**

写实型场景就是我们现实生活中的场景，符合自然规律及人们的心理习惯和视觉习惯，是动画片制作中最为常见的。图2-2即为不同类型的写实型场景。

（a）

（b）

（c）

图2-2　不同类型的写实型场景

创作型场景是在写实的基础上演变而来的。创作型场景造型比较夸张，更具趣味性，它表达的多数是简单、轻松、幽默的题材。因为它造型简练、色彩单纯，所以容易被儿童等人群接受。图2-3就是不同风格的创作型场景。

(a)

(b)

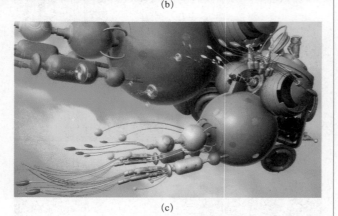
(c)

图2-3　不同风格的创作型场景

三维动画中的场景风格在很多情况下由导演和前期设定人员决定，模型师在制作场景模型时，必须先参考两者的要求，然后结合自己的对场景的理解来完成。一个优秀的场景模型师对于场景氛围、建筑风格、场景结构要有很强的理解能力。不同风格的场景特点各有不同，这都需要模型师不断提高个人修养并积累实践经验。

2.1.2　场景建模需要知道的

现实中的场景看得见、摸得着，摆放在那里，物体与物体之间的关系自然就存在了。在动画创作中，为了更好地还原现实生活或者将生活提炼、升华，我们总结出了一些绘画场景或者三维制作场景的一般性规律，把握好这些规律能够使我们的作品更加生动、可信。在二维绘画中，场景的绘制需要掌握各种专业技能，且绘制过程很复杂，随着三维软件的普及，对于场景制作我们需要掌握的一般规律有所减少，但场景制作的一般性规律依然是至关重要的，例如：比例关系、空间透视等。

1）比例关系

比例是事物的相对关系，是物体与物体之间或物体各组成部分之间大小高低的关系。比例在建模中起着至关重要的作用，合理的比例关系可以使画面和谐统一，比例失调不仅会引起观众视觉上的不适，更会导致整幅作品的失败。图2-4就是合理比例关系与不合理比例关系的对比。

(a)　合理比例关系

(b)　不合理比例关系

图2-4　比例关系对比

在场景建模过程中如何确定比例关系呢？确定场景的比例关系通常先找出一个按原始比例设定好的角色或道具摆放到场景之中，然后根据这个原始物体的大小来调整场景比例，从而得到一个正确的比例关系。

例如在制作如图2-5所示的场景时，要确定门和楼梯的比例关系，可以把已经做好的角色放到场景中，用角色的身高来比对楼梯的高度从而确定台阶的层数，用角色的手去比对门的把手，使把手不至于做得太大或太小。

图2-5 确定场景比例

2）空间透视关系

由于人们视觉的关系，所看到的同样宽窄的道路、田野，越远感觉越窄，同样粗细的树木、电线杆，越远越细，最后消失不见——这种现象称之为"透视现象"。在二维绘画中，几何体、静物、人物、风景等所需要描绘的对象都符合近大远小的透视规律，才能准确地表现物体在空间各个位置的透视变化，使物体具有空间感、纵深感和距离感。

三维软件模拟的是真实的三维空间，物体通过软件中的摄像机呈现在眼前的画面提供了基础的透视关系。尽管软件解决了视觉的模拟问题，但是我们仍然需要了解透视的基本原理，并根据这些原理对视觉再造和加工才有可能制作出精彩的效果。

图2-6是著名的伦敦塔桥三维模型，在桥的两侧有上百根栏杆，在制作这个模型的时候，不会真的去做上百根栏杆，这样既浪费时间又加大了文件存储量。可以运用这样一个技巧：把靠近镜头的栏杆做得大一些，摆得疏一些，把后面的栏杆做得细一些、短一些，摆得密一些，用晶格把整体的模型靠近摄像机的一段模型放大，靠后面的一段模型缩小，这样就能体现出场景的气势和空间上的纵深感，省时省力。

图2-6 伦敦塔桥三维模型

3）布线技巧

为了节省计算机的存储资源，应尽量减小场景文件存储量，原则上场景模型布线不能太多，然而一个场景文件往往是由很多元素组成的，这样势必会增加文件量。为此需要在制作过程中有相应的取舍。在确定摄像机位置的前提下，近处的模型可以做细一点，布线可以稍微多一点，而远处的模型、看不清的地方或动画镜头不多的地方可以人为地适当简化（图2-7），从而控制文件大小，提高工作效率。但是也不能盲目地减少布线，布线均匀是很重要的，太多的线或者太少的线都会对下一步的材质制作产生影响。

图2-7 近密远疏的布线

2.2 室内场景的制作

本节通过室内场景的制作，在熟练应用基础建模工具的基础上，进一步巩固建模方法，熟悉三维空间操作。室内场景制作重点在于对空间透视、比例关系的把握。

图2-8所示的室内场景参考图是来源于CG Talk论坛上Laurent Menabe的作品，本节我们将临摹此作品的模型部分。

图2-8 室内场景参考图（图片来源：CG Talk）

2.2.1 拱形长廊的制作

观察图2-8，可以看出场景中的屋顶由一个拱形长廊构成，在此基础上制作顶部的灯和两侧的石柱。

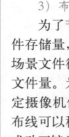

由于整个长廊由一些相同的单元构成，因此我们只需做出一个单元，然后将这些元素复制拼接即可。具体步骤如下。

1 执行 Create → CV Curve Tool（CV 曲线工具）命令，单击命令后面的选项盒按钮，在弹出的属性面板中，将 Curve degree 设置为 1Liner，其他的参数保持默认，如图 2-9 所示。

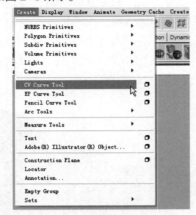

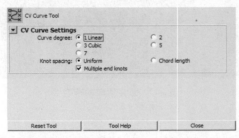

图 2-9　CV 曲线工具菜单位置及属性

> **提示**
>
> Curve degree 选项决定了曲线创建时，由几个 CV 点确定一条曲线，选择 1Liner 代表两点确定一条曲线，选择 2 代表三点确定一条曲线，其他选项依此类推。

2 由于徒手不能很好地创建出所需要的弧形曲线，创建曲线时可以借助一个参考物体，这里可以创建一个圆柱体作为参考物。切换到 front（前）视图，按住【V】键，沿着圆柱的轮廓单击鼠标左键，绘画出如图 2-10 所示形状的曲线后按【Enter】键完成曲线的创建。

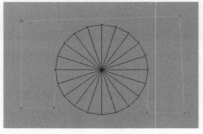

图 2-10

> **技巧**
>
> 当绘制曲线时，如果不能很好地画出所需要的曲线，可以借助一些参考物来完成。

3 选中曲线，在曲线上按住鼠标右键，在弹出的快捷菜单中选择 Control Vertex 选项，进入曲线点级别，如图 2-11 中所示调整曲线的形状。

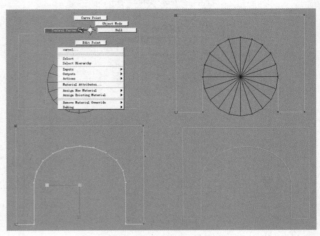

图 2-11　调整曲线形状

4 选择曲线，按【Ctrl+D】快捷键，复制曲线，使用移动工具，将复制出来的曲线沿 Z 轴向后拉一定距离〔图 2-12（a）〕，然后框选两条曲线。将 Maya 界面切换到 Surfaces 模块，执行 Surfaces → Loft（放样）命令〔图 2-12（b）〕，这时会在两条曲线中间产生一个曲面〔图 2-12（c）〕。

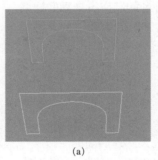

(a)

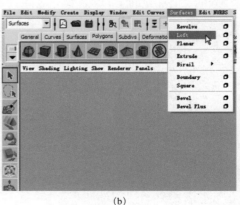

(b)

图 2-12　生成 Surfaces 模型

Maya模型

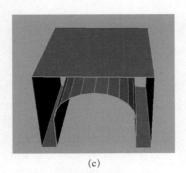

(c)

图 2-12 (续)

5 选中生成的曲面，执行 Modify → Convert → NURBS to Polygons (曲面转化为多边形) 命令，单击命令后面的选项盒按钮，打开属性窗口，将 Tessellation method 设置为 Control Points (图 2-13)，即按照曲面上的控制点去转换。

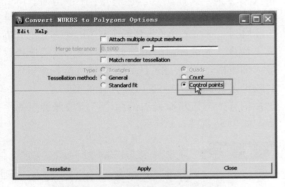

图 2-13 曲面转化为多边形属性

6 单击图 2-13 中的【Apply】按钮，即生成一个 Polygon 物体 (图 2-14)，执行 Edit → Delete by Type → History (删除历史记录) 命令，清除掉 Polygon 物体与原 Surfaces 物体之间的联系，然后将曲面物体和曲线全部删除。

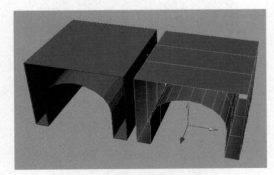

图 2-14 生成 Polygon 物体

7 模型转换完成后会发现模型一侧点是分开的〔图 2-15 (a)〕，这是由于在生成曲面时，作为轮廓线的曲线没有闭合所造成的。可以使用缝合点工具将分离的两个点合并成一个点，同时选择相邻的两个需要缝合的点，执行 Edit Mesh → Merge (缝合点) 命令对所选择的点进行合并，用同样的方法将其他需要合并的点进行缝合，完成拱形的制作，如图 2-15 (b) 所示。

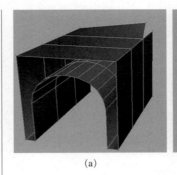

(a)   (b)

图 2-15 缝合分开的点

2.2.2 顶和石柱的制作

观察图 2-8，可以看出组成长廊的每个单元都有 4 个拱形的门洞，门洞之间形成 4 根石柱，因此将 2.2.1 节中的长廊单元的两侧再挖出两个门洞就可以形成 4 根石柱了。长廊的顶部有圆形的灯槽，灯槽的制作可以就地取材，在长廊的顶部提取一部分面，然后调整出灯槽的形状。具体步骤如下。

1 选择拱形长廊模型，执行 Display → Polygons → Vertices 命令显示模型上的点，这样便于观察布线，然后执行 Edit Mesh → Insert Edge Loop Tool (插入循环边工具) 命令在拱形墙的外侧添加段数〔图 2-16 (a)〕。添加完成后，进入点级别，使用缩放工具在正视图将添加的点对齐〔图 2-16 (b)〕。完成后，再次执行 Display → Polygons → Vertices 命令取消模型上点的显示〔图 2-16 (c)〕。

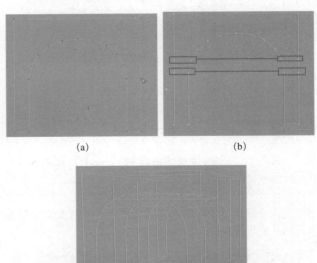

(a)   (b)

(c)

图 2-16 添加模型段数

2 创建一个圆柱，调整位置，再次执行 Create → CV Curve Tool (创建 CV 曲线工具) 命令在 side (侧) 视图按照图 2-17 所示创建一条曲线，作为下一步制作门洞的参考线。

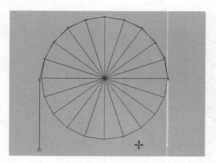

图 2-17　创建曲线

3　使用 Insert Edge Loop Tool（插入循环边）工具按照曲线上的点数，在拱形墙模型上添加纵向的段数〔图2-18（a）〕，使用 Edit Mesh → Cut Faces Tool（切线）工具配合键盘上的【Shift】键添加横向段数，如图2-18（b）所示。

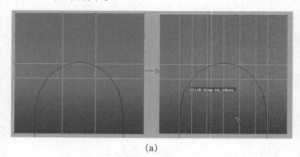

(a)

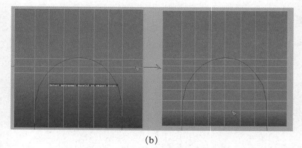

(b)

图 2-18　添加模型段数

提　示

循环边工具或切线工具配合【Shift】键是为了添加的线段呈水平或垂直状态。

4　进入点级别，使用缩放工具调整新添加的点使拱形墙内外侧布线呈 2-19（b）所示的形状。

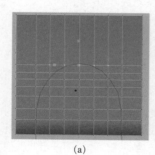 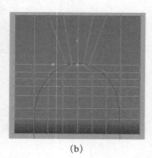

(a)　　　　　　　　　(b)

图 2-19　调整布线

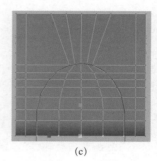

(c)

图 2-19（续）

注　意

使用缩放工具的时候注意只在 Z 轴方向缩放，确保调整的点在同一个平面上。

5　进入面级别，选择如图 2-20（a）所示的面。将其删除，得到两个新的门洞〔图2-20（b）〕。然后执行 Edit Mesh → Append to Polygon Tool（多边形补面工具）命令，先选择拱形墙外侧面的边，然后选择拱形墙内侧面相对的边，按【Enter】键完成补面操作，这时就可以看到如图 2-20（c）所示的面。

使用同样的方法将新掏出的两个门洞墙壁镂空的面补全，如图 2-20（d）所示。

技　巧

重复使用上一步命令时，可按【G】键。

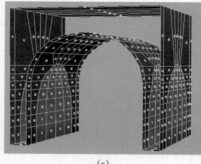

(a)

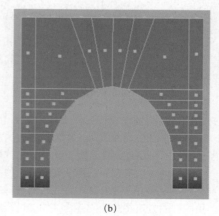

(b)

图 2-20　补齐镂空的面

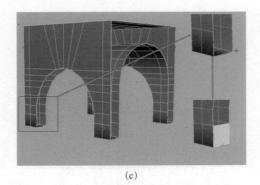

(c)

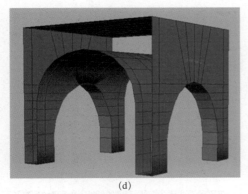

(d)

图 2-20（续）

6 选择物体，按【Ctrl+D】快捷键，复制出一个新的部件〔图 2-21（a）〕，使用移动工具将两个模型对接在一起〔图 2-21（b）〕。选中两个模型，使用 Mesh → Combine（合并）命令将两个部件合并成一个模型〔图 2-21（c）〕，然后选中接口处的点，使用缩放工具在 Z 轴方向将点拉近，执行 Edit Mesh → Merge（缝合点）命令将两部分点缝合在一起，如图 2-21（d）所示。到此石柱部件的 4 个石柱就完成了。

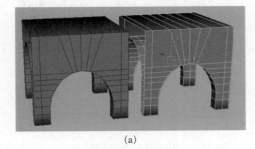

(a)

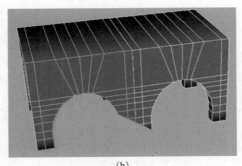

(b)

图 2-21 复制部件并将其合并

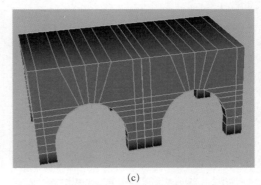

(c)

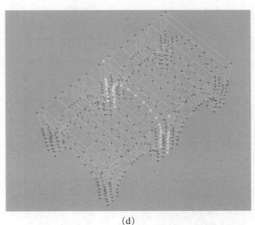

(d)

图 2-21（续）

> **提 示**
>
> 使用 Merge（缝合点）命令时，将 Threshold 值设置为 0.01（图 2-22），这样保证紧挨的点相互焊接，距离远的点不被合并。

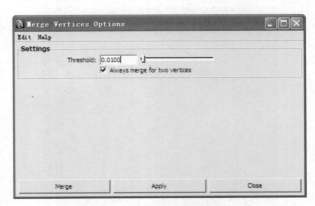

图 2-22 缝合点命令属性

7 从这一步开始制作拱廊顶部的吊灯。选择拼接后模型顶部中间的面〔图 2-23（a）〕，执行 Edit Mesh → Extrude（挤压）命令挤压生成新的面〔图 2-23（b）〕，然后进入模型点级别，在 top（顶）视图中，使用移动工具调整点，将挤压出的面调整成圆形〔图 2-23（c）〕，再切换到 front（前）视图调整杂乱的点，弧面上的点在同一个面上〔图 2-23（d）〕。

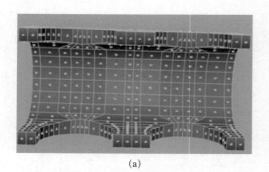

(a)

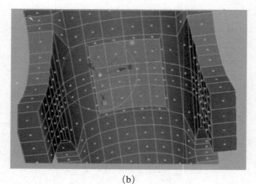

(b)

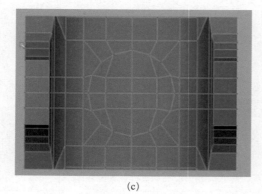

(c)

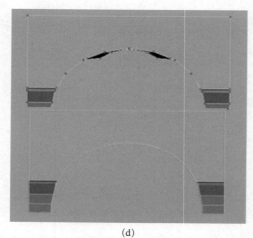

(d)

图 2-23　做出灯槽的轮廓

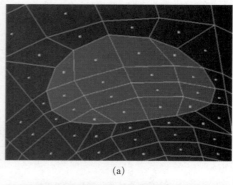

(a)

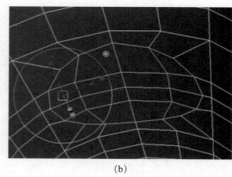

(b)

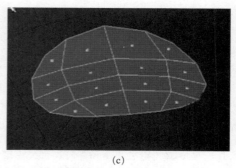

(c)

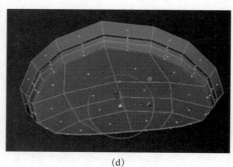

(d)

图 2-24　制作灯槽

8　选择如图 2-24（a）所示面，执行 Mesh → Extract （提取）命令将选中的面提取出来〔图 2-24（b）〕，然后选中提取出来的面，进入物体的面级别〔图 2-24 （c）〕，执行 Edit Mesh → Extrude（挤压）命令，多次挤压做出如图 2-24（d）所示的形状，完成灯槽的制作。

9　选择图 2-25（a）所示模型两端的面并将其删除〔图 2-25（b）〕，完成带灯槽单元的制作。

10　从这一步开始制作单元细节。选择图 2-26（a）所示的石柱上的面，执行 Edit Mesh → duplicate Face（复制面）命令将选中的面复制出来〔图 2-26（b）〕，然后使用缩放工具将其宽度调窄〔图 2-26（c）〕，进入新复制物体的面级别，选择所有的面〔图 2-26（d）〕，执行 Edit Mesh → Extrude（挤压）命令，挤压出物体的厚度，通过多次挤压使其成半圆柱状，如图 2-26 （e）所示。

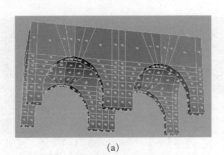

(a)

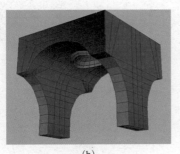

(b)

图 2-25　制作带灯槽单元

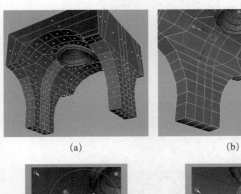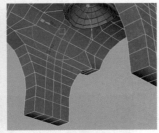

(a)　　　　　　　　　　　　(b)

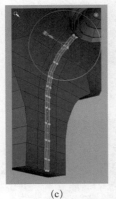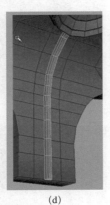

(c)　　　　　　　　　　　　(d)

(e)

图 2-26　制作细节

11 选择图 2-25 中制作出来的物体，按【Ctrl+D】键复制出新部件，然后在通道栏将其 Scale X 属性设置为 -1〔图 2-27 (a)〕，并按【Enter】键确认，将副本模型沿 X 轴翻转过来，然后使用移动工具将其移动到图 2-27 (b) 所示的位置。

(a)

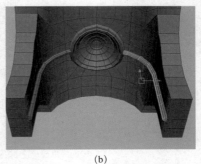

(b)

图 2-27　复制部件并调整位置

12 用步骤 10 ~ 步骤 11 的方法，完成图 2-28 中部件的制作，并能分别放到两侧的石柱上。

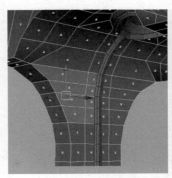

(a) 选择所示的面　　　　　　(b) 复制所选的面

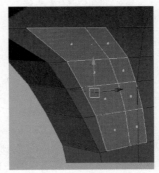

(c) 选择面向外拖出

图 2-28　制作部件

(d) 调整面对形状　　　(e) 挤压出厚度

图 2-28（续）

13 创建一个圆柱体，使用移动和缩放工具调整圆柱体的位置和大小，按【Ctrl+D】键复制调整后的圆柱体，并使用移动工具将新的圆柱调整到如图 2-29 所示的位置。

(a)　　　　　　　　　(b)

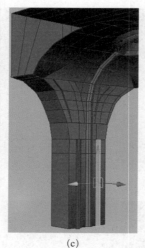

(c)

图 2-29　制作石柱两侧的圆柱

14 创建一个立方体〔图 2-30（a）〕，使用缩放工具调整其大小，并使用移动工具将其放在石柱的下面〔图 2-30（b）〕，然后使用插入循环边（Insert Edge Loop Tool）工具为立方体增加段数〔图 2-30（c）〕，之后调整模型内侧点的位置，将新添加的线段调整成半圆柱形状，作为石柱的底座，最终完成效果如图 2-30（d）所示。

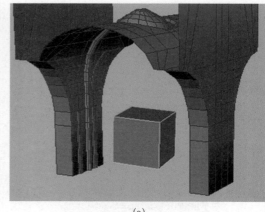

(a)

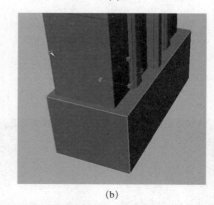

(b)

(c)

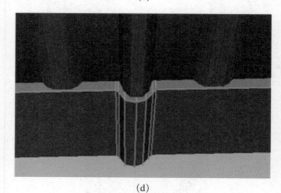

(d)

图 2-30　制作石柱底座

15 复制步骤 14 制作的底座，使用移动工具，将其对称放置在石柱的另一侧，如图 2-31 所示，到此石柱单元的细节制作就完成了。

16 根据参考图的比例，调整两侧石柱的高度，如图 2-32 所示。

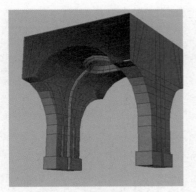

图 2-31　石柱单元最终效果

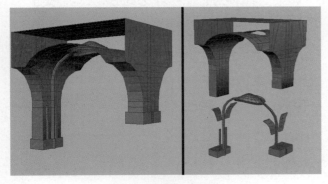

图 2-32　调整石柱高度

17 选择石柱单元的所有物体，按【Ctrl+G】快捷键将选中的模型打组，然后复制石柱单元的组，使用移动工具将复制出来的新单元在 Z 轴方向摆放到相邻的位置，与上一个石柱单元对接，然后按【Shift+D】快捷键，复制出整个长廊，如图 2-33 所示。

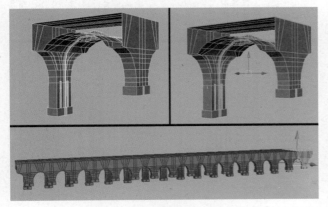

图 2-33　复制出整个长廊

18 至此顶和石柱的制作完成，最终效果如图 2-34 所示。

图 2-34　顶和石柱最终效果

2.2.3　墙和门洞的制作

墙和门洞模型的制作思路基本上和前面用到的方法相同，都是在一段拱形的基础上改造完成的，并且墙上的门洞也是有规律分布的，因此可以做出一部分墙，然后复制完成整个物体。具体步骤如下。

1 切换到 front（前）视图中，创建一个圆柱体，使用旋转工具将圆柱绕着 X 轴旋转 90°，使用缩放和移动工具，将圆柱体放置到如图 2-35 所示的位置，作为画弧线的参考物。执行 Mesh → Create Polygon Tool（创建多边形工具）命令，结合键盘上的【V】键，画出如图 2-35 所示的物体，完成后按【Enter】键结束，由此得到了新建的多边形物体。

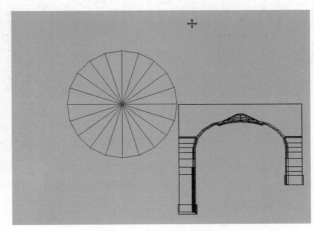

图 2-35　创建多边形面片

2 选择创建出的 Polygon 多边形面，进入物体的点级别，然后使用移动和缩放工具调整点的位置，使物体呈如图 2-36 所示的形状。

3 调整完多边形的形状后，删除作为参考物的圆柱体，然后选择多边形物体，进入面级别，选择面并执行 Edit Mesh → Extrude（挤压）命令对选中的面进行挤压使物体产生厚度，如图 2-37 所示。

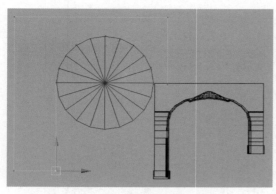

图 2-36　调整形状

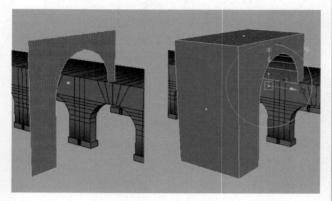

图 2-37　挤压厚度

4 切换到 side（侧）视图，以顶和石柱作为参考物，调整墙的长度如图 2-38 所示。

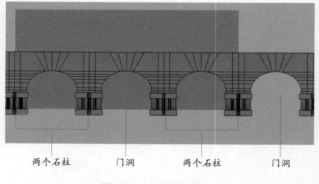

两个石柱　　门洞　　两个石柱　　门洞

图 2-38　调整墙的长度

5 在 side（侧）视图中，使用插入循环边工具（Insert Edge Loop Tool）以石柱作为参考物添加如图 2-39 所示的纵向段数。

6 使用 Cut Faces Tool（切面）工具添加横向段数，如图 2-40 所示。

　　使用切面工具添加段数是为了保证墙体两侧都有段数，便于下一步调整门洞的形状。

7 在 side（侧）视图中，使用缩放工具调整点的位置，制作出门洞轮廓，使其最终与图 2-41 的形状一致。

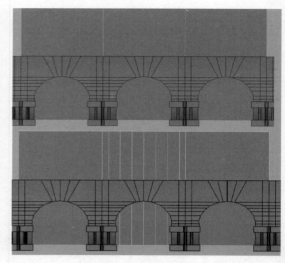

图 2-39

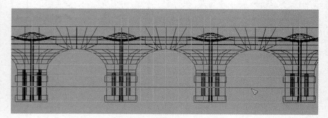

图 2-40

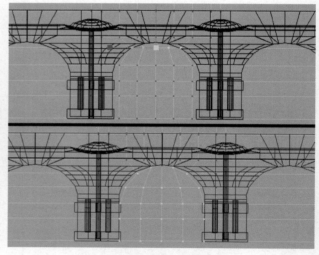

图 2-41　调整门洞轮廓

　　使用缩放工具的时候应只使用 Z 轴方向的缩放。

8 选择如图 2-42（a）所示的面，按【Delete】键删除〔图 2-42（b）〕，并执行 Select → Select Border Edge Tool（选择边界边）命令选中边界边〔图 2-42（c）〕，然后执行 Edit Mesh → Extrude（挤压）命令，单击操纵杆将挤压工具切换成世界坐标，按住【Ctrl】键，选择 X 轴缩放杆进行拖拉，挤压出如图 2-42（d）所示的面。

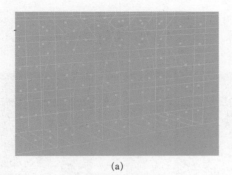

(a)

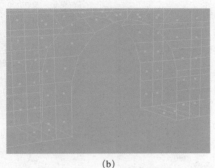

(b)

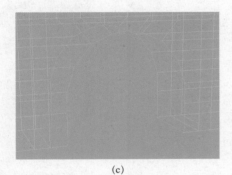

(c)

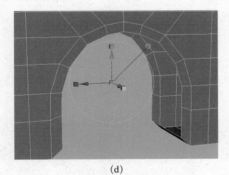

(d)

图 2-42　制作门洞边缘

提 示

　　按住【Ctrl】键是为了保证只在垂直 X 轴方向上进行缩放。

9　在 side（侧）视图中，调整门洞上的点，使其与底端的点保持在同一个平面上〔图 2-43（a）〕，然后使用 Edit Mesh → Append to Polygon Tool（补面工具）将门洞镂空的面补上〔图 2-43（b）〕，最终效果如图 2-43（c）所示。

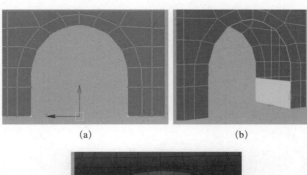

(a)　　　　　　　　　　　(b)

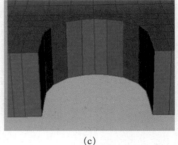

(c)

图 2-43　补全镂空的面

10　选中门洞边缘的面〔图 2-44（a）〕，然后执行 Edit Mesh → Extrude（挤压）命令对选中的面进行挤压，拉动手柄产生厚度，如图 2-44（b）所示。

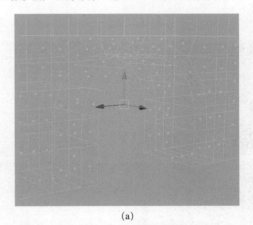

(a)

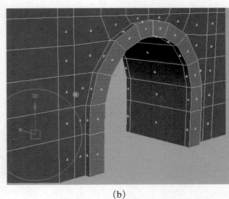

(b)

图 2-44　做出门洞边缘的厚度

11　选择图 2-45（a）所示的面，执行 Edit Mesh → Extrude（挤压）命令对选中的面挤压出厚度〔图 2-45（b）〕，完成门洞的制作，最终效果如图 2-45（c）所示。

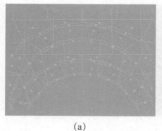

(a)

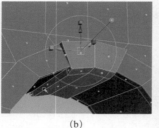

(b)

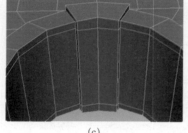

(c)

图 2-45　做出门洞中间的凸起

12 由于灯在 2.2.2 节步骤 7～步骤 9 中制作过，这里简单做一下介绍。根据图 2-46 所示，选择图中的面，执行 Edit Mesh → Extrude（挤压）命令，然后调整点的位置，使挤压出的面成圆形。再次选择这些面，执行 Mesh → Extract（提取）命令将选中的面提取出来。

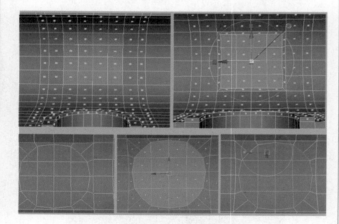

图 2-46　调整形状并提取面

13 选中提取出的面使用挤压命令多次挤压，并配合使用缩放手柄和移动手柄完成灯的制作，如图 2-47 所示。

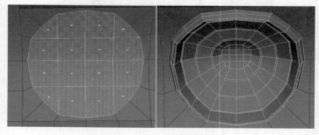

图 2-47　制作门洞顶部的灯

14 选择图 2-48（a）所示的面，执行 Edit Mesh → Duplicate Face（复制面）命令复制出面〔图 2-48（b）〕。将复制出的面选中〔图 2-48（c）〕，使用

Extrude（挤压）工具多次挤压并配合使用缩放和移动工具调整模型的大小及位置，完成墙上装饰品的制作，最终效果如图 2-48（d）所示。

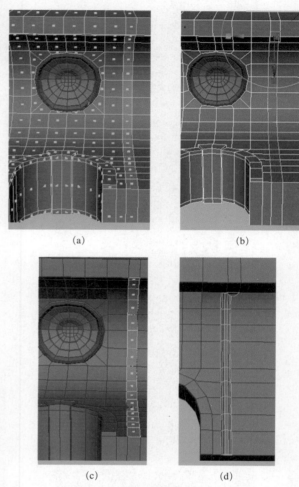

(a)　　　　　　(b)

(c)　　　　　　(d)

图 2-48　制作细节

15 在 side（侧）视图中选择如图 2-49 中的面，然后执行 Mesh → Extract（分离）命令，将面分离出来，作为复制墙的单元。

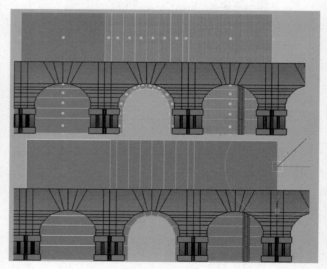

图 2-49　门洞单元

16 调整墙上面各部件的空间位置，然后将其全部选中，按【Ctrl+G】快捷键将物体打组，并执行 Modify → Center Pivot（回归中心点）命令将物体中心点回归到物体上，然后使用 2.2.2 节中步骤 17 的方式复制单元，完成墙和门洞的制作（图 2-50），最终效果如图 2-51 所示。

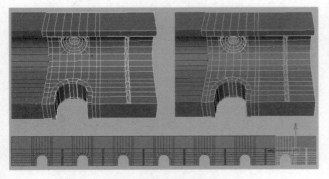

图 2-50　复制门洞单元

图 2-51　门洞和墙的最终效果

2.2.4　地面和桥的制作

观察参考图 2-8，会发现整个下半部分地面和桥主要有两层，第一层由桥和桥两侧的壁构成，第二层由最底下的地面和它两侧的壁构成。下面我们先做出大体框架，然后在此基础上制作细节，完成地面和桥的制作。

1 执行 Create → Polygon Primitives → Cube（立方体）命令，创建一个立方体，在 front（前）视图中，调整立方体的位置和大小，如图 2-52 所示。

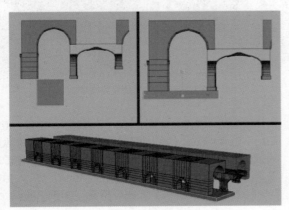

图 2-52　制作部件

2 在 front（前）视图中，按【Ctrl+D】快捷键复制新制作出的部件，并如图 2-53 所示调整其位置和大小，制作地面。

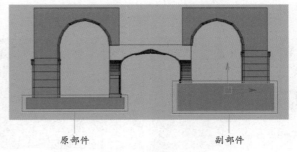

原部件　　　　　　　　　　副部件

图 2-53　制作部件

3 在 front（前）视图中，再次按【Ctrl+D】快捷键复制原部件，并如图 2-54 所示调整地面位置和大小。

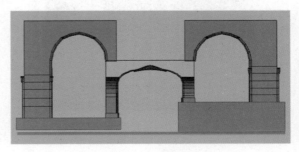

图 2-54　制作地面

4 在 front（前）视图中，如图 2-55 所示，使用步骤 3 的方法复制其他地面，并调整其位置和大小。

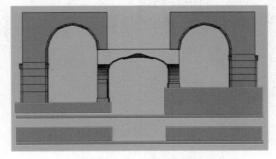

图 2-55　制作地面

5 完成地面和桥的框架搭建，最终效果如图 2-56 所示。

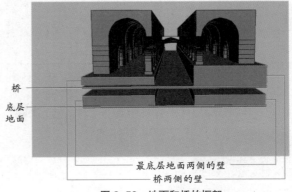

桥
底层地面
最底层地面两侧的壁
桥两侧的壁

图 2-56　地面和桥的框架

6　选中桥一侧的壁，使用 Insert Edge Loop Tool（插入循环边工具）添加段数〔图 2-57（a）〕，选择图 2-57（b）所示的面，执行 Edit Mesh → Extrude（挤压）命令对选中的面挤压出厚度，结果如图 2-57（c）所示。

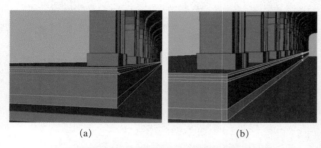

（a）　　　　　　　　（b）

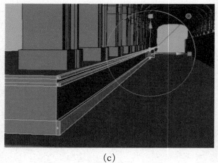

（c）

图 2-57　添加细节

7　新建一个 Cube（立方体），使用缩放和移动工具调整其位置和大小，如图 2-58（b）所示。

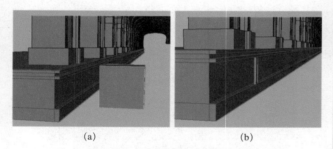

（a）　　　　　　　　（b）

图 2-58　制作栏杆部件

8　使用 2.2.2 节中步骤 17 的方式复制出栏杆部件，在每一个石柱下面创建护栏效果，如图 2-59 所示。

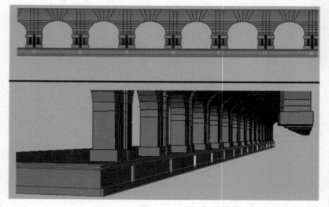

图 2-59　复制出护栏

9　新建一个 Cube（立方体），如图 2-60 所示，使用移动和缩放工具调整立方体的位置和大小。

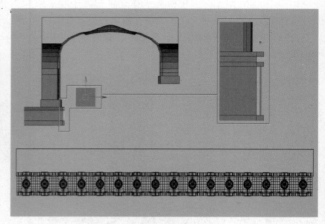

图 2-60　制作部件

10　创建一个圆柱体，并在通道栏里将其属性值 Subdivisions Axis 设置为 8。调整圆柱体的位置和大小，制作护栏，效果如图 2-61 所示。

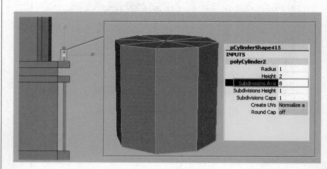

图 2-61　制作护栏部件

11　使用 2.2.2 节中步骤 17 的方法复制圆柱体，完成护栏的制作，桥一侧的壁制作完成。最终效果如图 2-62 所示。

图 2-62　单侧壁的最终效果

12　制作桥的另一侧壁。如图 2-63（a）所示，使用 Insert Edge Loop Tool（插入循环边工具）为另一侧壁添加段数，并参照图 2-63（b）调整点的位置。然后选择图 2-63（c）所示的面，执行 Edit Mesh → Extrude（挤压）命令对选中的面进行挤压，如图 2-63（d）所示。

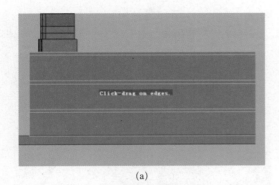

(a)

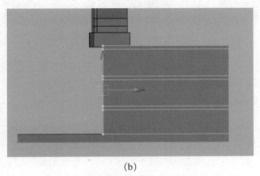

(b)

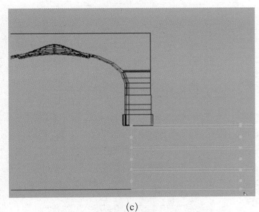

(c)

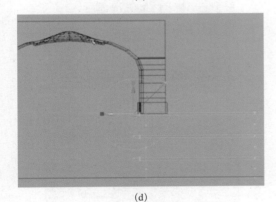

(d)

图 2-63　制作细节

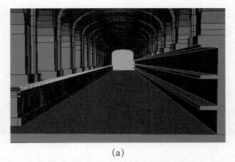

(a)

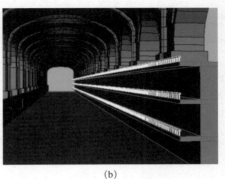

(b)

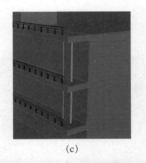

(c)

(d)

图 2-64　制作护栏

图 2-65　壁的最终效果

13 选中图 2-64（a）所示的护栏，按【Ctrl+D】快捷键复制三份护栏，并放置在图 2-64（b）所示的位置，然后创建一个立方体〔图 2-64（c）〕并调整其位置和大小，之后对其进行复制得到图 2-64（d）所示的效果。

14 桥的另一侧壁制作完成，最终效果如图 2-65 所示。

15 在 top（顶）视图中，选择桥板，然后使用 Insert Edge Loop Tool（插入循环边工具）在每隔 4 个灯槽的位置添加两个段数，并在 side（侧）视图中调整点的位置，如图 2-66 所示。

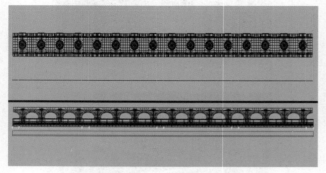

图 2-66　为桥板添加段数

16 再次使用 Insert Edge Loop Tool（插入循环边工具）添加如图 2-67（a）所示的段数，注意桥的两侧要留下一定宽度的路面。选择如图 2-67（b）所示的面，然后执行 Edit Mesh → Extrude（挤压）命令对选中的面进行多次挤压，并使用缩放和移动工具调整出如图 2-67（c）所示的凹槽。

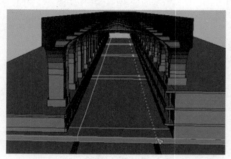

（a）添加段数

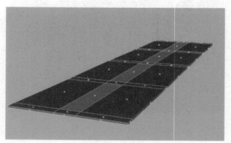

（b）选择面

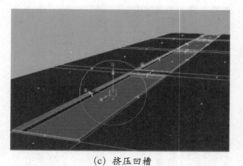

（c）挤压凹槽

图 2-67　创建凹槽

17 在 top（顶）视图中选择如图 2-68 所示的面，然后按【Delete】键将其删除。

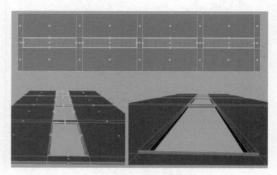

图 2-68　制作桥板镂空

18 在 front（前）视图中，选中如图 2-69 所示最底层地面两侧的壁，使用缩放工具调整其厚度并使用移动工具调整其位置，使其与上层桥之间没有间隔。

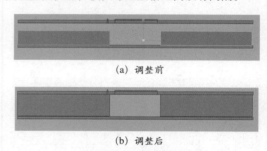

（a）调整前

（b）调整后

图 2-69　调整底层壁的厚度

19 创建一个立方体，调整其大小和位置，如图 2-70（a）所示。使用 Insert Edge Loop Tool（插入循环边工具）在部件纵方向上均匀地添加三条线〔图 2-70（b）〕，然后在点级别下调整部件成弧形，如图 2-70（c）所示。

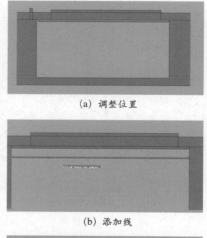

（a）调整位置

（b）添加线

（c）调整部件

图 2-70　制作部件

20 再次使用 Insert Edge Loop Tool（插入循环边工具）添加如图 2-71（a）所示的段数，进一步进行调整，增加弧度的光滑度。然后创建一个立方体，调整其大小和位置〔图 2-71（b）〕，按【Ctrl+D】快捷键复制该部件，调整副本的位置和大小。最终效果如图 2-71（c）所示。

（a）添加段数

（b）调整大小和位置

（c）最终效果

图 2-71　制作栏杆

21 如图 2-72 所示，将物体选中，按【Ctrl+G】快捷键将选中的物体打组，然后按【Ctrl+D】快捷键复制并将其移动放置在另一侧，如图 2-72 所示。

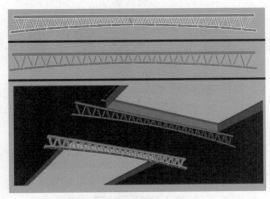

图 2-72　复制栏杆

22 创建一个立方体，如图 2-73（a）所示调整其位置和大小，然后在 front（前）视图中，按【Ctrl+D】快捷键复制该部件并调整其位置，如图 2-73（b）所示。

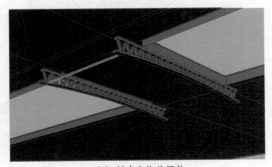

（a）创建立体并调整

图 2-73　制作桥梁

（b）复制立方体

图 2-73（续）

23 如图 2-74 所示，将物体选中，按【Ctrl+G】快捷键将物体打组。

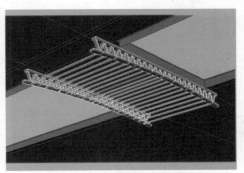

（a）选中

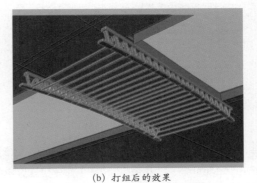

（b）打组后的效果

图 2-74　将桥所有部件打组

24 按【Ctrl+D】快捷键复制桥，然后移动放置到图 2-75 中相应的桥下面，完成桥的制作。

图 2-75　桥的最终效果

25 制作底层地面的壁，由于底层地面两侧的壁基本对称，因此只需做出一侧即可。可以使用 Insert Edge Loop Tool（插入循环边工具）为底层地面的壁添加段数。前后对比如图 2-76 所示。

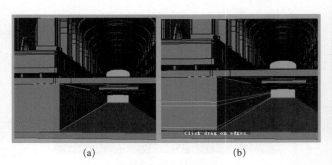

(a)   (b)

图 2-76   添加段数

26 选中桥和底层地面一侧的壁〔图 2-77（a）〕，使用【Alt+H】快捷键隐藏其他物体，在 side（侧）视图中，以桥作为参考物添加段数，如图 2-77（b）所示。

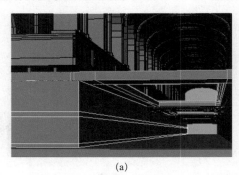

(a)

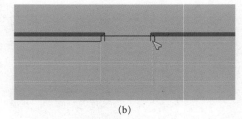

(b)

图 2-77   添加段数

27 选中图 2-78（a）所示的面，在 front（前）视图并执行 Edit Mesh → Extrude（挤压）命令挤压选中的面，得到如图 2-78（b）所示的效果。

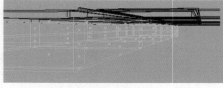

(a)   选中面

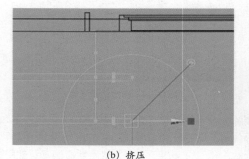

(b)   挤压

图 2-78   挤压出细节

28 创建一个立方体，如图 2-79 所示调整其位置和大小。

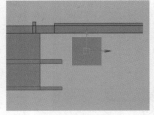 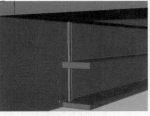

(a)   创建立方体   (b)   调整大小

图 2-79   制作栏杆部件

29 在 side（侧）视图中，使用【Ctrl+D】快捷键和【Shift+D】快捷键按 2.2.2 节步骤 17 的方式复制护栏，并将复制出的护栏全部选中，按【Ctrl+G】快捷键对选中的物体打组，并再次复制组移动到相应的位置，最终效果如图 2-80 所示。

图 2-80   复制护栏并调整位置

30 执行 Display → Show → All 命令显示全部物体，然后选择图 2-81（a）中的护栏，按【Ctrl+D】快捷键复制护栏，移动护栏到如图 2-81（b）所示底层相应的位置上，并去掉护栏多余的部分。

(a)   选择护栏

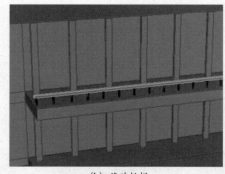

(b)   移动护栏

图 2-81   制作底层护栏

31 对护栏进行修改。在如图 2-82（a）所示护栏的一端使用 Insert Edge Loop Tool（插入循环边工具）添加段数，然后进入其面级别，选择图 2-82（b）中的面，执行 Edit Mesh → Extrude（挤压）命令对选中的面进行挤压〔图2-82（c）〕，复制栏杆摆放在相应的位置〔图2-82（d）〕，其他地方也用相同的方法修改。

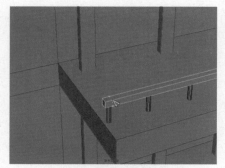

（a）添加段数

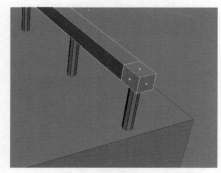

（b）选择面

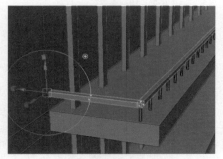

（c）挤压

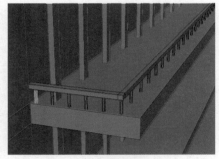

（d）修改细节

图2-82 调整护栏

32 选中图2-83（a）中的护栏，按【Ctrl+G】快捷键打组，并复制护栏，然后使用移动工具移动到下方。将制作完成的一侧全部选中，再次按【Ctrl+G】快捷键打组，复制组并将副本使用缩放工具在X轴方向进行缩放翻转，使用移动工具将其移动到对面的位置上，如图2-83（d）所示。

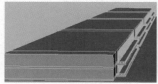

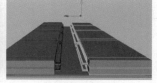

（a）选中护栏　　　　　　　（b）打组

（c）全选　　　　　　　　（d）最终结果

图2-83 复制护栏

33 底层地面和其两侧制作完成，最终效果如图2-84所示。

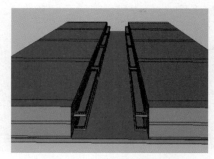

图2-84 底层地面及两侧最终效果

到此整个地面和桥制作完成，最终效果如图2-85所示。

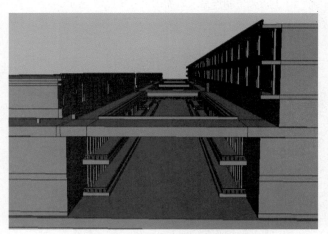

图2-85 地面和桥最终效果

2.2.5 细节部分的制作

该场景中细节的制作，就是灯和桌椅的制作，还有一些木柜的制作，主要就是把握好部件之间的相对空间位置和其比例关系。制作时我们只制作一个单元，然后将这个物品复制后摆放到参考图的相应位置。

1）桌子制作

1 创建一个立方体，使用缩放工具调整其形状，如图2-86所示。

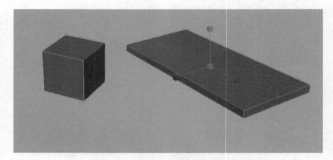

图2-86　创建立方体并调整形状

2 使用EInsert Edge Loop Tool（插入循环边工具）给立方体添加段数，然后进入物体面级别，选择如图2-87所示的面。

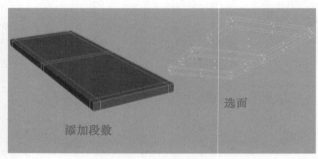

选面

添加段数

图2-87　添加段数

3 执行Edit Mesh → Extrude（挤压）命令对步骤2中选中的面进行挤压，使用移动手柄拉出桌腿〔图2-88（a）〕，桌子制作完成，如图2-88（b）所示。

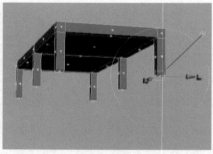

（a）挤压

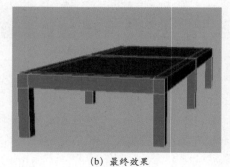

（b）最终效果

图2-88　桌子制作

2）椅子制作

1 创建一个立方体，如图2-89（a）所示调整其厚度，使用Insert Edge Loop Tool（插入循环边工具）在模型的四边添加段数〔图2-89（b）〕，然后选择如图2-89（c）所示的面，执行Edit Mesh → Extrude（挤压）命令挤压出椅子腿，如图2-89（d）所示。

（a）创建立方体

（b）添加段数

（c）选中面

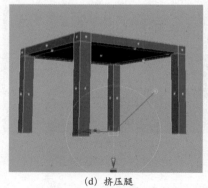

（d）挤压腿

图2-89　制作椅子面和椅子腿

2 选择图2-90（a）中的面，执行Edit Mesh → Extrude（挤压）命令挤压出靠背，然后使用Insert Edge Loop Tool（插入循环边工具）添加如图2-90（b）所示段数，在点级别下调整靠背的细节，如图2-90（d）所示。

（a）选中面

（b）挤压

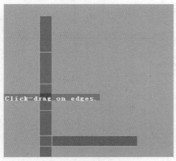

（c）添加段

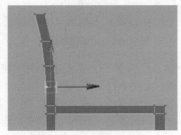

（d）调整

图 2-90 制作椅子靠背

3 在 side（侧）视图中，使用 Cut Faces Tool（切面工具）为四个椅子腿添加如图 2-91 所示的段数。

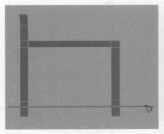

（a）测视图　　　　（b）透视图

图 2-91 为椅子腿添加段数

4 取消 Edit Mesh → Keep Faces Together 的勾选，选择图 2-92 中所示的面。

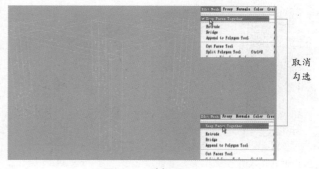

图 2-92 选择面

5 执行 Edit Mesh → Extrude（挤压）命令对选中的面挤压，每个面都单独沿自身的坐标挤压，如图 2-93 所示。

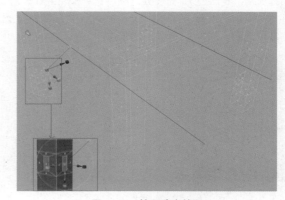

图 2-93 挤压选中的面

6 选择图 2-94（a）中的面，执行 Edit Mesh → Extrude（挤压）命令按图 2-94（b）所示的效果挤压，制作出椅子腿的横梁，到此完成椅子的制作，如图 2-94（c）所示。

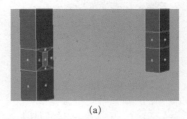

（a）

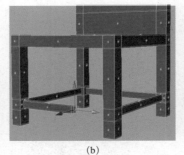

（b）

（c）

图 2-94 制作椅子横梁

3）柜子制作

1 创建一个立方体，如图 2-95（a）所示调整其厚度，然后按【Ctrl+D】快捷键复制出一个副本〔图2-95（b）〕，如图2-95（c）所示调整其大小和位置。

（a）建立立方体 　　（b）复制 　　（c）调整

图2-95　制作柜子基本外形

2 使用 Insert Edge Loop Tool（插入循环边工具）添加如图2-96（a）所示段数，然后选择图2-96（b）所示的面，执行 Edit Mesh → Extrude（挤压）命令挤压选中的面，如图2-96（c）所示。

（a）添加段数 　　（b）选择面

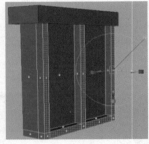

（c）挤压

图2-96　添加柜子细节

3 创建一个立方体，如图2-97（a）所示调整其大小和位置，完成柜子的制作。将柜子所有组打组，如图2-97（b）所示。

（a）创建立方体 　　（b）打组

图2-97　完成柜子制作

4）吊灯制作

1 执行 Create → Polygon Primitives → Pipe（圆环）命令，创建一个圆环，然后在 Maya 视图右侧属性面板中，如图2-98所示调整其参数，开始制作吊灯。

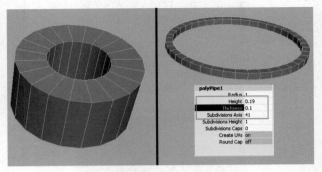

图2-98　创建圆环并调整参数

2 执行 Create → CV Curve Tool（CV 曲线工具）命令，单击命令后面的选项盒按钮，打开其属性面板，将 Curve degree 设置为 "3 Cubic"，如图2-99所示。然后在 side（侧）视图中创建一条曲线，用来作为下一步模型制作的轮廓曲线。

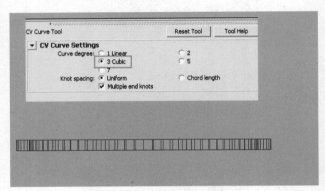

图2-99　创建轮廓曲线

3 创建立方体，并调整其大小，进入物体面级别，选面并选中曲线，然后执行 Edit Mesh → Extrude（挤压）命令，单击命令后面的选项盒按钮，打开其属性面板，将 Divisions 值设置为 "30"，其他参数保持默认，如图2-100所示。单击【Apply】按钮，制作吊灯细节。

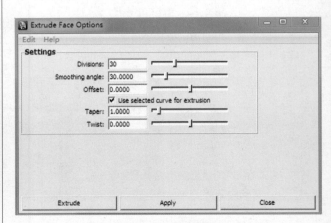

图2-100　吊灯制作属性设置

4 选择如图 2-101（a）所示的面并使用缩放工具调形〔图 2-101（b）〕，然后执行 Edit Mesh → Extrude（挤压）命令挤压出如图 2-101（c）所示的形状。

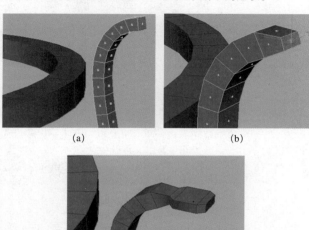

(a)　　　　　　　　　(b)

(c)

图 2-101　制作吊灯细节

5 执行 Create → Polygon Primitives → Cylinder（圆柱体）命令，创建一个圆柱体，在视图右侧通道栏中，将圆柱体的 Subdivisions Height 值设置为 6〔图 2-102（a）〕，然后进入其点级别，使用缩放工具调整形状，做出灯座，如图 2-102（b）所示。

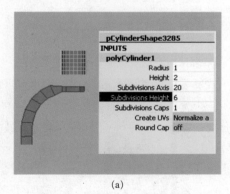

(a)

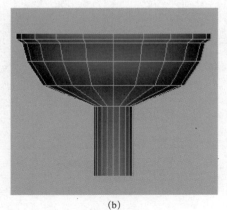

(b)

图 2-102　制作灯座

6 选图 2-103（a）中的面，执行 Edit Mesh → Extrude（挤压）命令挤压选中的面，做出一个凹槽〔图 2-103（b）〕，然后将如图 2-103（c）所示的物体使用【Ctrl+G】快捷键打组。

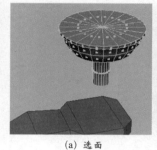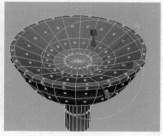

(a) 选面　　　　　　　　(b) 调整

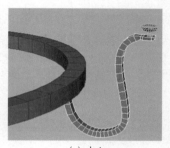

(c) 打组

图 2-103　添加灯槽细节

7 将步骤 6 中创建的组选中，然后执行 Edit → Duplicate Special（专用复制）命令，单击命令后面的选项盒按钮，打开其属性面板，按如图 2-104 所示设置其参数，将 Number of copies 数值设置为 5，单击【Apply】按钮，就会沿中心轴复制出五个副本，如图 2-105 所示。

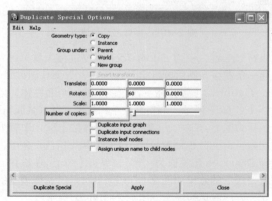

图 2-104　设置专用复制属性

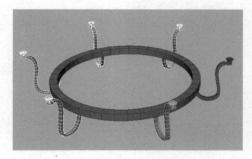

图 2-105　复制出 5 个灯座

8 创建一个圆柱体，并将圆柱体的 Subdivisions Height 值设置为 6，然后进入其点级别使用缩放工具调整其形状，制作吊灯上部，如图 2-106 所示。

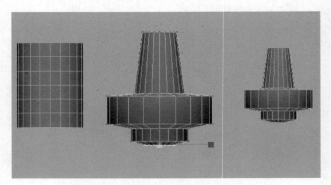

图 2-106 制作吊灯固定栓

9 创建一个立方体，在点级别下，调整其形状，选择物体，选择 Edit → Duplicate Special（专用复制）选项右侧的小方块，打开其属性面板，如图 2-107 所示设置其参数，单击【Apply】按钮，制作出吊灯的拉线。

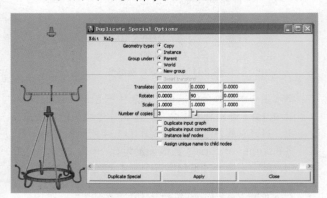

图 2-107 制作吊灯拉线

10 执行 Create → CV Curve Tool（CV 曲线工具）命令创建一条曲线，然后执行 Create → Polygon Primitives → Cylinder（圆柱体）命令，创建一个圆柱体，如图 2-108（a）所示，调整其大小和位置。进入其面级别，选择如图 2-108（b）所示的面，并按【Shift】键加选曲线，再执行 Edit Mesh → Extrude（挤压）命令，设择 Divisions 属性值为 "30"，单击【Apply】按钮，完成挤压后的效果如图 2-108（c）所示。调整模型的形状，完成圆环的制作，如图 2-108（d）所示。

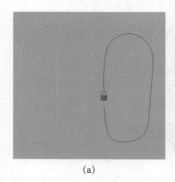 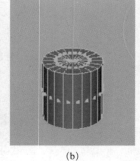

(a)　　　　　　　　(b)

图 2-108 制作铁链单个圆环

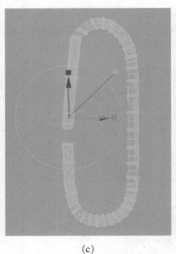 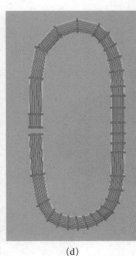

(c)　　　　　　　　(d)

图 2-108（续）

11 选中圆环，选择 Edit → Duplicate Special（专用复制）右侧的小方块，打开其属性面板，按如图 2-109 所示设置其参数，单击【Apply】按钮，完成链条的制作。

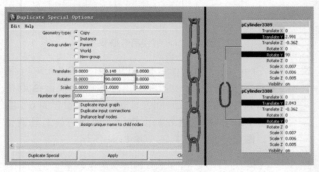

图 2-109 完成铁链制作

12 整个吊灯完成后的效果如图 2-110 所示。

图 2-110 吊灯最终效果

13 将本节制作的桌、椅和吊灯按照图 2-8 所示的效果摆放到场景中，至此就完成了整个室内场景的制作。案例最终效果如图 2-111 所示。

图 2-111　室内场景最终效果

2.3　本章小结

（1）制作场景前要根据原设图进行分析，确定场景的类型，所处的地域、年代，所要营造的氛围等，然后根据这些信息搜集类似场景做参考，这样才能使制作出的场景更真实。

（2）场景制作过程中要做到比例关系准确、空间透视合理、疏密程度符合规律、模型布线匀称且简洁等，这些因素决定了一个场景的好坏。

（3）场景制作的顺序一般是：首先搭建场景大体结构，然后对场景细节进行逐步完善。

（4）找到场景中相同的元素，制作各元素，然后通过复制拼接的方式完成场景制作，这样既省时又省力。

（5）本章常用命令见表 2-1。

表 2-1　常用命令

命　令	说　明	命　令	说　明
CV Curve Tool	CV 曲线工具	Append to Polygon Tool	多边形补面工具
NURBS to Polygons	曲线转化为多边形物体	Extract	提取
History	删除历史记录	duplicate Face	复制面
Merge	缝合点	Duplicate with Transform	变换复制
Insert Edge Loop Tool	插入循环边工具	Create Polygon Tool	创建多边形工具
Cut Faces Tool	切线工具	Select Border Edge Tool	选择边界边

2.4　课后练习

观察图 2-112，充分运用之前学到的知识，将车厢完整地还原出来。在制作过程中需要注意以下几点。

（1）这个列车车厢属于写实类场景，场景里面的物体不多，且都没有复杂的结构，因此把握场景的比例和空间透视关系显得尤为重要。

（2）车厢里面的物体大多数是较规矩的几何形状，细节上要注意椅子面和靠背的弧度，以及车窗边角的弧度。地面上酒瓶、报纸等物品的摆放要符合生活实际。

（3）场景里的物体如果颜色不同要分开来做，例如：椅子的靠背和扶手，如果做成一个整体，会给后续材质工作带来很大麻烦。

（4）学会举一反三，通过这个场景的制作总结出属于自己的建模方法，以后再做类似题材的场景时就能得心应手。

图 2-112　练习作业车厢参考图

2.5　作品点评

图 2-113 所示的作品，在以下两点做得较为突出。

图 2-113　较为精彩的场景作品（完美动力动画教育　黄艾婕临摹作品）

（1）比例关系把控：比例关系上，作者对房屋之间、房屋与汽车之间、汽车与路灯之间的比例把握得很好，充分体现了近大远小的空间透视规律。

（2）细节刻画：一个优秀的作品必然不能缺少细节，作者在这一方面做得也非常好，画面近处的墙壁和地面处理得非常细腻，忽略远处楼房的细节，遵循近实远虚的规律。

相比较而言，图2-114中的作品则有待提高。

图 2-114 有待提高场景作品

同图2-113中的作品相比较，这幅作品要明显逊色许多，主要体现在以下两点。

（1）整体比例不是很准确：远景的高楼和近景的房子在比例关系上不合理，没有体现出空间纵深感。如果在场景中放一个人物作为参考，可以有效避免这些问题。

（2）场景细节不够：这也是此幅作品最大的问题，如果场景里缺少细节会让人感觉场景像是用积木堆积而成，缺少美感及完整性，完成度不高。

3

个性鲜明——
卡通角色建模

> 了解卡通角色的基础知识
> 掌握卡通角色的制作思路
> 掌握制作卡通角色的常用命令

从本章开始我们将进入角色建模的学习中,通过一个卡通角色的制作,了解卡通角色的制作思路,掌握多边形角色建模的常用命令,熟悉角色建模的布线规则,了解动画环节对模型的要求。

3.1 卡通角色介绍

本节我们先来了解什么是卡通角色、卡通角色的分类、建模原则、与写实角色建模的区别,以及在实际建模中需要注意的问题等,为下一节进行卡通角色建模打下坚实的理论基础。

3.1.1 什么是卡通角色

卡通角色是指在动画制作中,为了简化动画的制作过程,以及增加角色的生动性和表现力,而舍弃掉大量的细节,在写实的基础上进行大胆的夸张、提炼和精简出来的角色形象。

卡通角色早期出现在二维动画中,当时的动画师为了减少中间画的繁琐,将一些动画角色进行了大量的简化,通过一些生动的线条来概括角色的结构特点。由于动画师的深厚艺术功底和长期的细致改进,使得一些角色变得更生动也更容易被人接受,并逐渐成为脍炙人口的角色(图3-1)。

图3-1 早期迪斯尼动画中的米老鼠形象

动画进入三维时代以后,很多动画规律仍然继承着二维动画的传统,加上简化角色对三维动画也有着得天独厚的益处,所以动画师们可以抛开写实角色带来的模型权重等负担,把所有的精力都用在对角色动画的刻画上。随着三维动画的发展,卡通角色也愈来愈成熟,甚至成为三维动画一个普遍的趋势,也越来越受到人们的欢迎(图3-2)。

3.1.2 卡通角色的分类

根据动画中制作卡通角色的精度与夸张程度,可以把卡通角色分为两种类型,即完全卡通和半写实卡通。

图3-2 现代三维动画卡通角色

完全卡通是指从角色的造型、比例、五官细节等方面进行全面刻画,甚至后来的材质动画都进行了大胆的夸张(图3-3)。从某种意义上说,完全卡通是艺术家在现实基础上创造的艺术品。二维动画和三维动画都具有完全卡通形象,这是二者的一个共同之处。

图3-3 完全卡通角色形象

半写实卡通是介于完全卡通和写实角色之间的一个分类,它主要是指在角色造型比例方面进行了大胆的夸张,使角色具有动画的艺术吸引力,同时在五官或者其他细节的刻画上,它们又具有写实角色的一些细节和精度,这样的角色看起来非常的生动可信,具有独特的吸引力,如图3-4所示。可以说半写实卡通是三维动画的一个独创。

3.1.3 卡通角色建模原则

卡通角色建模要遵循两大原则:精练和夸张,这也是所有卡通角色的一个共同点。

所谓精练,是指从所创作对象的参考物上,舍弃大部分写实的细节,通常是将角色身体部位的细节线条和结构进行简化,只保留角色最重要的一些特征。

以图 3-5 中的人物为例，眼睛可以舍弃掉眼角的结构，将眼皮变成简单的环形结构；眉毛可以做成弯曲的符号化模型；耳朵可以舍弃掉耳轮等复杂的结构，只用一个简单的面片去表现；头发可以舍弃掉复杂的丝状结构，用大块面去概括，肌肉轮廓可以圆润、简洁一些。

图 3-4　半写实卡通角色形象

图 3-5　五官较为精炼的卡通角色

夸张则是赋予卡通角色灵魂的关键一步。夸张不是对角色进行漫无目的的夸大，而是对一些特定的结构，即角色最具有特征的身体结构进行夸张，将角色的特点进一步表现得淋漓尽致，同时对动物的拟人化本身就是一种生动的夸张。

例如：为了表现可爱的角色形象，可以将角色的体型设计成矮胖的圆球形；如果角色身材细长，眼睛轮廓尖锐而畸形，那么这个角色很有可能是阴险奸诈的。

图 3-6 中，兔子的五官和身体都进行了非常大的拟人化变形，整体圆润可爱，最后的效果看起来非常生动。

图 3-6　结构夸张的炮灰兔

而为了表现年老后肌肉松弛的状态，创作者对图 3-7 中的老太太，在整体比例、面部肌肉下垂和腹部脂肪下垂等方面进行了大胆的夸张。

图 3-7　身体结构极度夸张的老太太

3.1.4　卡通角色和写实角色建模的区别

卡通角色在制作中的方法和意义都和写实角色存在有很大的区别，具体体现在两个方面：造型与细节。

造型上，卡通角色虽来源于写实，但它是在写实基础上的提升和艺术加工，已经超越了写实范畴，卡通角色的造型相对比较自由化和艺术化；而写实角色必须秉承的一个基本原则就是写实，在造型方面必须遵循现实中角色的比例结构，不允许有任何的偏差。

细节上，由于角色的细节是依附在造型上的，所以卡通角色的细节，同样也是富有夸张性的，还可以通过后期的加工使其更具有表现力；而写实角色则会复杂一些，俗话说："画鬼容易画人难"，当一个写实角色造型确立好以后，只靠一个基本造型是没有艺术魅力的，还必须通过大量的仿真细节的刻画才能栩栩如生。写实角色与卡通角色的对比如图3-8所示。

图3-8　写实角色与卡通角色对比

3.1.5　卡通角色建模需要注意的问题

在实际的卡通角色建模中，需要注意的问题很多，这里可以大致分为两条，它们直接关系着最后的角色大效果。

（1）把握角色特征。不论创建什么样的角色，把握角色特征始终是最基本也是最重要的一步，卡通角色尤其如此，因为它的一切都是简化提炼过的，我们必须要让提炼出来的东西更具有表现力，更能表现原型的基本特征。所以在制作一个角色前，我们必须弄清楚这个角色是男人还是女人，是老年还是儿童，是正派还是反派，性格是欢快还是忧郁等，这一切也许在原画设定的时候都已经做了详细说明，而我们只需要将设定者的设计思想表现出来。图3-9是原创动画《功夫小武》中反派角色的设定图和模型。

(a) 原画稿　　　　　(b) 模型

图3-9　反派角色的设定与模型

（2）合理的精简与提炼。卡通角色在建模的过程中布线会更为精简更为概括，因为卡通角色的造型就是经过夸张和精简的，而写实角色必须表现写实所具有的一切要素，图3-10是角色的布线图，我们可以

看到卡通角色的面部布线较为简单平滑，五官只是概括了一个形体，用来表现角色的特点，而写实角色则必须考虑面部的结构等，布线相对复杂一些。

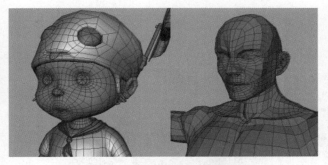

图3-10　卡通建模与写实建模布线对比

然而，尽管卡通角色的布线较为简单，但是它仍然具有角色建模的一切要素，这些要素主要是指角色模型的通用规则，例如：面部的眼睛和嘴巴保持环形线走向，用来表现眼轮匝肌和口轮匝肌，以保证以后可以做表情，关节部位至少具有三根或者三根以上的线，以保证动画效果的流畅性，如图3-11所示。另外，还要尽量避免三角面、五边面和六边点等，卡通角色在这些方面和写实角色建模的要求是一样的。

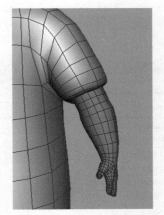

图3-11　卡通角色一些关节处布线

3.2　卡通角色制作

在了解了卡通角色及其特点之后，本节以一个卡通角色为例，详细讲解卡通角色模型制作的步骤、应用的工具、常用的方法等，在学习的过程中需要读者仔细揣摩角色建模与机械类物体建模的不同之处。

制作角色前，我们需要首先了解角色的背景，分析角色的性格。此角色是一个形态夸张的大猩猩，同时五官及四肢非常简练，是一个标准的完全卡通模型。它憨态可掬，身体像一个球形，这些都暗示着它是一个非常可爱的角色。

图 3-12 是我们将要制作的卡通角色猩猩的最终效果。

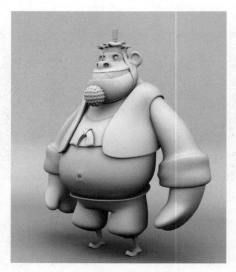

图 3-12　卡通角色最终效果

3.2.1　建模前的准备

1　执行 File → Project → New(新建工程目录) 命令，弹出 New Project 属性窗口，如图 3-13 所示。在 Name 中输入角色的名称，在 Location 中输入工程目录所在的路径，Project Data Locations 是工程目录数据所在的位置，完成后单击【Use Defaults】（ 使用默认的 ）按钮。

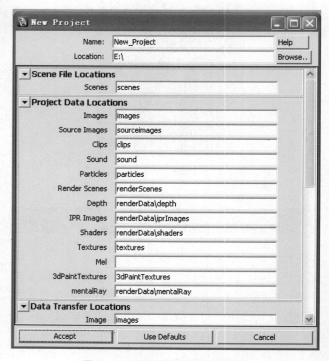

图 3-13　工程目录数据所在的位置

在创建工程目录后 Maya 会按照选项在指定地址建立一系列文件夹。模型、材质等模块中所用的文件都会按

门类存入其中，使得整个流程条理清晰。做每一个模型前都要建立工程目录，这是一个好习惯。

2　建立好工程目录后从随书光盘中将前视图（光盘\参考图片\3.2.1 Cartoon Front）、侧视图（光盘\参考图片\Cartoon Side）参考图片复制到工程目录的 Source Images（源图像）文件夹里。然后回到 Maya 并切换到 front（ 前 ）视图，在前视图的左上角执行 View → Image Plane → Import Image 命令，在弹出的对话框中选择 Source Images 文件夹里猩猩的正面图片并将其导入到场景中。

3　在右侧通道栏内调整导入的前视图图片的大小和位置。Center X、Center Y、Center Z 为图片在 X 轴、Y 轴和 Z 轴方向的位移，Width 和 Height 为图片的长、宽，这里将数值改为如图 3-14 所示。

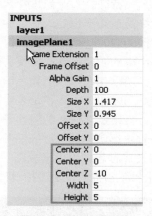

图 3-14　修改图片长宽

4　切换到 side（ 侧 ）视图，用步骤 2 至步骤 3 的方法导入猩猩的侧视图图片，将数值 Center X 改为 "-10"，Center Z 值为 "0"，这样做是为了空出网格的空间，方便制作模型（ 图 3-15 ）。

图 3-15　空出网格的空间

Maya模型

3.2.2 头部的外形制作

1 执行 Create → Polygon Primitives → Cube 命令，创建立方体。

> ⚠ **注 意**
>
> 创建的时候确认 Interactive Creation 是不被勾选的，这是一个互动创意的选项，当它不被勾选时，可以直接在世界坐标轴中心创建一个正立方体，而不用在工作区两次拖拽才能产生立方体。

2 切换到 Maya 的侧视图，按照猩猩头的大概形态将立方体调整成如图 3-16 所示的形状。

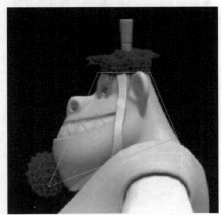

图 3-16 侧视图调整立方体形状

> ⚠ **注 意**
>
> 这时候立方体的点比较少，所以我们定出猩猩头部近似形状的四个点。

3 切换到正视图，猩猩头正面呈梯形，所以要调整一下头顶的点，如图 3-17 所示。

图 3-17 前视图调整头部形状

4 选择立方体，执行 Mesh → Smooth（光滑）命令将立方体光滑一级，得到如图 3-18 所示的结果，这时候立方体的线多了一倍，更接近头的形状了。

图 3-18 立方体光滑后的效果

5 切换到 Maya 前视图，选择物体，右键选择 Face 热键进入物体的面级别，选择中轴线左边的面，按【Delete】键删除。打开 Edit → Duplicate Special（专用复制）后面的选项盒，选择 Instance 关联复制选项，将 Scale 选项第一个框的数值改为 -1，选择刚才剩下的右半边物体，单击【Apply】按钮对物体进行关联复制。完成后到 Maya 的 front（前）视图和 side（侧）视图分别调整头的形状，如图 3-19 和图 3-20 所示。

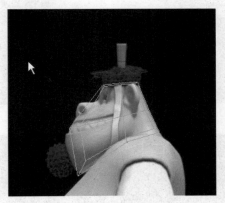

图 3-19 侧视图对照效果

图 3-20 前视图对照效果

> 📖 **提 示**
>
> 因为人物的结构是左右对称的，因此只需要调整模型的一边，将另一边进行关联复制即可。这样只调整一半的模型就能观察到整体的形态。

6 执行 Edit Mesh → Insert Edge Loop Tool（插入环行线）命令，在眼睛的位置和下巴的位置添加两条线，确定眼睛的位置，让下巴的形状更饱满。然后在 front（正）视图和 side（侧）视图进一步调整头部外形的轮廓。

> ⚠ **注 意**
>
> 调整的时候只需要选择右边的物体，如图 3-21 和图 3-22 所示。

图 3-23　侧视图分割出嘴的外形

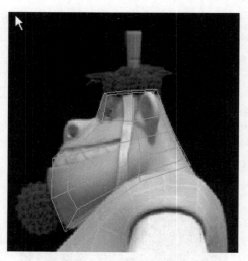

图 3-21　侧视图调整外形

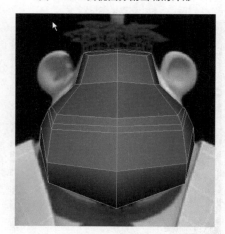

图 3-24　前视图分割出嘴的外形

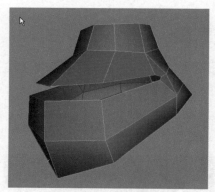

图 3-25　删除嘴部的面

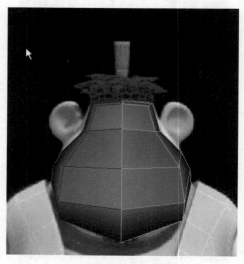

图 3-22　前视图调整外形

7 执行 Edit Mesh → Split Polygon Tool（分割多边形）命令，如图 3-23、图 3-24 所示，绘制出嘴的外形。这种方式分割出来的面都是四边形面，而且嘴部如果细化加线的话会按环状进行，这是项目流程后面环节对模型布线的要求。

8 单击右键进入面级别，删除表示嘴部范围的面，最后结果如图 3-25 所示。

9 使用 Edit Mesh → Insert Edge Loop Tool（插入环形线）工具在嘴的周围添加一圈线并调整头部外轮廓的形状，使模型形态保持流畅，如图 3-26 所示。

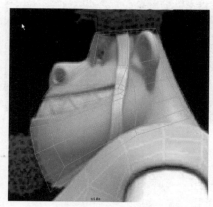

图 3-26　嘴部加线调整头部大型

Maya模型

10 执行 Display → Polygons → Backface Culling（隐藏反面线）命令，隐藏反面的线，以免我们在调整物体的时候前世视图不必要的线干扰或者误选了多余的线进行了操作。

11 执行 Edit Mesh → Split Polygon Tool（分割多边形）命令，在鼻子的位置加线，并在正、侧视图中进一步调整出鼻子的轮廓和形状。图 3-27 为 side（侧）视图，图 3-28 为 front（正）视图，图 3-29 为 persp（透）视图。

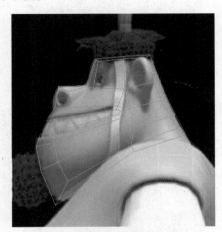

图 3-27　鼻子处加线（侧视图）

图 3-28　鼻子处加线（正视图）

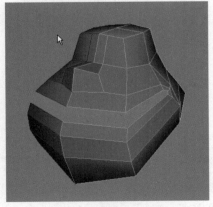

图 3-29　鼻子处加线（透视图）

12 执行 Edit Mesh → Split Polygon Tool（分割多边形）命令，在模型上加如图 3-30 所示的红色线。然后切换到透视图调整点，使嘴部的轮廓线分布更均匀且弧线造型更流畅，最终效果如图 3-31 所示，为制作眼睛做好准备。

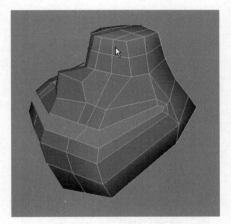

图 3-30　用分割命令加线

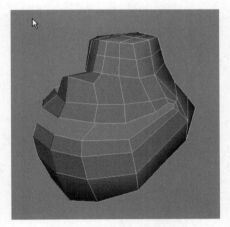

图 3-31　用分割命令加线

13 执行 Edit Mesh → Split Polygon Tool（分割多边形）命令，在模型嘴角加上如图 3-32 所示的红线，使嘴部的上下段数一致，并在透视图里调整使嘴部弧线形态更加饱满。

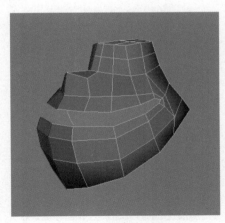

图 3-32　嘴部加线

3.2.3 眼睛的制作

1 选择眼部的 4 个面，执行 Edit Mesh → Extrude（挤压）命令挤压出面并按【R】键使用缩放工具将挤压出来的面缩小，如图 3-33 所示。再次使用挤压命令，将挤压出来的面缩放并沿 Z 轴方向位移，使眼部出现小坑，并将眼睛调整成圆形，如图 3-34 所示。

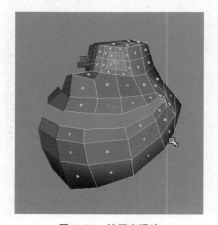

图 3-33　挤压出眼睛

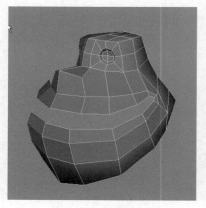

图 3-34　调整眼睛形状

2 执行 Edit Mesh → Split Polygon Tool（分割多边形）命令，在模型上画出如图 3-35 所示的红线，这一步操作是为了改掉图 3-34 中鼻翼旁边的五边形面，让布线符合制作要求。

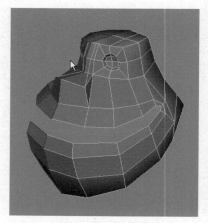

图 3-35　调整鼻子的布线

3 删掉如图 3-36 所示的红线，这样就得到了四边形面。

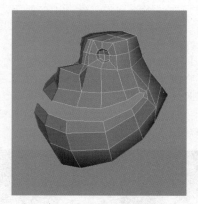

图 3-36　调整鼻子的布线

> **提 示**
>
> 五边形面是在 Maya 建模时避免出现的。

4 选择如图 3-37 所示的面，按照步骤 1 的方式挤压两次产生鼻孔，调整鼻孔的形状，最终结果如图 3-38 所示。

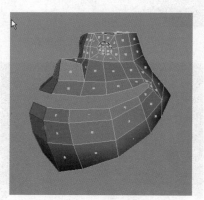

图 3-37　选择鼻子下部的面

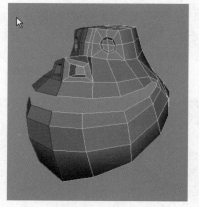

图 3-38　挤压出鼻孔

> **提 示**
>
> 鼻孔的挤压成型方式类似于眼睛，鼻孔可以看做是比眼睛更深的坑。

5 执行 Edit Mesh → Insert Edge Loop Tool（插入环行线）命令在鼻梁中部加一圈线，如图 3-39 所示，选择图 3-40 所示的线，执行 Edit mesh → Collapse（塌陷）命令将线两端的点合成一个。

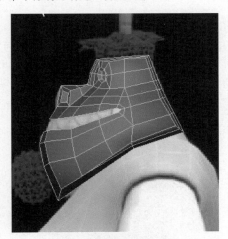

图 3-39　在鼻子上插入线

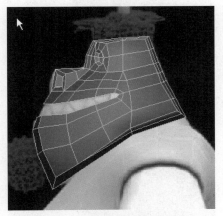

图 3-40　合并图中褐色线

3.2.4　耳朵的制作

1 为了添加耳朵，执行 Edit Mesh → Insert Edge Loop Tool（插入环行线）命令，在模型上加如图 3-41 所示的红线，定出耳朵的范围。

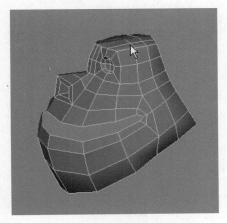

图 3-41　添加环行线

2 选择如图 3-42 所示的两个面，执行 Edit Mesh → Extrude（挤压）命令挤压，使用移动工具将产生的面沿 X 轴正方向拉出来，重复挤压操作，再次将产生的面拉出来。调整耳朵的形状使它呈圆形，最终结果如图 3-43 所示。

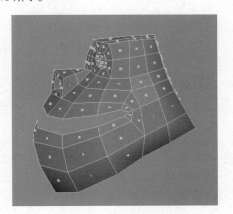

图 3-42　选择耳朵的面

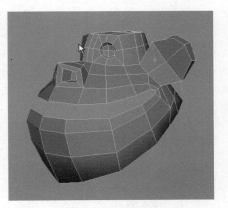

图 3-43　挤压出耳朵

3 选择如图 3-44 所示的四个面，执行 Edit Mesh → Extrude（挤压）命令。按照 3.2.3 节步骤 1 的方式挤压两次产生耳朵的小窝，效果如图 3-45 所示。

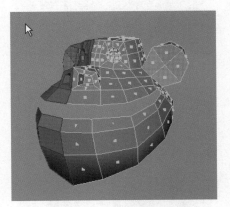

图 3-44　选择耳朵上的面

提　示

挤压出耳窝的方式与眼睛和鼻孔是一样的。

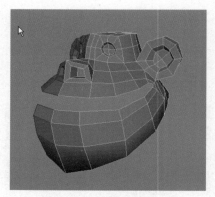

图 3-45 挤压出耳轮

4 执行 Display → Polygons → Backface Culling（背面消隐）命令，显示反面线，我们已经完成了正面脸部的制作，就没必要再隐藏背面了。

5 选择做好整个头部模型，执行 Mesh → Combine（合并）命令，将两部分物体合并，切换到正视图选择中轴线上所有的点，执行 Edit Mesh → Merge（缝合）命令缝合中轴线上的点。

3.2.5 唇齿颈的制作

1 执行 Select → Select Border Edge Tool（选择边界边工具）命令选择嘴巴的一圈线，如图 3-46 所示。执行 Edit Mesh → Extrude(挤压)命令向里挤压出一个嘴巴的厚度，再次挤压，使用缩放工具使嘴唇真正形成厚度，结果如图 3-47 所示。

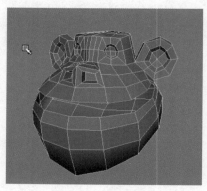

图 3-46 选择嘴唇边缘

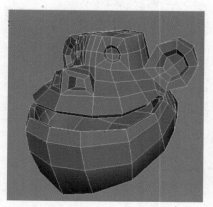

图 3-47 挤压出嘴唇厚度

2 选择如图 3-48 所示的面，执行 Edit Mesh → Extrude（挤压）命令，将产生的面使用移动工具向下拉出，形成脖子，效果如图 3-49 所示。切换到 front（正）视图删掉模型中轴线左边的面，在物体模式下选择右边的头部，用 3.2.2 节步骤 5 的方式关联复制出另一半。

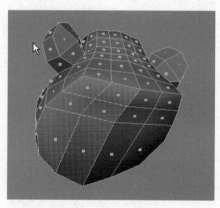

图 3-48 选择头部下方面

图 3-49 挤压出脖子

3 执行 Edit Mesh → Split Polygon Tool（分割多边形）命令，添加如图 3-50 所示的线。

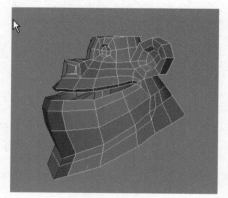

图 3-50 在脖子上添加线

4 选择如图 3-51 所示的红线，执行 Edit Mesh → Collapse（塌陷）命令将线两端的点合成一个点。选择如图 3-52 所示的线，使用移动工具将线向脖子的方向移动调整，让头和脖子之间产生一道沟，类似于人类的下颌骨，作为头和脖子的分界。

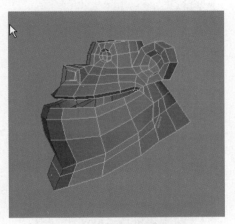

图 3-51　选中红色的线删除

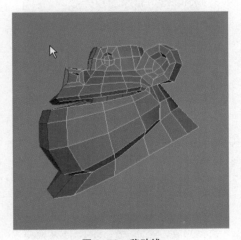

图 3-52　移动线

5 选择图 3-53 中红色标注地方的线段，执行 Edit Mesh → Collapse（塌陷）命令将线两端的点合成一个点。

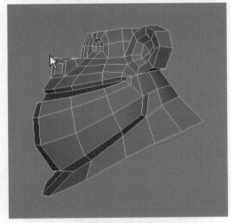

图 3-53　合并红色的线两端

6 选择嘴唇内侧的一个边，执行 Mesh → Create Polygon

Tool（创建多边形工具）命令，配合【V】键（点吸附）沿着嘴唇画出一个面，再执行 Mesh → Extract（分离）命令把该面提取出来，执行 Edit Mesh → Split Polygon Tool（分割多边形）命令在新画出来的面上画出牙齿的形状，如图 3-54 所示。

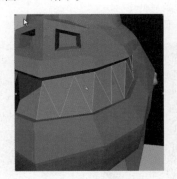

图 3-54　切割牙齿

7 将画出的牙齿每隔一个选一个，执行 Mesh → Extract（分离）命令将上下牙分开来。选择上牙的牙龈处的所有线使用挤压命令挤出图 3-55 的形状，下牙同理挤压出牙龈的面。

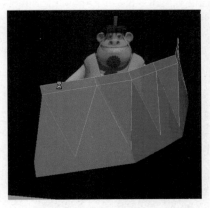

图 3-55　分离牙齿

8 选择牙齿按【Ctrl+D】组合键复制牙齿，并在通道栏将复制出来牙齿的 Scale 值改为 -1，这样就得到了另一半的牙齿，选择左右两边的上牙，执行 Mesh → Combine（合并）命令，将两部分物体合并，下牙同理。选择合并后完整上牙，执行 Edit Mesh → Extrude（挤压）命令再将上牙齿挤压出厚度，下牙同理，结果如图 3-56 所示。

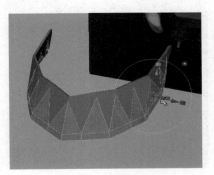

图 3-56　挤压出牙齿

3.2.6 胡须的制作

1 执行 Create → Polygon Primitives → Cube 命令，创建立方体，按照侧视图摆放和调整好位置和大小，如图 3-57 所示。执行 Mesh → Smooth 光滑命令，在通道栏里找到 polySmoothFace 节点将立方体光滑级别 divisions 值改成 2。

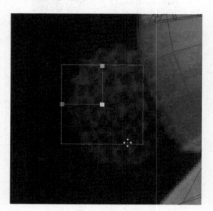

图 3-57　创建立方体

2 取消 Edit Mesh → Keep Faces Together（保持面一致）的勾选。选择球状立方体所有的面，使用 Edit Mesh → Extrude 挤压工具，直接使用挤压手柄，选择垂直于挤压面的移动方向手柄拖动，向外挤压，然后使用挤压手柄的缩放把端面缩小，如图 3-58 所示。

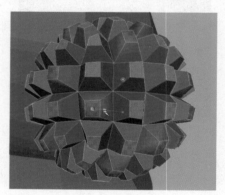

图 3-58　挤压出胡子

3 执行 Mesh → Smooth（光滑）命令再光滑一级，调整大小、旋转角度。最终效果如图 3-59 所示。

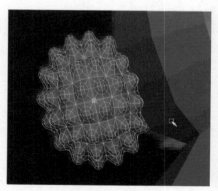

图 3-59　光滑一级

3.2.7 头发的制作

1 选择头部顶上的面，如图 3-60 所示。

图 3-60　选择头顶上的面

2 执行 Mesh → Extract（分离）命令把选择的面提取出来，如图 3-61 所示。

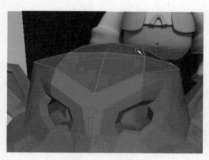

图 3-61　提取面

3 执行 Edit Mesh → Extrude（挤压）命令沿着 Y 轴正方向挤压出厚度，并执行 Edit Mesh → Insert Edge Loop Tool（插入环行线）命令在立面上加两条线，如图 3-62 所示。

图 3-62　挤压并在边缘加线

4 对物体执行 Mesh → Smooth（光滑）命令光滑一级，如图 3-63 所示。

图 3-63　光滑一级

5 选择一部分的面，如图 3-64 所示。

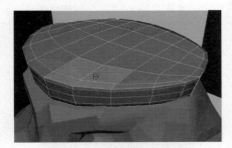

图 3-64　选择这些面

6 对选择的面执行 Edit Mesh → Extrude（挤压）命令，向上挤压，并调整图 3-65 所示面的点，将面调整成圆形，因为角色的头发一簇一簇的形状横切面是近似的圆形。

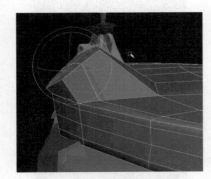

图 3-65　调整所选面成圆形

7 选择图 3-65 所示的面，再次执行 Edit Mesh → Extrude（挤压）命令挤压两将面拉出来并调整成如图 3-66 所示的一簇头发的形态。

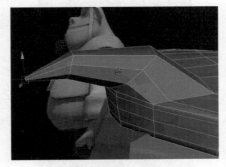

图 3-66　继续挤压

8 多次重复步骤 6 ～步骤 7 的操作，挤压出更多的头发，每一簇头发调整要有长短，粗细不同，切忌千篇一律。如图 3-67 所示。

图 3-67　继续挤压出更多头发

3.2.8　头饰的制作

1 执行 Create → Polygon Primitives → Cylinder 命令创建一个圆柱体并在正视图和侧视图中按照图 3-68 调整头饰的大小和位置。

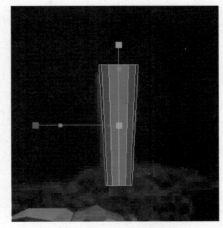

图 3-68　创建圆柱并缩放

2 执行 Edit Mesh → Insert Edge Loop Tool（插入环行线）命令，在中间添加两条线，如图 3-69 所示。

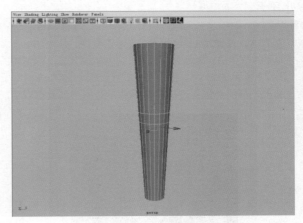

图 3-69　加线

3 选择两条线中间的面，执行 Edit Mesh → Extrude（挤压）命令，沿 Z 轴挤压，得到如图 3-70 所示的形状。

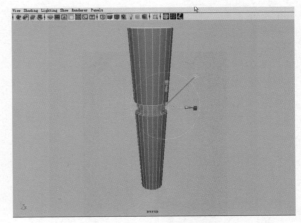

图 3-70　选中面向里挤压

4 执行 Edit Mesh → Insert Edge Loop Tool（插入环行线）命令，给物体加线，压一下边。如图 3-71 所示。

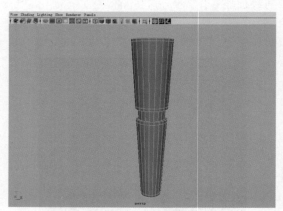

图 3-71 硬边的位置加线

3.2.9 身体的制作

观察大猩猩这个卡通角色的身体，可以得到这样一个制作思路：通过创建一个立方体增加段数调整成角色身体的大型，然后平滑一次产生足够的分段数再挤出手臂。

1 执行 Create → Polygon Primitives → Cube 命令，创建立方体，在通道栏里调整立方体的段数，Subdivision Width 改为 2，Subdivisions Height 改为 5，得到如图 3-72 所示的方块。使用 3.2.2 节步骤 5 的方法关联复制出一半的身体，这样只编辑右半边的身体就可以了。

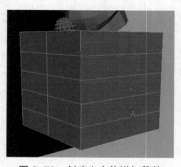

图 3-72 创建立方体增加段数

2 在 side（侧）视图调整点，使其外形和身体轮廓相符，如图 3-73 所示。

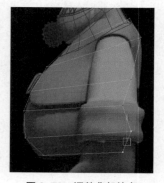

图 3-73 调整背部的点

3 切换到 front（正）视图里，调整点，使其外形和身体轮廓相符，注意在 front（正）视图里也可以看到后面的点，此时框选靠近的点一起移动调整就可以了，如图 3-74 所示。

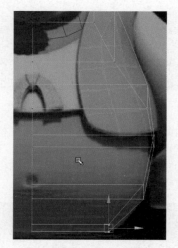

图 3-74 调整身体侧面形状

4 在 side（侧）视图中选择身体外侧的两排线，向中心移动，使身体成为椭圆形，side（侧）视图形状如图 3-75 所示。

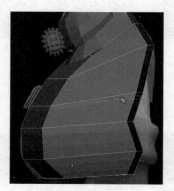

图 3-75 调整身体形状

5 使用 3.2.4 节步骤 5 的方法将身体的两半合并到一起，并执行 Mesh → Smooth（光滑）命令将身体光滑一级，如图 3-76 所示。

图 3-76 合并并光滑一级

6 删掉身体顶部的面,以便和脖子连接。并在 side(侧)视图调整线段的位置,使线段数基本都能对上,方便对接,如图 3-77 所示。

图 3-77 调整段数

7 选择头和身体,执行 Mesh → Combine(合并)命令,将两部分物体合并,按【V】键(点吸附)将脖子的点和身体的点一一对应地吸附上,再执行 Edit Mesh → Merge(缝合)命令缝合到一起。图 3-78 中的红线所表示的即为缝合的点。

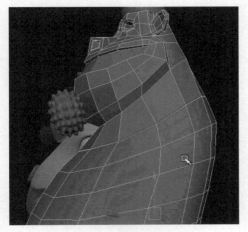

图 3-78 合并头和躯干

8 在身体的侧面选择 4 个面,调整成近似的圆形,此时定出的是手臂的位置,并且手臂的横切面也近似为圆形,如图 3-79 所示。

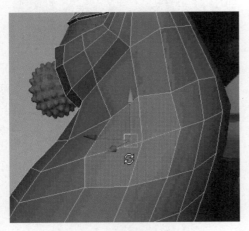

图 3-79 选择手臂的横切面

9 选择图 3-80 所示的 4 个面,执行 Edit Mesh → Extrude(挤压)命令沿着 X 轴正方向挤压出肩膀,如图 3-80 所示。

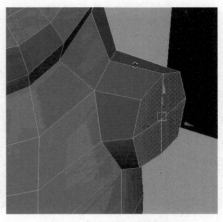

图 3-80 挤压出肩膀的形状

10 选择身体,单击右键进入点(Vertex)级别,选择图 3-80 中胳膊端面的点,尽量使点都在一个平面内,并且使手臂更圆一些,也可使用 Animation 模块的 Create Deformers → Lattice 晶格变形器工具调整。如图 3-81 所示。

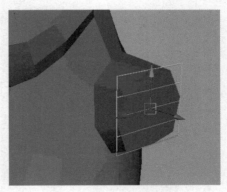

图 3-81 加变形器调整

11 切换到 front(前)视图,调整图 3-82 中胳膊端面的点,以及胳膊与身体相连接处的点,使它们在前视图中符合参考图的形状,如 3-82 所示。

图 3-82 调整胳膊上的点

12 选择胳膊端的面，如图 3-83 所示。

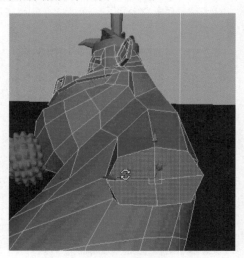

图 3-83　移动胳膊端的面

13 执行 Edit Mesh → Extrude（挤压）命令，做三次向下挤压的操作，并在前视图按照参考图调整手臂的形状，使之和胳膊的轮廓相符，如图 3-84 所示。

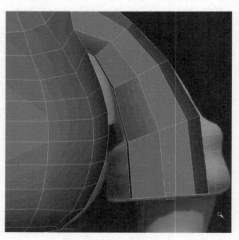

图 3-84　挤压出胳膊

14 选择袖口处的截面，如图 3-85 所示。

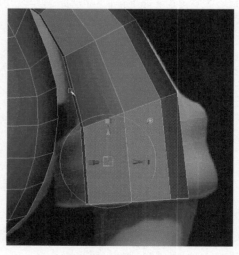

图 2-85　选择袖口的面

15 执行 Edit Mesh → Extrude(挤压) 命令，沿着物体方向挤压出一个比手臂大一圈的面，成为袖口的形状。如图 3-86 所示。

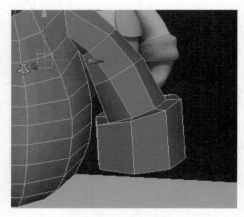

图 3-86　挤压出袖口

16 执行 Edit Mesh → Insert Edge Loop Tool（插入环行线）命令，在袖口加线，如图 3-87 所示，再使用移动工具调整线，做出袖口的褶皱，最终效果如图 3-88 所示。

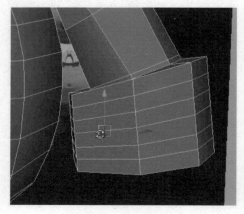

图 3-87　插入环行线

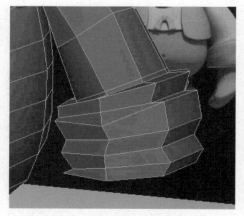

图 3-88　制作袖口褶皱

3.2.10　马甲的制作

角色的衣服比较简单，因为没有褶皱，所以可以直接提取一部分身体的面，修改后得到。

1 选择要挤压出来作为马甲的面，如图 3-89 所示。

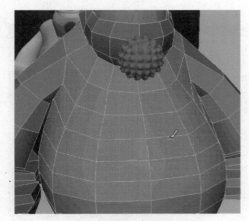

图 3-89　选择要提取的面

2 执行 Edit Mesh → Duplicate Face（复制面）命令复制刚才选择的面，使用挤压的移动手柄沿垂直于面的方向向外移动一定的距离，得到如图 3-90 所示的马甲，马甲是穿在身上的，所以会比身体大一圈。

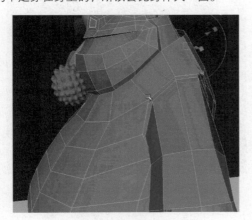

图 3-90　复制面并移动

3 切换到 front（正）视图，选择中轴线左边的一半面删除掉，如图 3-91 所示。

图 3-91　沿中轴选中删除一半

4 使用 Edit mesh → Split Polygon Tool（分割多边形）工具画出马甲的边界，如图 3-92 所示。

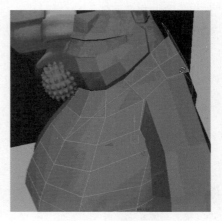

图 3-92　分割多边形

5 删掉多余的面，适当地调整马甲边缘的形状，如图 3-93 所示。

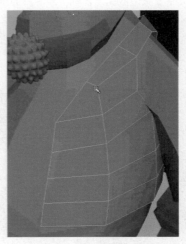

图 3-93　调整形状

6 按【Ctrl+D】组合键复制出另一半马甲，并在通道栏将复制出来马甲的 Scale 值改为 -1，执行 Mesh → Combine（合并）命令，将两部分物体合并，并使用 Edit Mesh → Merge（缝合）工具缝合中轴线上的点，如图 3-94 所示。

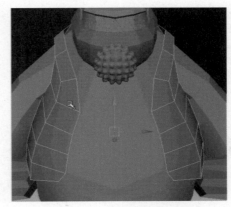

图 3-94　对称复制并缝合

7 使用 Edit Mesh → Extrude（挤压）工具，利用挤压手柄按照垂直于物体的方向挤压出马甲的厚度，如图 3-95 所示。

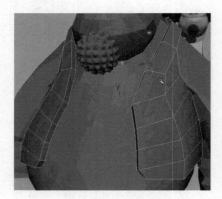

图 3-95　挤压出厚度

8 使用 Select → Select Edge Loop Tool（选择连续边工具）选择马甲的衣服边，使用 Edit Mesh → Bevel（倒角）工具给衣服边做倒角，做倒角的目的是压一下衣服的边，以免在对衣服边缘进行光滑的时候走形，可以在通道栏里找到倒角的节点 polyBevel，调整 offset 值改变倒角的大小，这里大约 0.3 即可。最终效果如图 3-96 所示。

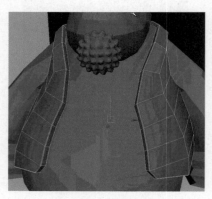

图 3-96　添加倒角

3.2.11　内衣的制作

内衣和外面衣服的制作思路一样，选择的时候要注意不要选择多余的面。

1 选择要做衣服的面，如图 3-97 所示。

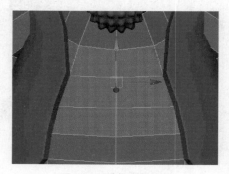

图 3-97　选择衣服的面

2 执行 Edit Mesh → Duplicate Face（复制面）命令，复制所选的面并使用 Edit Mesh → Extrude（挤压）工具向外挤压，如图 3-98 所示。

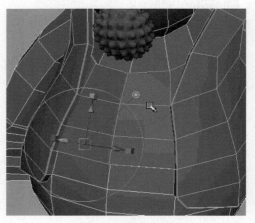

图 3-98　复制并挤压

3 使用 Edit Mesh → Split Polygon Tool（分割多边形）工具，在面上画出衣服的边界，如图 3-99 所示。

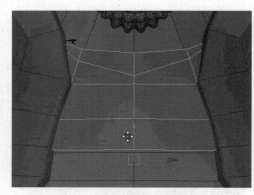

图 3-99　分割命令画出衣服的边界

4 使用 Edit Mesh → Extrude（挤压）工具，挤压出衣服的厚度，如图 3-100 所示。

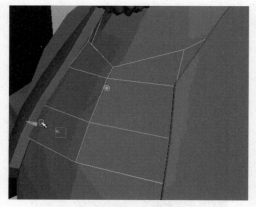

图 3-100　挤压出衣服的厚度

5 使用 Select → Select Edge Loop Tool（选择连续边工具）选择衣服棱角地方的线，执行 Edit Mesh → Bevel（倒角）命令给衣服边做倒角。同 3.2.10 节步骤 8 给马甲做倒角的方式，如图 3-101 所示。

图 3-101　给衣服做倒角

3.2.12　裤子的制作

1　选择身体下方的 8 个面，如图 3-102 所示。

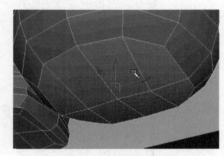

图 3-102　选择衣服下面的面

2　执行 Edit Mesh → Duplicate Face（复制面）命令复制选择的面，如图 3-103 所示。

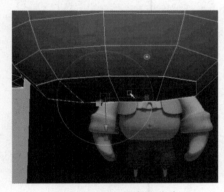

图 3-103　复制面提取出来

3　执行 Edit Mesh → Extrude（挤压）命令将复制的面向下挤压出来，如图 3-104 所示。

图 3-104　挤压提取的面

4　选择裤子的上表面，如图 3-105 所示。

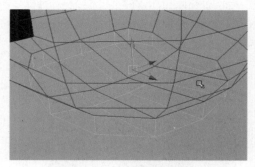

图 3-105　选择裤子上的面

5　执行 Edit Mesh → Extrude（挤压）命令，对挤压出的面使用挤压手柄的缩放工具，挤压出裤子边缘，如图 3-106 所示。

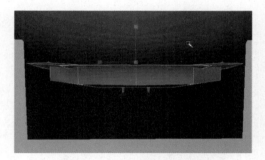

图 3-106　挤压出裤子边缘

6　再次使用 Edit Mesh → Extrude（挤压）工具向上挤压出裤子上沿的厚度，如图 3-107 所示。

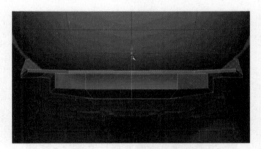

图 3-107　挤压出裤子边缘的厚度

7　再次使用 Edit Mesh → Extrude（挤压）工具，使用缩放工具将挤压出来的面向里收，作为裤子上沿的收口，如图 3-108 所示。

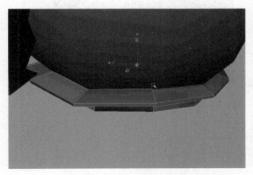

图 3-108　把边缘往里收

8 切换到 Maya front（正）视图，删除掉裤子中轴线左边的面，并如图 3-109 所示调整点，按照腿的横截面形状，调整为近似的圆形，为挤压出裤腿的形状做好准备。

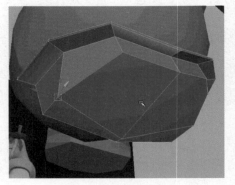

图 3-109　调整裤子的形状

9 选择要挤压出裤腿的面，如图 3-110 所示。

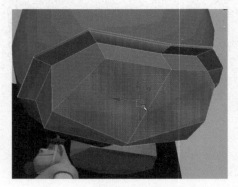

图 3-110　选择要挤压出裤腿的面

10 使用 Edit Mesh → Extrude（挤压）工具向下挤压 3 次，并在 front（正）视图按照参考图的形状调整裤腿，如图 3-111 所示。

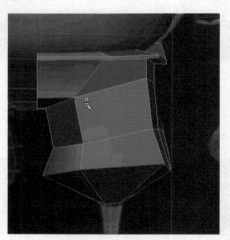

图 3-111　挤压出裤腿

11 在 Maya side（侧）视图里依照参考图调整裤腿的收口。如图 3-112 所示。

12 按照 3.2.5 节步骤 8 的方法复制另一半，然后合并，并焊接点。最终效果如图 3-113 所示。

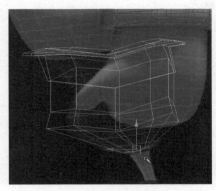

图 3-112　调整裤腿的收口

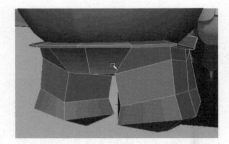

图 3-113　复制另一边并合并

13 把图 3-114 中红线地方的面调成圆形，以方便挤压出腿部。

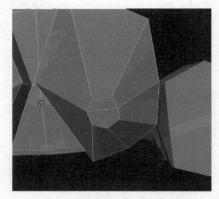

图 3-114　调整红色的地方为圆形

14 使用 Edit Mesh → Extrude（挤压）工具，向下挤压出腿部，并且在 side（侧）视图按照腿的形状调整点，如图 3-115 所示。

图 3-115　挤压出腿部

15 使用 Edit Mesh → Insert Edge Loop Tool（插入环行线）工具，在如图 3-116 所示的红线标注地方加线，并调整出腿部的形状。

图 3-116　插入环行线

3.2.13　鞋子的制作

1 执行 Create → Polygon Primitives → Cube 命令，创建立方体，在 side（侧）视图调整立方体的形状如图 3-117 所示。

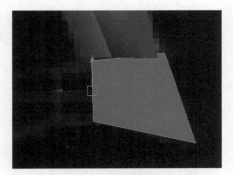

图 3-117　创建立方体调整形状

2 使用 Edit Mesh → Extrude（挤压）工具，选择 front（正）视图的面在 side（侧）视图中向左挤压数次，并进行调整，得到鞋子的大致外形如图 3-118 所示。

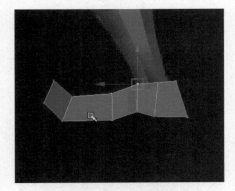

图 3-118　挤压多次调整形状

3 切换到 Maya persp（透）视图中调整，鞋子的形状按照脚的形状走，所以鞋头应该比较宽，脚面和脚底呈现一个坡度，调整结果如图 3-119 所示。

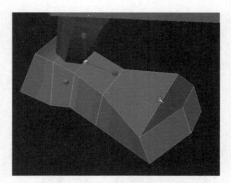

图 3-119　调整形状

4 执行 Edit Mesh → Insert Edge Loop Tool（插入环行线）命令在鞋底的位置加一圈线，如图 3-120 所示。

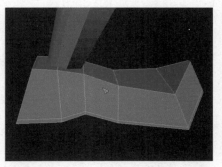

图 3-120　鞋底插入环行线

5 执行 Mesh → Smooth（光滑）命令将脚光滑一级，这样，鞋的形状就凸显出来了，如图 3-121 所示。

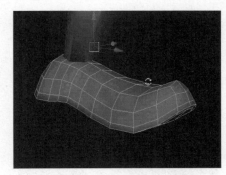

图 3-121　将鞋子光滑一级

6 选择 Edit Mesh → Insert Edge Loop Tool（插入环行线）命令在脚底边缘的位置加一圈线，给鞋底压一圈边，防止以后再光滑的时候鞋底变形，如图 3-122 所示。

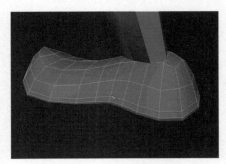

图 3-122　在鞋底插入环行线

7 选择鞋的上面的几个面，如图 3-123 所示。

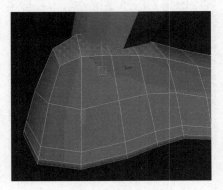

图 3-123 选择鞋子上的面

8 选择 Edit Mesh → Extrude（挤压）命令向上挤压几次，形成鞋帮上沿的形状，如图 3-124 所示。

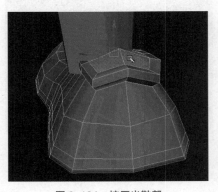

图 3-124 挤压出鞋帮

9 选择图 3-124 所示的面，最后再将面向鞋里挤压，并且将鞋口与腿适配到一起，如图 3-125 所示。

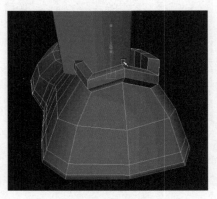

图 3-125 移动鞋口与脚踝适配

3.2.14 手套的制作

1 选择衣袖下方的 4 个面，如图 3-126 所示。

2 执行 Mesh → Extract（分离）命令，将选择的面提取出来，因为按照常理手套和衣服是分开的两个物体，所以我们要把面单独拆出来做手套，如图 3-127 所示。

3 选择图 3-127 的面，执行 Edit Mesh → Extrude（挤压）命令，向下挤压 3 次，并在 front（正）视图对手套的形状做调整，如图 3-128 所示。

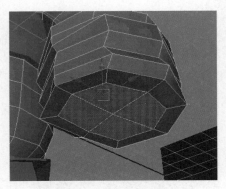

图 3-126 选择衣袖的四个面

图 3-127 提取出这四个面

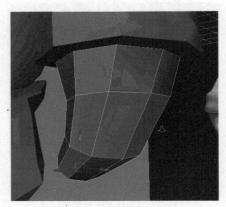

图 3-128 挤压出手部的形状

4 选择如图 3-129 所示的面，执行 Edit Mesh → Extrude（挤压）命令，向外挤压一次，形成手指的第一节，如图 3-130 所示。

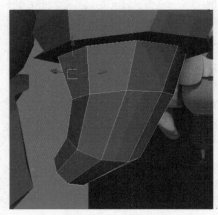

图 3-129 选择这个面

5 进入线编辑模式，选择图 3-130 中的线。

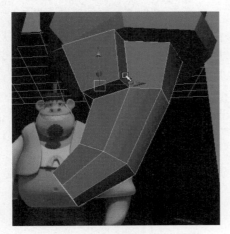

图 3-130　挤压出拇指并选择这根线

6 使用 Edit Mesh → Delete Edge/Vertex（删线 / 点工具）删掉图 3-130 中选择的红线后，得到如图 3-131 所示的效果。

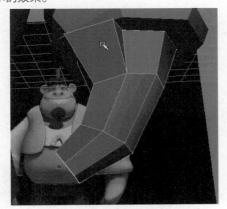

图 3-131　删除线后的效果

> **提示**
>
> 　　因为人的大拇指是冲着斜下方的，所以应将面处理成朝向斜下方，方便后面挤压出手指。

7 选择如图 3-132 所示的面，执行 Edit Mesh → Extrude（挤压）命令，挤压出手指的第二个关节。

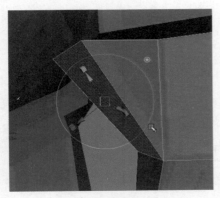

图 3-132　挤压出大拇指

8 调整后如图 3-133 所示，至此就完成了卡通角色大猩猩的制作。

图 3-133　调整面

9 选择制作完成的全部物体（除牙齿），使用 Mesh → Smooth（光滑）命令，将角色光滑，最终效果如图 3-134 所示。

(a)　正面

(b)　背面

图 3-134　卡通角色最终效果

> **提示**
>
> 　　牙齿不需要光滑，如果光滑的话会产生变形。

3.3 本章小结

（1）根据动画中制作卡通角色的精度与夸张程度，一般把卡通角色分为完全卡通和半写实卡通两种类型。二维动画和三维动画都具有完全卡通形象；半写实卡通则是三维动画的独创。

（2）卡通角色的制作要求：比例结构准确、布线精准、符合动画制作要求。

（3）卡通角色的制作顺序一般是：先做本体，然后是附属物和道具。

（4）通常完成的角色模型由四边形面组成，线段之间的间距基本呈均匀分布，特殊部分的线有特定的走向要求，比如眼睛的布线要绕着眼睛走成环线，嘴部的布线要绕着嘴巴走成环线等。这都是在为以后的动画做准备。

（5）模型是为动画环节服务的，好的模型应该是结构比例准确、关键位置无三角面、关节位置有足够弯曲的线段等。

（6）制作多边形角色模型的常用命令见表3-1。

表 3-1　制作多边形角色模型常用命令

命　令	说　明	命　令	说　明
Insert Edge Loop Tool	插入循环边线工具	Select Edge Loop Tool	选择连续边工具
Split Polygon Tool	分割多边形工具	Bevel	倒角
Duplicate Face	复制面	Smooth	光滑
Combine	合并	Extract	分离
Merge	缝合	Delete Edge/Vertex	删线 / 点
Extrude	挤压		

3.4 课后练习

观察图 3-135，充分运用之前学到的知识，制作卡通猴子的三维模型。制作过程中注意以下几点。

图 3-135　猴子参考图

（1）把握住角色特征：观察参考图可以看到猴子基本的比例非常夸张，比如脸的下半部是一个球形，脚的外形和人不一样，同时可以借助表情了解猴子的性格，这几点在最开始需要注意到。

（2）布线注意简洁：这是一个相对简单的全卡通形象，没有太多的写实细节。所以在布线上尽量简洁干脆，用最少的线来表现出猴子的身体特征。

（3）学会举一反三：通过猴子模型的制作进一步总结卡通角色建模的方法和要点，以后再做一些相类似的题材时可以相互比较，举一反三。

图 3-136 中的作品是一幅较为精彩的卡通作品，在以下几个部分做得较为突出。

图 3-136 较为成功的卡通作品

（1）造型及比例的刻画：比例方面，作者对卡通角色身体比例把握比较好，头与身体的比例基本是 1∶1，这样就凸显了卡通角色可爱的特点，另外手脚的比例也较为适中。

（2）夸张合适：适度的夸张是卡通角色必需的，作者对角色帽子、眼睛以及身材方面所进行的夸张，使得卡通角色整体的感觉十分活泼。

（3）细节充分：一个优秀的作品是不能缺少细节的，作者在这一方面做得也非常好，主要有面部表情的刻画，道具以及衣物的细节刻画。

（4）布线准确：此幅作品的布线疏密适中，关节处以及面部都遵循了角色应有的一些布线法则，布线较为准确。

同上一幅作品相比较，图 3-137 中的这一幅作品明显要逊色许多，主要体现在以下几个方面。

图 3-137 较为失败的卡通作品

（1）比例不准确，没有美感：此作品的大体比例偏于写实，但在一些局部的比例上还是有一些夸张，比如脖子、手。作者显然没有把这些比例处理好，以至于显得作品不够整体，比例失调。

（2）细节刻画不准确：这也是此幅作品最大的问题，一幅好的卡通作品应是精简的，这幅作品只做到了"简"，但没有做到"精"，在一些重要部位，比如五官、头发、手部等，刻画较为失败。

（3）布线欠合理：这个问题相对不是很突出，但仍然存在，主要体现在布线没有充分表现结构，较为凌乱，疏密不当。

4

形如真人——
男性写实角色
建模

> 了解角色建模的一般方法
> 掌握男性写实角色建模的方法和技巧
> 理解并灵活运用布线规律

在掌握了卡通角色建模方法之后，本章来学习如何进行男性写实角色建模。写实角色建模的理想境界是形如真人，做到这一点并不容易。既需要掌握人体的骨骼结构和肌肉走势，还需要建立正确的制作思路，准确把握布线规律。

4.1　角色建模一般方法

写实角色建模是一个复杂的过程，建模的方法也是多种多样，但最终的目的都是把角色的比例关系和所有的细节制作出来。根据制作顺序的不同，角色建模的方法大致分为如下 3 种。

1）先外形后细化

这是最常用的一种建模方式。先确定人体的比例关系和主要的身体结构，搭建粗略的基础外形，然后逐渐添加细节。无论是老手还是新手，都可以用这种方法制作出好的模型。

优点：很好把握，整体思路清晰，基本是"制作大型→加线添加细节"这两大步骤的循环往复，中途不会出现死角或者断层之类的问题。

缺点：所建的模型会多出某些不必要的线。

2）精细局部整合

这种建模方式通常先对角色的身体部位进行划分，然后详细制作每一部分，例如手部细节、脚部细节均在各自部分制作完成，最后将这些部位整合到一起，完成整个模型的创建。一般情况下，造型能力很强的从业人员会采用这种方式。

优点：局部细节把握精准，各个部分彼此独立，相对好处理。

缺点：要求制作者具有很强的整体驾驭和造型能力，具有较扎实的艺术功底（例如雕塑专业出身）。一般制作者运用这样方法常常后患无穷。

3）片面结构描绘

该方法以一个面为起点，在面片上添加布线，调整细节，制作出角色身体的某个部位后，再从这个部位延伸制作其他部位。这种建模方式介于上述两种方式之间，运用者较少。

优点：模型布线精确，极好控制，易于修改。

缺点：大型不易控制，空间感不强。

熟练掌握以上 3 种方式中的任何一种，都可以制作出合格的角色模型。当然，读者也可以根据自己的喜好对这些建模方式进行优化组合，进而摸索出一套适合自己的角色建模方法。

本章在男性写实角色建模的讲解过程中，以"先外形后细化"的建模方式为主，中间穿插"精细局部整合"的建模方式（例如：4.6 节男性手部制作）、"片面结构描绘"建模方式（例如：4.2.3 节中耳朵制作部分）。

> **提　示**
>
> 前面讲到的角色建模的 3 种方法同样适用于卡通角色建模。写实角色建模和卡通角色建模在制作的基本要求上没有明显区别，都讲究布线匀称。只是卡通角色没有复杂的肌肉结构布线，而写实角色更多地需要根据肌肉的走势来制作适合动画的布线；造型上，卡通角色通常比较夸张，写实角色则有着标准的比例关系。

本章男性写实角色建模的思路为：首先制作头部，然后搭建身体的基础外形；接下来对身体外形进行细化；人体做好后，单独制作手部和脚部；最后将头部、手部、脚部与身体进行缝合并调整比例。大体流程如图 4-1 所示。

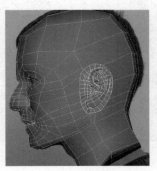

(a) 步骤 1

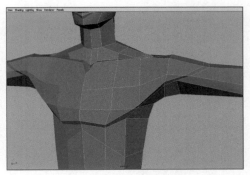

(b) 步骤 2

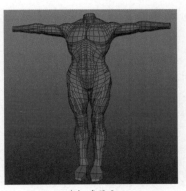

(c) 步骤 3

图 4-1　男性写实角色建模大体流程

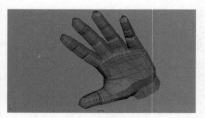

(d) 步骤 4

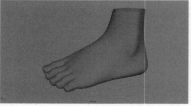

(e) 步骤 5

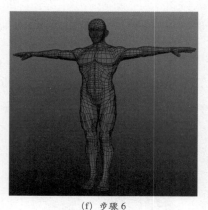

(f) 步骤 6

图 4-1（续）

4.2 男性头部制作

本节从"头"开始讲解男性写实角色建模的制作过程，角色头部建模的思路是：先根据头部骨骼结构确定角色头部的基础外形，然后根据面部肌肉分布及走势刻画局部细节并调整布线，最终完成头部模型制作。

4.2.1 头部骨骼结构

人类的头部主要由 8 块骨骼组成，分别是：顶骨、颞骨、额骨、颧骨、鼻骨、上颌骨、下颌骨和枕骨，如图 4-2 所示。在模型制作中眉弓、鼻骨、颧骨、上颌骨和下颌骨很重要，这些骨骼可以决定人物性别和特点。

在头部模型制作过程中，需重点分析的骨骼有以下几块。

（1）顶骨：位于头颅的顶部，略呈扁带有弯度方形，是头骨的重要组成部分。顶骨的前方是额骨，后方是枕骨，在额、枕骨之间是左、右顶骨，在模型制作中主要用来确定头顶的形状。

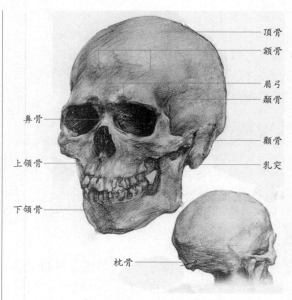

图 4-2 头部骨骼结构

（2）额骨：即平时说的额头，位于面部上方。通常认为额头是平的，实则不然，在额骨前方中下部，左右各有一个凸起的骨点，称之为额结节，由于额头的肌肉和脂肪覆盖比较少，在制作额骨的时候要突出额结节的结构。

（3）眉弓：位于额结节的下方，向外凸起，男性眉弓较女性更突出，这是头部重要的造型骨点。

（4）颧骨：位于眼轮匝肌外侧，是支撑面部的主要骨骼。

（5）鼻骨：位于头部正面的中央位置，是构成鼻梁的基础结构。从图 4-2 中可以看到鼻骨中间是空的鼻孔，在鼻孔上面覆盖着软骨，构成鼻头。不同人种其鼻骨凸起的高低有所差别，通常白种人鼻梁较高，鼻骨较突出；黄种人鼻梁中等、鼻骨圆润；黑种人鼻梁较低、鼻骨较平。

（6）上颌骨、下颌骨：上颌骨和下颌骨支撑着口轮匝肌并控制着口轮匝肌运动，人物面部的丰富表情，主要由下颌骨带动口轮匝肌、咬肌和颞肌产生。上颌骨、下颌骨内部包括口腔、牙齿、牙龈、舌头等。在下颌骨最下方，有一三角形凸起，称之为颏隆起（俗称：下巴），它是下颏的造型基础，也是头部重要的造型骨点。

在建模过程中，要根据这些重要的骨点，确定头部结构及刻画细节，只有深入理解这些骨骼结构，建模时才能做到游刃有余。

4.2.2 头部外形制作

了解了头部骨骼结构，我们开始制作角色头部模型。制作的过程分为两步：首先做出头部的基本外形，然后在此基础上确定五官的位置及最基本的形态。

1）头部基本外形制作

1 导入光盘\参考图片\4.2 Head Front 及 4.2 Head Side（图 4-3）到 front（前）视图和 side（侧）视图的摄像机中，如图 4-4 所示。观察角色的面部特征，确定五官之间的比例关系。

（a）正面   （b）侧面

图 4-3　参考图片

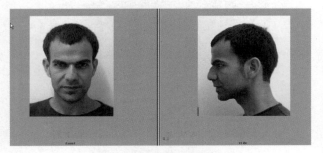

图 4-4　导入图片到摄像机

2 创建多边形基础形状，初步调整塑造头部大型。在场景中的空白处按住【Shift】键加鼠标右键，在弹出的快捷方式中选择 PolyCube 命令创建一个立方体，如图 4-5 所示。

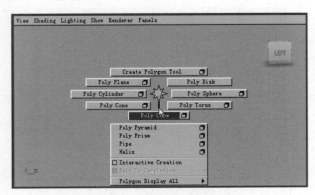

图 4-5　创建一个立方体

3 选择立方体，执行 Mesh → Smooth 光滑命令，在正、侧视图用移动、旋转、缩放工具将立方体与人头大小位置对上，得到一个粗略的人头，如图 4-6 所示。

4 针对人头对称的特点，将模型删减一半，然后进行关联复制。进入正视图，切换到面级别，选中左半边的面，按【Delete】键删除选中的面，如图 4-7 所示。

5 选择模型，执行 Edit → Duplicate Special 命令，单击命令后面的选项盒按钮进行属性设置，参数按照

图 4-8 所示修改，选择关联复制选项，然后单击【Apply】按钮完成操作。得到关联复制的另一半人头，如图 4-9 所示。

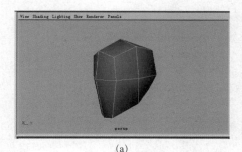

（a）

（b）

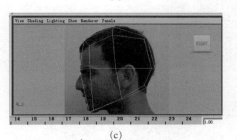

（c）

图 4-6　平滑并调整

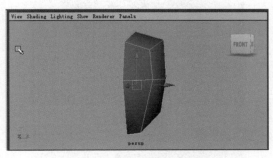

图 4-7　删除中轴线左半部分

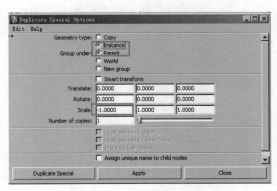

图 4-8　关联复制参数设置

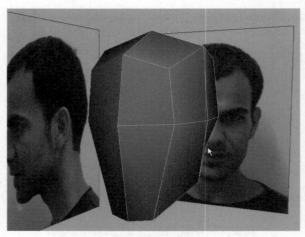

图 4-9　关联复制

6 选择模型进入线级别，执行 Edit Mesh → Insert Edge Loop Tool（插入循环边）命令给模型增加分段数，来提高模型细节。分别在正视图和侧视图里对模型轮廓进行调整，如图 4-10 ～图 4-13 所示。

> ⚠️ **注　意**
>
> 每加一段线必须即刻调整头的轮廓，然后再继续加下一段线。

图 4-10　定出鼻子的位置

图 4-11　定出嘴巴的位置

图 4-12　定出眼睛的位置

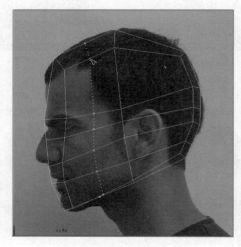

图 4-13　定出眼睛的范围

7 针对之前所加的结构线，进行调整。把握头部大型，并将脖子部分做出。选择模型，执行 Normals → Soften Edge 命令，将模型做软化边，并调整眼角的位置。过程如图 4-14 所示。

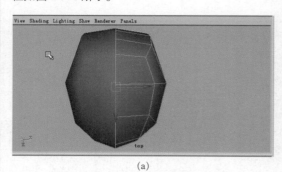

(a)

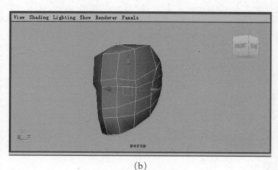

(b)

图 4-14　模型软边

Maya模型

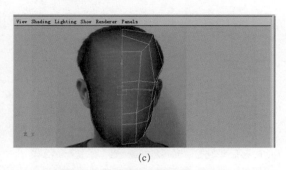

(c)

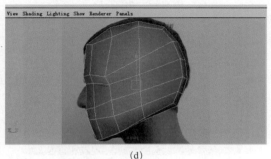

(d)

图 4-14（续）

8 选择模型进入面模式，选择需要编辑的面，如图 4-15 所示。执行 Edit Mesh → Extrude 工具，挤压出脖子，效果如图 4-16 所示。

图 4-15　挤压出脖子面

图 4-16　挤压出脖子

⚠ **注　意**

　　要在 Keep Faces Together 勾选的状态下执行 Edit Mesh → Extrude 挤压命令，这样可确保所挤压出来的面是一个整体。

9 选择模型进入线级别，执行 Edit Mesh → Insert Edge Loop Tool 命令给脖子加线，如图 4-17 所示，加好线调整之后的效果如图 4-18 所示。

图 4-17　给脖子加线

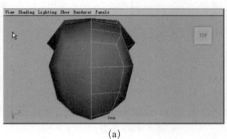

(a)

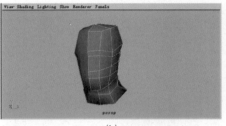

(b)

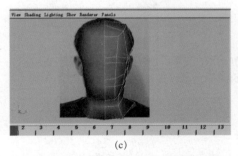

(c)

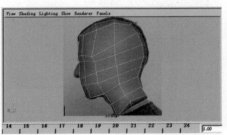

(d)

图 4-18　调整后的效果

10 调整头部大型，修改下颚结构布线，使之适合下颚结构特点。选择模型，执行 Edit Mesh → Split Polygon Tool 命令，单击命令后面的选项盒按钮，取消 Split only from edges（只从边线切割）选项勾选，如图 4-19 所示。然后使用该工具为模型加线，如图 4-20 所示。

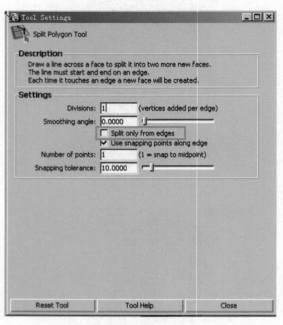

图 4-19　工具属性框

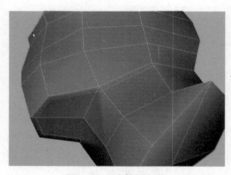

图 4-20　为模型加线

11 如图 4-21 所示，将图中的顶点继续使用 Edit Mesh → Split Polygon Tool 工具连接好。

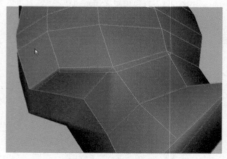

图 4-21　连接顶点

12 选择模型进入线级别，选择需要处理的线执行 Edit Mesh → Collapse（塌陷）命令，如图 4-22 所示。处理掉三角面后的效果，如图 4-23 所示。

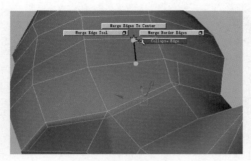

图 4-22　执行塌陷

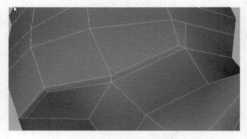

图 4-23　处理后的效果

13 头部的大型已经完成，在四视图中再对头部的形状进行调整，注意在从顶视图看时，头也是一个近似的圆形，如图 4-24 所示。

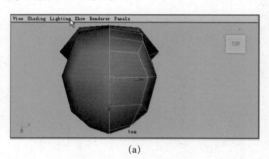

(a)

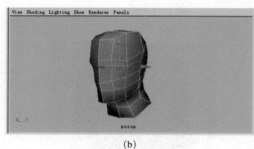

(b)

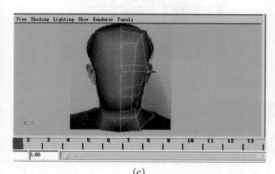

(c)

图 4-24　调整头部的形状

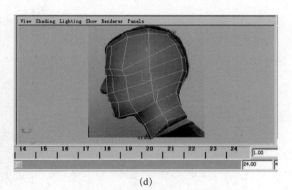

(d)

图 4-24（续）

2）五官基本形态制作

　　这一部分重点是在头部大型的基础上添加五官的大致轮廓。制作顺序没有严格的要求，通常我们习惯从鼻子外形开始制作，然后制作眼部轮廓，最后是嘴部轮廓。这里的布线不要求多，只要将大致的轮廓刻画出来即可，为后续五官细化做准备。

1 执行 Edit Mesh → Split Polygon Tool 命令，画出鼻子的轮廓线，如图 4-25 所示。

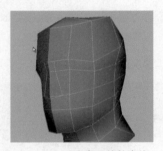

图 4-25　画出鼻子的轮廓线

2 选择模型，在侧视图调整鼻子的高度，在正视图调整鼻翼和鼻梁骨的宽度，如图 4-26 所示。

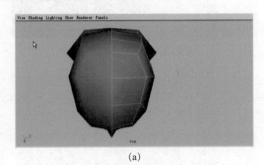

(a)

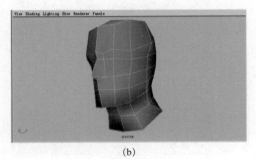

(b)

图 4-26　调整鼻子

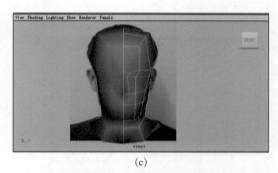

(c)

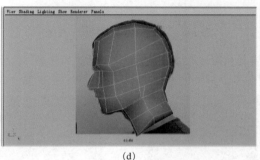

(d)

图 4-26（续）

3 选择模型，执行 Edit Mesh → Split Polygon Tool 命令，绘制一条新的线。给鼻梁加一段线确定鼻梁骨点位置，如图 4-27 所示。

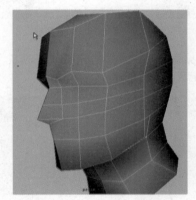

图 4-27　给鼻梁加一段线

4 选择模型，执行 Edit Mesh → Split Polygon Tool 命令，画出如图 4-28 所示的线用来制作鼻梁与眉弓骨的高度。

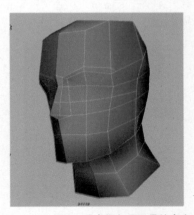

图 4-28　画线制作鼻梁与眉弓骨的高度

5 调整眉弓与眼睛之间的形状，如图 4-29 所示。

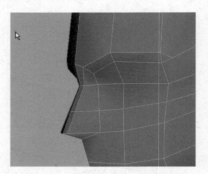

图 4-29 调整眉弓与眼睛间的形状

6 选择模型进入面级别，制作眼睛的大轮廓，执行 Edit Mesh → Extrude 挤压命令挤压出眼睛，如图 4-30 所示。

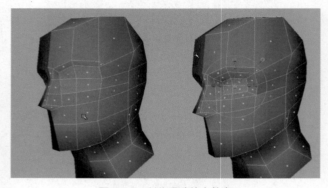

图 4-30 制作眼睛的大轮廓

7 删除多余的面，在正视图调整眼睛的形状，效果如图 4-31 所示。

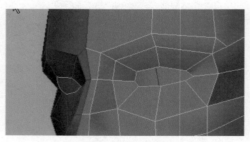

图 4-31 调整眼睛的形状

8 选择模型，执行 Edit Mesh → Split Polygon Tool 分割多边形命令，画一条如图 4-32 所示的线。

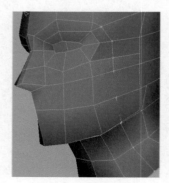

图 4-32 添加线

9 选择图 4-33 中的线，执行 Edit Mesh → Collapse 命令将线两端的点合为一个点，消除三角面。

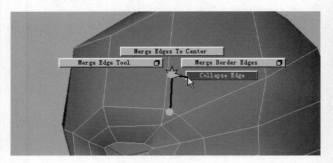

图 4-33 合并点

10 选择模型，使用 Edit Mesh → Split Polygon Tool 命令，绘制嘴唇的轮廓，注意嘴角的形状，如图 4-34 所示。

图 4-34 绘制嘴唇的轮廓

11 在侧视图调整嘴唇的轮廓，如图 4-35 所示。

图 4-35 调整嘴唇的轮廓

12 选择模型，执行 Edit Mesh → Split Polygon Tool 分割多变形命令，绘制如图 4-36 所示的两条线并做调整。

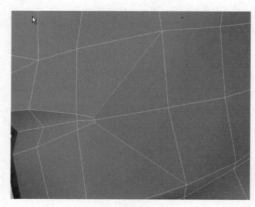

图 4-36 添加线

Maya模型

13 调整后的效果如图 4-37 所示。

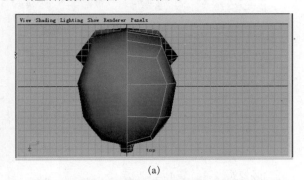

(a)

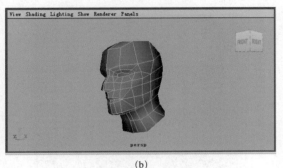

(b)

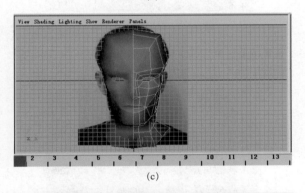

(c)

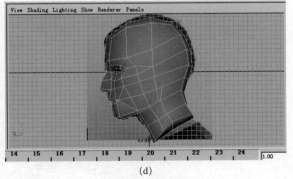

(d)

图 4-37　调整后的效果

4.2.3　头部细节制作

　　本节将在头部基础外形基础上对角色的五官进行细化，完成一个完整的角色头部。在制作头部五官细节时，可根据个人习惯调整制作顺序。五官制作重点是眼睛和嘴两个部分，因为这两个部分表情很丰富，对布线要求很高。

1）面部肌肉分布及走势

　　在模型制作中，布线不仅仅是为了刻画外形，模型制作的最终目的是通过丰富的动画效果，表现剧情，展示人物性格，这就要求模型满足运动的需求。具体到人物头部模型，其布线要能够满足表情动画的需要，因此在制作模型时就必须考虑面部肌肉的分布及走势。

　　面部肌肉也是头部重要的组成部分，面部肌肉附着在头骨之上，埋于皮肤之下，起着牵动眼、口、鼻等器官运动的重要作用，其对皮肤的牵动以面部表情的方式呈现。　面部肌肉主要有：眼轮匝肌、皱眉肌、口轮匝肌、降口角肌、降下唇肌、降眉间肌、笑肌、咬肌、颊肌、额肌、颞肌、鼻肌等，如图 4-38 所示。

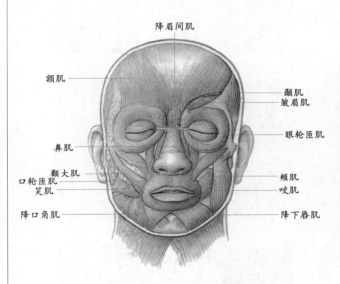

图 4-38　面部肌肉分布及走势

　　面部表情最多、肌肉分布最密集的部位是嘴部和眼部，这里重点介绍这两部分肌肉的分布及走势。

　　（1）口轮匝肌，位于口的周围，呈环状分布，与之相邻的肌肉（如：笑肌、颧大肌、降下唇肌等）以口轮匝肌为中心，呈放射形分布，这些肌肉相互作用便可以产生丰富的嘴部表情。在模型制作时，嘴部要按照口轮匝肌的走势进行环形布线，以满足表情制作需要。

　　（2）眼轮匝肌，位于眼部周围，也呈环状分布，它的收缩与舒张控制眼部的动作。上部与斜向的皱眉肌及纵向的额肌相连。这些肌肉相互作用可以产生丰富的眼、眉部表情。模型制作时，要根据眼轮匝肌的走势进行环形布线。

2）眼睛及眼球的制作

　　从本小节开始对五官进行精细制作，在完成的过程中除了参照相应部位肌肉的基本走势，还会对其生理结构进行剖析。

眼部模型制作重点是细节，如果没有细节眼部会显得空洞、不真实。内眼角必须通过建模制作出来，最好和眼区的布线统一；外眼角的制作需要合理运用布线，做到过渡自然，不死板；内眼角的泪腺也是眼睛重要的组成部分，制作泪腺模型能够丰富眼部细节，使眼睛更加有神。

1. 执行 Create → NURBS Primitives → Sphere 命令创建球体制作眼球，分别在各个视图做一下调整，如图 4-39 所示。

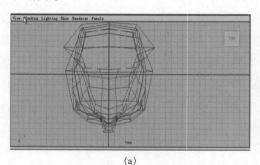
(a)

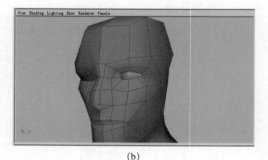
(b)

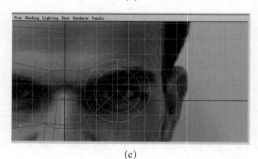
(c)

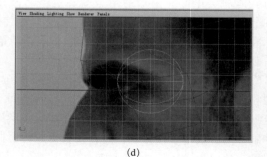
(d)

图 4-39　制作眼球

2. 调整完毕之后继续深入刻画眼睛细节，在模型眼轮匝肌处加入新的线继续调整。执行 Edit Mesh → Insert Edge Loop Tool 命令给眼睛加一圈线，如图 4-40 所示。

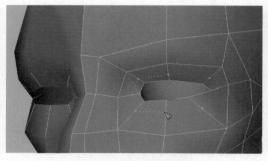

图 4-40　给眼睛加一圈线

处理颧骨处的线如图 4-41 所示。

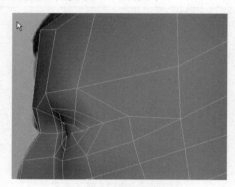

图 4-41　处理颧骨处的线

3. 选择模型，执行 Edit Mesh → Split Polygon Tool 命令，画出如图 4-42 所示的线。

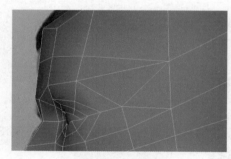

图 4-42　添加线

4. 选择线，按住【Shift】键 + 鼠标右键，在弹出的快捷方式中执行 DeleteEdge（删线）命令，将所选择的线删除，如图 4-43 所示。调整好的效果如图 4-44 所示。

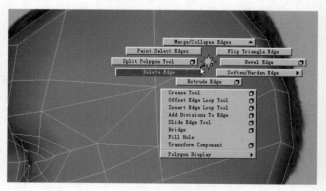

图 4-43　删线

图 4-44　调整好的效果

5 观察模型布线，发现眉心处是一个五边形面，如图 4-45 所示。

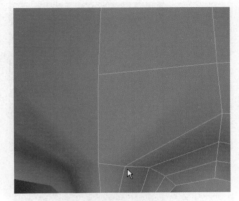

图 4-45　五边形面

6 选择模型，执行 Edit Mesh → Split Polygon Tool 命令绘制线，如图 4-46 所示。

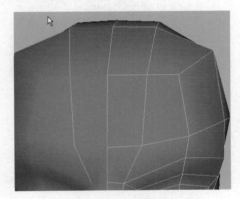

图 4-46　绘制新的线

7 通过以上几步的调整，现在可以更深入地刻画眼睛的局部。选择模型，进入线编辑模式选择眼睛的轮廓线，如图 4-47 所示。

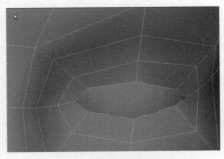

图 4-47　选择眼睛的轮廓线

8 按【Shift】键 + 鼠标右键，在弹出的快捷方式中执行 Extrude Edge（挤压）命令，如图 4-48 所示。挤压后调整出眼皮的效果，如图 4-49 所示。

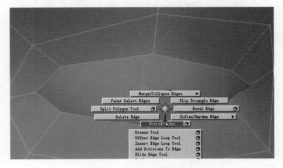

图 4-48　执行挤压命令

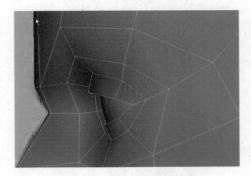

图 4-49　调整出眼皮的效果

9 在眼睛周围增加更多结构线，逐步调整眼睛形象。如图 4-50 所示的区域横向线段较少，需要刻画眼睛的内眼角，所以要在所选区域绘制新的线。执行 Edit Mesh → Insert Edge Loop Tool 命令加线之后如图 4-51 所示。

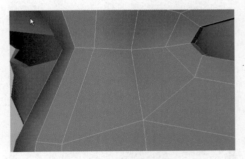

图 4-50　绘制新的线

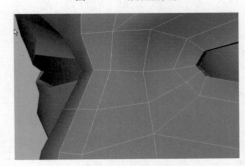

图 4-51　添加横向布线

10 选择模型进入点级别，根据内眼角的轮廓做相应的调整，做出眼角的小窝，如图 4-52 所示。

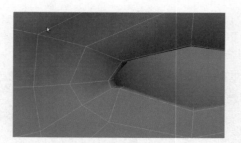

图 4-52　做出眼角的小窝

11 在眼睑上插入新的线并做相应的调整。执行 Edit Mesh
→ Insert Edge Loop Tool 命令，如图 4-53 所示，加
一圈线，调整完成后的效果如图 4-54 所示。

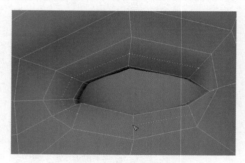

图 4-53　添加环行线

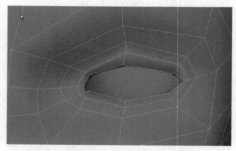

图 4-54　调整完成后的效果

12 继续加线，在外眼角绘制一条新的线并做调整，执行
Edit Mesh → Split Polygon Tool 命令，如图 4-55 所
示，加一条线。调整后的效果如图 4-56 所示。

图 4-55　添加布线

13 选择模型深入刻画上眼睑与下眼睑。执行 Edit Mesh →
Insert Edge Loop Tool 命令，绘制一条新线并做调整，
如图 4-57 所示。
调整出眼皮的厚度，如图 4-58 所示。

图 4-56　调整完成后的效果

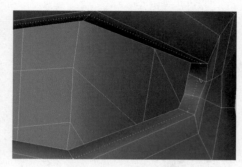

图 4-57　添加眼睑布线

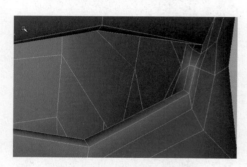

图 4-58　调整完成后的效果

3）耳朵制作

（1）耳朵结构

人耳可分成外耳、中耳和内耳，如图 4-59 所示。
通常情况下只制作外耳，外耳是指能从外部看见的耳
朵部分，即耳廓和外耳道。

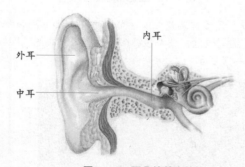

图 4-59　耳朵的基本结构

从艺用解剖来讲，外耳主要由耳轮、三角窝、对
耳轮、耳垂、对耳屏、耳屏、耳轮脚以及对耳轮脚构
成，它们统称为耳廓，如图 4-60 所示。

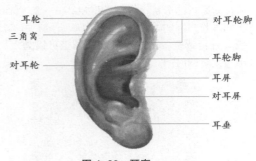

耳轮 ————————
三角窝 ————
对耳轮 ————————
                                  对耳轮脚
                                  耳轮脚
                                  耳屏
                                  对耳屏
                                  耳垂

图 4-60 耳廓

耳廓对称地位于头两侧，主要结构为软骨，在三维软件制作中一定要突出这些结构特点。也因为这些结构特点使耳朵的布线方式相对复杂，但是也有章可循。

耳朵连接了面部、颅骨、以及脖颈上面的肌肉，起到了线的汇集作用。布线上讲究放射性分布，这样做的好处是便于连接面颊、头颅、下颌以及颈部的布线，使走线均匀合理，有始有终，如图 4-61 所示。

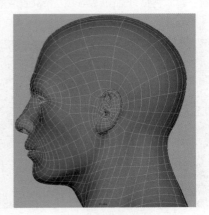

图 4-61 布线图

由于耳朵的布线相对复杂，在制作的过程中需要独立进行，完成后再和头部连接，这样做的好处是可以不必受头部布线数量的约束，线的增加不会影响到整个头部布线的均匀。耳朵模型制作完成后的效果如图 4-62 所示。

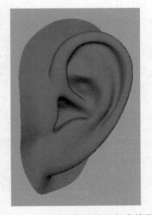

图 4-62 耳朵模型制作完成效果

（2）耳朵细节制作

1 导入人头正、侧视图，首先把角色的头部放到在通道栏新建的一个 Layer 层里，点 Layer 层的 V 字将物体进行隐藏。执行 Create → PolygonPrimitives → Plane 命令建立一个片，分段数改成 1，在正、侧视图中摆好位置，如图 4-63 所示。

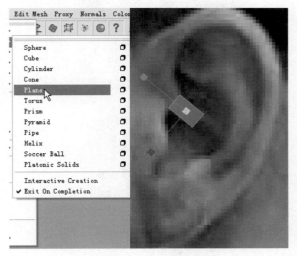

图 4-63 建立一个片

2 按照耳轮的形状执行 Edit Mesh → Extrude（挤压）命令反复多次挤出如图 4-64 所示耳朵的轮廓，并且在正、侧两个视图中边挤压边调节耳轮的大致形状，让耳朵与参考图相吻合。

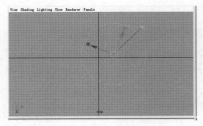

(a)

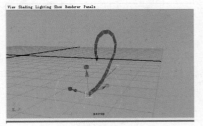

(b)

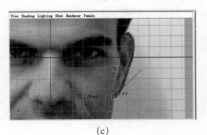

(c)

图 4-64 挤出耳朵的轮廓

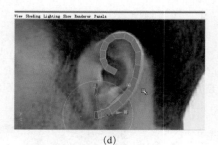

(d)

图 4-64（续）

3　选择耳轮的线执行 Edit Mesh → Extrude 命令进行挤压来制作三角窝，如图 4-65 所示。

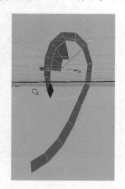

图 4-65　选择红色线挤压

4　执行 Edit Mesh → Append to Polygon Tool（补面）命令连接两边的位置，可以直接使用快捷键，按【Shift】键 + 鼠标右键，在弹出的快捷方式中选择 Append to Polygon Tool 选项，如图 4-66 所示。

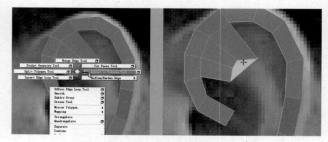

图 4-66　连接两边的位置

5　执行 Edit Mesh → Insert Edge Loop Tool 命令，在如图 4-67 所示位置加入一条线，并在透视图中进行调整，刻画出三角窝大体形状。

图 4-67　红色位置加线

6　挤出对耳轮的形状，执行 Edit Mesh → Extrude 命令挤出和耳轮相同的段数，如图 4-68 所示。每次挤出后对模型进行调整，前期对形状的调整可以为之后的制作节省大量的时间。

图 4-68　依次挤压并调整

7　按住【V】键（点吸附），将图 4-69（a）中对应的点吸附到一起，再执行 Edit Mesh → Merge（缝合）命令对耳垂的点依次进行缝合，如图 4-69（b）所示。

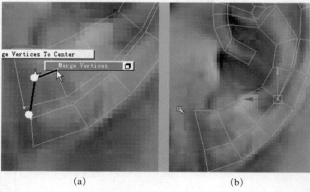

(a)　　　　　　　　　　　　　(b)

图 4-69　缝合点

8　选择耳轮和对耳轮上的线，执行 Mesh → Fill Hole（补洞）命令对模型进行补洞，并删除多补的不需要的面，如图 4-70 所示。

（a）对模型进行补洞　　　　（b）补洞后的效果

图 4-70　对耳廓补洞

9 在三角窝的位置执行 Edit Mesh → Split Polygon Tool 命令加入一条线，连接到耳轮上，并依次连接对耳轮和耳轮上的线，如图 4-71 所示。

（a）红色部位加线 　　　（b）红色部分加线

图 4-71　增加耳轮结构线

提示

接下来我们来制作耳轮脚，耳轮脚从外观上看是往耳内走的，在制作时要注意不要把它和对耳轮处于同一平面上，如图 4-72 所示。

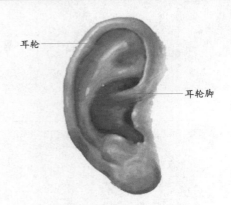

耳轮

耳轮脚

图 4-72　耳轮脚

10 选择耳轮脚的边，执行 Edit Mesh → Extrude 命令挤压两次，如图 4-73 所示。执行 Edit Mesh → Merge 对耳轮上的点进行缝合连接，如图 4-74 所示。

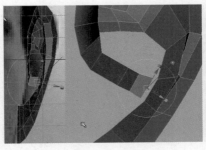 

图 4-73　挤压调整　　　图 4-74　依次缝合
　　　　　　　　　　　　　　　　　选择的点

11 选择耳甲庭的一圈线，执行 Mesh → Fill Hle 命令进行补洞，如图 4-75 所示，并对补完洞的面用 Edit Mesh → Extrude 命令向内进行挤压一次，如图 4-76 所示。

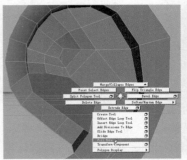

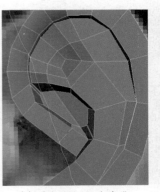 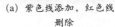 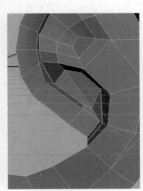

图 4-75　所选部分补洞　　　图 4-76　选面挤压调整

12 删除不利于造型的线，并重新对线进行整理，如图 4-77 所示。

（a）紫色线添加，红色线　　　（b）红色线添加
　　　删除

图 4-77　删除不利于造型的线

13 执行 Edit Mesh → Insert Edge Loop Tool 命令在耳廓上加一条线，保持布线均匀，如图 4-78 所示。

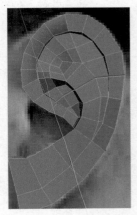

图 4-78　红色位置加线并保持布线均匀

14 选择耳轮上的线，执行 Edit Mesh → Extrude 命令挤出耳屏的轮廓并在各个视图中调整位置，然后执行 Edit Mesh → Merge 命令将耳垂部分的点分别连接，如图 4-79、图 4-80 所示。

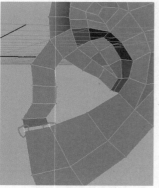

图 4-79　选择红色线挤压多段　　图 4-80　选择点分别缝合

15 接下来开始制作耳道，选择耳朵中间的一圈线执行 Edit Mesh → Extrude 命令向内挤压一次，并调节距离，如图 4-81 所示。

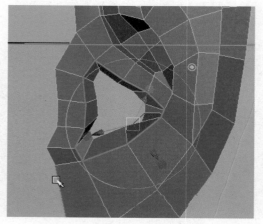

图 4-81　选择红色线向内挤压出耳道

耳朵的大体轮廓到这里就制作完毕了，按【3】键预览一下形状，如图 4-82 所示。

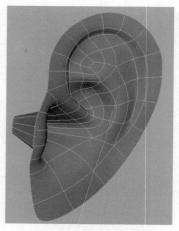

图 4-82　耳朵的大体轮廓

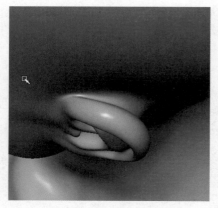

图 4-83　为耳朵制作出厚度

16 执行 Edit Mesh → Insert Edge Loop Tool 命令在外耳道处添加三根线并且调整形状，做出耳甲腔的效果。在这里需要提醒一点，耳屏挡住了部分耳道，在纯侧面的情况下是无法看到耳道内部的，调节的时候需要注意参考各个视图调节效果。如图 4-84 所示，耳垂上的线比较少，不利于造型，并且耳轮和对耳轮中间的凹陷效果需要加强，需要在耳垂部分加线强化一下效果。

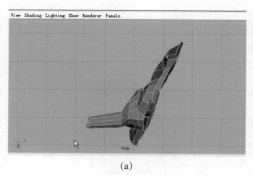

(a)

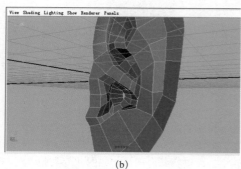

(b)

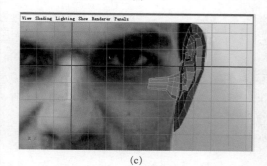

(c)

图 4-84　加线强化

Maya 模型

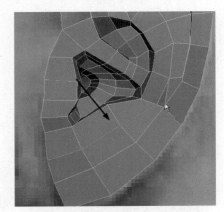

(d)

图 4-84（续）

① 把耳轮上的线执行 Edit Mesh → Split Polygon Tool 命令走到耳垂上并删除原有的线，如图 4-85 所示。

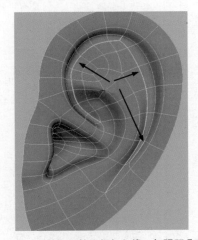

图 4-85　红色部分加线，紫色部分删除

② 在对耳轮和耳轮之间加入线并向耳内推，加深这个部位的凹凸变化，如图 4-86 所示。

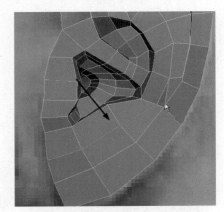

图 4-86　耳轮和耳轮之间加入线，加强凹凸变化

17 大型和表面上的一些细节就做完了，注意调整线的分布和疏密程度，保持布线的均匀，之后要给耳朵一个厚度，并注意耳后和顶视图的形状，如图 4-87 所示。

18 选择如图 4-88 所示的边，注意不要多选。执行 Edit Mesh → Extrude 命令向内进行一次挤压，并调整位置，如图 4-89 所示。

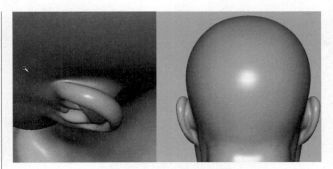

图 4-87　给耳朵一个厚度

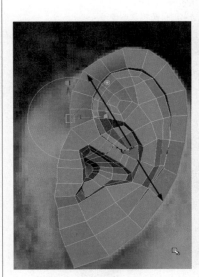
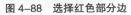

图 4-88　选择红色部分边　　　图 4-89　挤压并调整

再次进行挤压，这一次选择向里缩小，并调整位置，如图 4-90 所示。

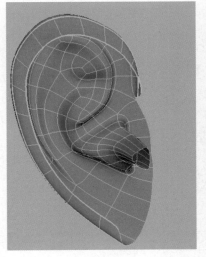

图 4-90　再次进行挤压

19 选择如图 4-91 所示的边，注意不要多选。执行 Edit Mesh → Extrude 命令，对外圈的边再次挤压两次，注意选择的边以及挤出后在耳朵后面的转折关系，如图 4-92 所示。

图 4-91　选择边

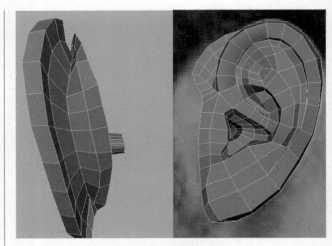

图 4-94　调整后的样子

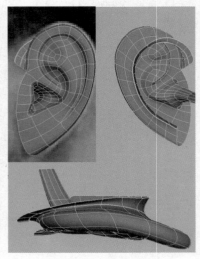

图 4-92　再次挤出两次

20 如图 4-93 所示，执行 Select → Select Border Edge Tool（选择边界边工具）命令，选择最外圈所有的边，进行一次挤压操作，并仔细调整线，让线分布均匀。

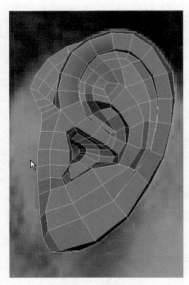

图 4-95　再次调整

22 如图 4-96 所示，选择最外圈所有的边进行挤压，对外圈进行放大，延伸出适合和头部连接的面。挤出后的效果如图 4-97 所示。

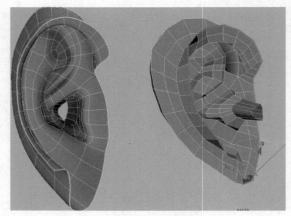

图 4-93　挤压调整

调整后的效果，如图 4-94 所示。

21 经过前述一系列操作，耳朵的制作已经完成，还要对线进行整理。耳朵最终要和角色的头部连接到一起，为了在连接的时候不会有很多的废线产生以及连接的方便，还需要对耳朵进行一下调节，如图 4-95 所示。

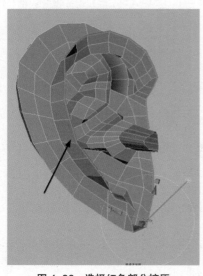

图 4-96　选择红色部分挤压

094

Maya模型

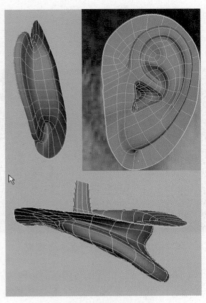

图 4-97 挤出后的效果

23 执行 Edit Mesh → Delete Edge/Vertex 命令删除所选择的线，如图 4-98 所示。

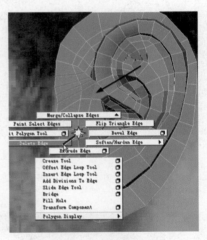

图 4-98 删除选择线

24 执行 Edit Mesh → Split Polygon Tool 命令连接线，并对线进行调整，使布线均匀，如图 4-99 所示。

(a) 红色位置加线

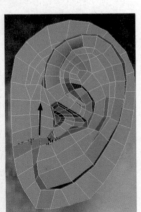

(b) 修改后的效果

图 4-99 对线的调整

25 选择面进行挤出，并仔细调整完成对耳屏的制作，如图 4-100 所示。

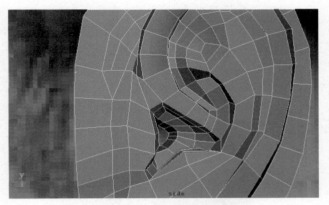

图 4-100 选择面进行挤出

按【3】键看一下效果，耳朵的建模到这里就全部做完了，如图 4-101 所示。

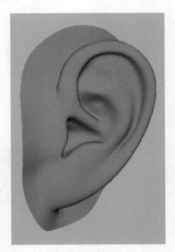

图 4-101 最终效果

4）鼻子制作

鼻子由鼻骨、鼻软骨和软组织构成。外鼻突出于面部，由鼻根、鼻梁、鼻尖、前鼻孔、鼻背、鼻唇沟、鼻翼组成，如图 4-102 所示。

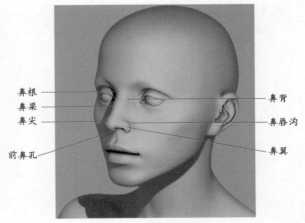

鼻根
鼻梁
鼻尖
前鼻孔
鼻背
鼻唇沟
鼻翼

图 4-102 鼻子结构

鼻子的整体过渡是很平滑的，在制作过程中需要注意这个特点以及布线的合理性。

在制作鼻子模型的过程中，难点是鼻唇沟的把握。鼻唇沟位于鼻翼外缘向外约1厘米的地方，是一个继发性的皮肤过剩的皱褶，也就是人们常提的"面部危险三角"的两条边。鼻唇沟将面颊部及颌部分开。青少年时，鼻唇沟形态的变化会给人一种自然和谐的感觉，如图4-103所示。随着年龄的增长，面部逐渐衰老，鼻唇沟逐渐加深、变宽及伸长，如图4-104所示。

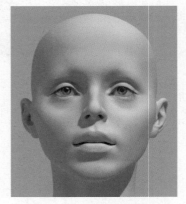

图4-103　青少年的鼻唇沟

　　　　　(a)　　　　　　　　　　　　(b)

图4-104　鼻唇沟的弯曲及加深

除了年龄的原因，有的人天生鼻唇沟比较深，如图4-105中的女士。在制作的时候要充分把握角色特点。

图4-105　天生鼻唇沟比较深的女士

5) 鼻子细节制作

1 在制作之前先移动鼻子的点，对比视图调整出鼻子的大致宽度，如图4-106所示。

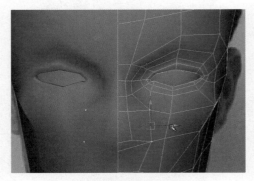

图4-106　调整出鼻子的大致宽度

2 执行 Edit Mesh → Split Polygon Tool 命令在鼻梁上加出一条线，为制作鼻翼作好准备，从鼻梁到鼻翼的位置需要至少四条线才可以做出较好的效果，如图4-107所示。

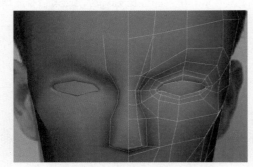

图4-107　在鼻梁上加出一条线

3 执行 Edit Mesh → Collapse 命令合并眉弓上的线，如图4-108所示。

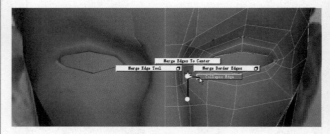

图4-108　合并眉弓上的线

4 执行 Edit Mesh → Split Polygon Tool 命令从鼻梁到面部加一根线，刻画出面颊颧骨部分的大型，如图4-109所示。

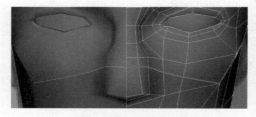

图4-109　刻画出面颊颧骨部分的大型

5 执行 Edit Mesh → Split Polygon Tool 命令加入一条线，使之符合口轮匝肌的形状，并且执行 Edit Mesh → Delete Edge/Vertex 命令删除没有用的线，在各个视图中调整一下大体形状，如图 4-110 所示。

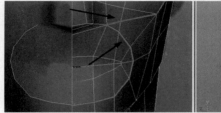

图 4-110　口轮匝肌的形状

6 选择鼻侧的面执行 Edit Mesh → Extrude 命令挤出一段距离，适当进行缩放做出鼻翼，要注意的是，挤出面下边的面要和原来鼻底的面平行，然后对鼻梁处的点进行调整，使鼻梁看起来挺直，如图 4-111 所示。

图 4-111　选择鼻侧的面挤出一段距离

7 选择鼻底的四个面，执行 Edit Mesh → Extrude 命令挤出两次，第一次缩小范围，第二次向内挤出，做出鼻孔，并删除选择面，如图 4-112 所示。

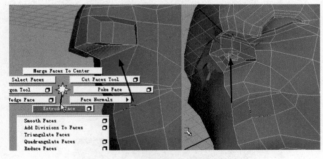

图 4-112　选择鼻底的四个面挤压

8 执行 Edit Mesh → Split Polygon Tool 命令加入一条线制作鼻唇沟，并在各个视图中调整。注意要对比参考图片加线，因为加入的线使鼻翼的大型出来了，接着要对鼻翼的基本结构进行调整，注意鼻翼很鼓，对鼻翼部分的线进行调整，做出圆滑的效果。鼻唇沟在侧面也要对应图片位置，注意侧视图面部的褶皱，如图 4-113 所示。

9 接下来我们开始制作鼻翼，在鼻翼的位置执行 Edit Mesh → Insert Edge Loop Tool 命令加入一条线巩固鼻翼的形状，如图 4-114 所示。仔细调整，做出鼻头的肉和鼻翼的效果如图 4-115 所示。

到这里鼻翼的形状就基本出来了，按【3】键看一下效果，如果不理想需反复调整。

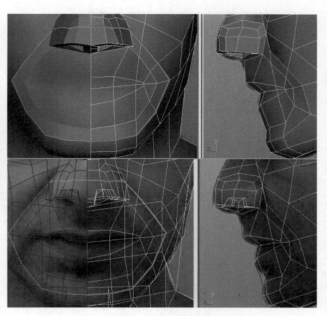

图 4-113　调整鼻翼

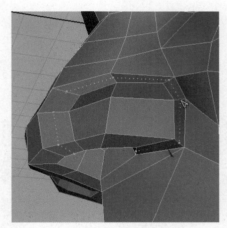

图 4-114　制作鼻翼

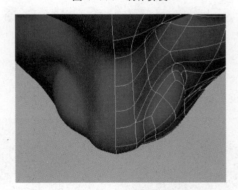

图 4-115　鼻头的肉和鼻翼的效果

📓 **提 示**

鼻头以及鼻中隔部位过渡比较圆滑，如图 4-116 所示。但是目前的布线在鼻头部分会产生尖的效果，需要更改布线结构来达到制作目的，并且加入更多的细节。

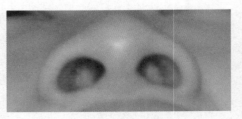

图 4-116　鼻子图

在参考图片上画线，勾勒出我们想要做出来的形状，如图 4-117 所示。

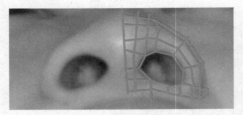

图 4-117　参考图片上画线

10 对比参考图片对模型进行修改，首先刻画出鼻中隔的结构。执行 Edit Mesh → Delete Edge/Vertex 命令删除所选的线，如图 4-118 所示。

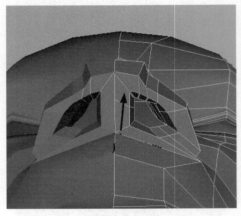

图 4-118　删除红色部分线

11 执行 Edit Mesh → Split Polygon Tool 命令在鼻中隔的位置加入两条线并且在鼻底部分也加入一条线，整理不规则的形状，如图 4-119 所示。

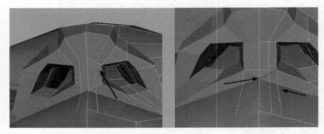

图 4-119　红色部分加线

按【3】键看一下效果，鼻头的圆滑效果出现了，但是由于之前的挤出和加线，在鼻孔向内去的边缘部分出现了褶皱，如图 4-120 所示。说明这部分的线过多，需要对其进行整理，使之过渡自然。

褶皱很不舒服

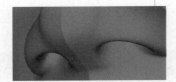

图 4-120　不好看的褶皱

12 选择如图 4-121 所示的边，执行 Edit Mesh → Delete Edge/Vertex 命令进行删除，在鼻底位置使用 Edit Mesh → Split Polygon Tool 工具加线，并在各视图中注意调节。

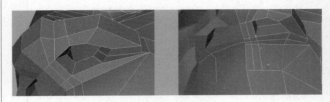

图 4-121　红色部分加线

13 在侧视图中进行调整，注意观察鼻底的形状，去除比较硬的过渡，调整出曲率，如图 4-122 所示。

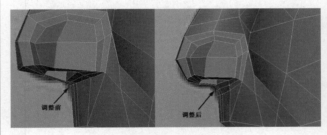

图 4-122　调整鼻底前后效果

14 由于制作的角色处于中年，并且由于人种的原因鼻唇沟看起来非常明显，执行 Edit Mesh → Insert Edge Loop Tool 命令从鼻翼到下巴插入一根线，这根线的目的是加强鼻唇沟的效果，并且可以使鼻翼的过渡更自然，如图 4-123 所示。

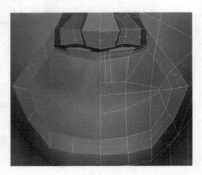

图 4-123　从鼻翼到下巴插入一根线

⚠ **注　意**

在各个视图中调整，线和线之间的距离不要太近，否则会产生不应该出现的褶皱，经过调整，鼻子的制作就完成了，如图 4-124 所示。

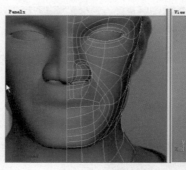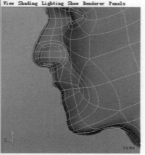

图 4-124　调整后的效果

按【3】键看鼻子的效果，反复调整直到满意为止，最终效果如图 4-125 所示。

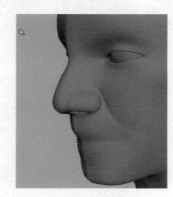

图 4-125　最终效果

6）嘴巴制作

在制作嘴巴的时候，最关键的是要按照嘴部肌肉的走向（图 4-126）进行布线。在面部肌肉中，嘴部和眼部的肌肉群活动最频繁，围绕嘴部的口轮匝肌和眼周的眼轮匝肌成为放射性肌肉分布的中心。制作中，按照肌肉的方向进行布线，除了可以突出肌肉的结构，最重要的是有利于将来进行表情动画的制作。

图 4-126　嘴部肌肉结构图

在进行嘴部布线的时候，常常采取围绕中心的放射性布线方式，形似蜘蛛网，这样有利于模拟出面部肌肉拉伸、松弛的状态，如图 4-127 所示。

1 了解了布线的目的之后就可以着手进行模型的制作，打开之前的人头模型，首先在嘴部执行 Edit Mesh → Split Polygon Tool 命令加入两条线，来整理不舒展的布线并删除废线，如图 4-128 所示。

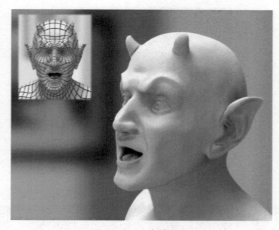

图 4-127　表情动画

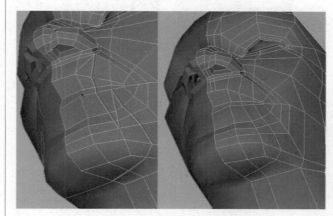

图 4-128　红色部分加线，紫色部分删除

2 在唇部使用 Edit Mesh → Insert Edge Loop Tool 工具加入一条线，刻画出嘴唇的轮廓，并在各个视图中观察调整好位置，如图 4-129 所示。

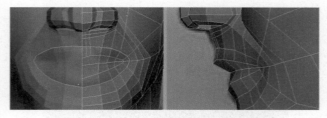

图 4-129　红色位置加线刻画出嘴唇的轮廓

3 鼻孔位置执行 Edit Mesh → Split Polygon Tool 命令加一条线到嘴唇上，并连接之前没有连接上去的线到唇中，为之后刻画嘴唇的细节做准备，如图 4-130 所示，并在各个视图调整，使新加入的线过渡平滑。注意，上下唇的线不必连接也不必数量相同，因为上唇有个明显的唇头肉的结构并且有人中，这些线刚好可以刻画出结构的轮廓，但对于平坦的下唇到下巴来说，过多数量的线反而是多余的。

4 选择嘴唇中间所有的面执行 Edit Mesh → Extrude 命令向口腔内的方向挤出，直接按【R】键，适当缩放 Y 轴，然后向内移动一段距离，如图 4-131 所示。需要注意的是不能对面进行整体缩放，否则会使中间的面的位置产生变化。

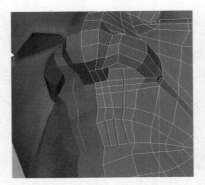

图 4-130　红色位置加线连接

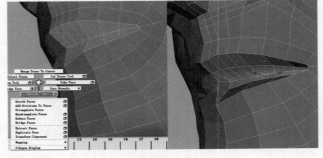

图 4-131　挤压出嘴唇形状

5　由于挤出的原因，在嘴唇的中间产生了废面，需要删除。进入面的级别选择面按【Delete】键进行删除，如图 4-132 所示。

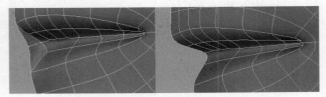

图 4-132　删除废面多余的面

6　只保留一半头部，从模型内部观察并对点调整，调整好刚才的挤出效果，注意挤出的面在口腔内的弧度，还有嘴角处原来的线和新挤出线之间距离不要过远，如图 4-133 所示。

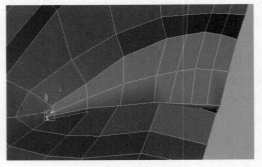

图 4-133　调整嘴角的点

7　再次选择中间的面执行 Edit Mesh → Extrude 命令进行挤出，并向口腔内移动一段距离，删除挤出的面，由于之后要在挤压并删除的位置制作口腔，因此内部的面是不需要的，如图 4-134 所示。

图 4-134　再次挤压嘴部形状并删除多余的面

依然还是从内部看模型的嘴部，并且调整使上下两条边的前后位置近似相同，如图 4-135 所示。

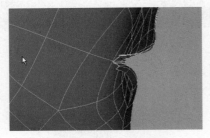

图 4-135　调整上下两条边

提　示

　　接下来制作口腔，口腔像是个橄榄球形状的腔体，里面有牙齿和舌头，如图 4-136 所示。在制作的时候注意比例协调，正常情况下做到食道上端的位置就可以了。

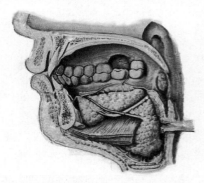

图 4-136　口腔的形状

8　选中如图 4-137 所示的边进行挤出，并调整形状，剖面尽量保持半圆形，并在原始位置和挤出的位置中间执行 Edit Mesh → Insert Edge Loop Tool 命令加线。

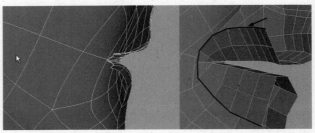

（a）选择线　　　　　（b）挤压并调整形状

图 4-137　调整口腔初始形状

9　继续对边向内执行 Edit Mesh → Extrude 命令进行挤出，调整口腔的轮廓，直到挤出食道上端的位置，这样口腔就制作完毕了，如图 4-138 所示。需要注意的是，口腔在顶视图看时是个过渡比较自然的形状，在制作过程中分几次挤压出侧面的形状，然后在顶视图对点线进行移动，调整后的效果如图 4-139 所示。

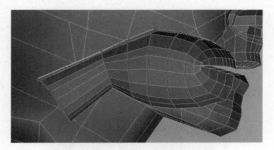

图 4-138　挤出调整口腔的轮廓

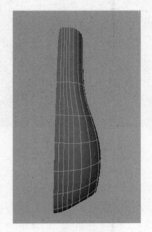

图 4-139　顶部形状

嘴部以及口腔的大体轮廓到这里就制作完成了，调整后的效果如图 4-140 所示。之后需要根据牙齿的形状对其细节进行深入刻画。

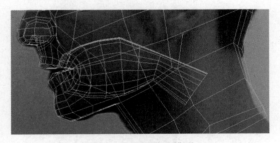

图 4-140　调整下模型

提示

正常人的嘴部在没有表情的情况下是紧闭的，之前的打开状态是因为要制作口腔内部。在深入细节的时候需要注意上嘴唇中间结构以及人中结构，特别需要注意的是嘴角，通常上唇角盖住下唇角（当然也有下唇盖着上唇的，俗称"地包天"），如图 4-141 所示。从外观看，下唇线在嘴角处深入到了内部，可以照镜子观察一下自己的嘴唇，了解这些细节后在制作中就可以做到心中有数。

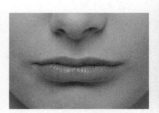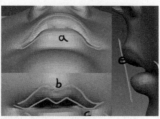

图 4-141　嘴部细节

10　选择口腔内部上嘴唇的线，向下拉，穿插到模型下唇的面里，如图 4-142 所示。因为嘴的内部是个平滑的过渡，不能用加线来控制形状，需要让上下唇穿插，在不影响外观的情况下这种穿插是允许的。

图 4-142　选择口腔内部上嘴唇的线

11　在嘴唇的中间执行 Edit Mesh → Insert Edge loop Tool 命令加入一根线，选择下唇的线的位置向上移动，使下嘴唇线的位置和上唇线穿插，如图 4-143 所示。

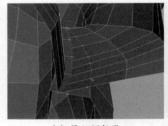

(a) 添加环行线　　　　　　　(b) 调整形状

图 4-143　使下嘴唇线和上唇线穿插

12　按【3】键看下效果，现在角色的嘴部应该已经闭上了，如果还有张开的地方则需要继续调整。注意单排线穿插的幅度不宜过大，要对上下两条线综合调节，并且线的过渡要平滑，否则在角色张开嘴后会很难看。完成后的效果如图 4-144 所示。

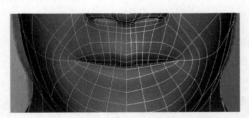

图 4-144　对上下两条线综合调节

13　在多个视图中调节上嘴唇线的形状，让上嘴唇看起来有肉感，更符合嘴部结构，如图 4-145 所示。

14　在图 4-146 上的位置执行 Edit Mesh → Insert Edge loop Tool 命令加入三条线，调整平滑的过渡。注意，一次只加入一根线，调节好形状后再加入另外的线，这样有利于控制整体形状。

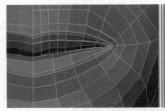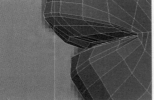

图 4-145　调节上嘴唇线的形状

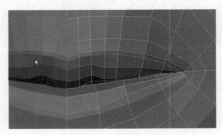

图 4-146　增加嘴唇布线

调整后的效果如图 4-147 所示。

图 4-147　调整后的效果

15 在嘴角处使用 Edit Mesh → Insert Edge loop Tool 工具加入两条线来刻画细节，并且这两根线可以方便将头部和耳朵进行连接，如图 4-148 所示。

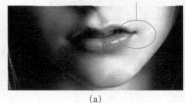

图 4-148　刻画嘴角的细节

16 嘴角在末端有一段下降的过渡效果，如图 4-149（a）所示，这里选择了一张观察起来比较清楚的图片，实际嘴部的特征没有性别之分，注意这里做出上嘴角盖下嘴角的效果。选择上嘴角附近的点向下移动一小段距离，和图片进行对比，调整出大致的形状，并且把下嘴角的线适当向内进行推动，完成后如图 4-149（b）所示。

注意嘴角的过渡

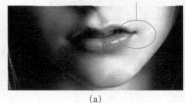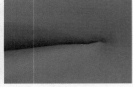

（a）　　　　　　　　　　（b）

图 4-149　调整嘴角形状

到这里嘴部的细节就制作完毕了，需要注意的是，在制作的过程中加线要有目的，切忌盲目进行。在制作嘴唇穿插的位置时尤其如此，每次只调整少数的点，不要盲目加线顾此失彼，以免造成太多的麻烦。最终效果如图 4-150 所示。

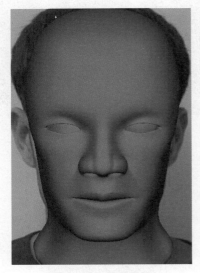

图 4-150　最终效果

7）耳朵与头部的缝合

由于头部和耳朵是分开进行制作的，因此在布线上有明显的差异，可以看到耳朵上的布线很密集，头部的布线很宽松，在缝合的过程中需要对两个模型布线进行适当的修改，在不影响形状的前提下合并缝合两个物体，完成效果如图 4-151 所示。

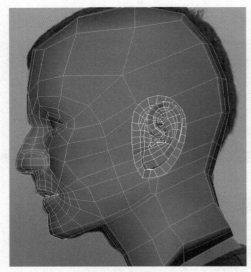

图 4-151　对齐耳朵的正确位置

1 将耳朵放到 Layer（层）中进行隐藏，只显示头部的模型，在下颌处执行 Edit Mesh → Insert Edge loop Tool 命令加线并调整，加深下颌角的轮廓，如图 4-152 所示。调整后的下颌骨的效果就出现了，一般来说，瘦人的下颌骨比较明显，如图 4-153 所示。

Maya模型

102

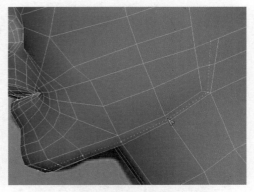

图 4-152　加线并调整

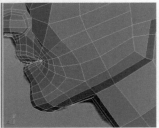

图 4-153　调整后的下颌骨

2 在面颊处使用 Edit Mesh → Insert Edge loop Tool 工具加线，使面颊到眉弓的布线均匀而且这样布线顺应了面部咬肌的方向，如图 4-154 所示。

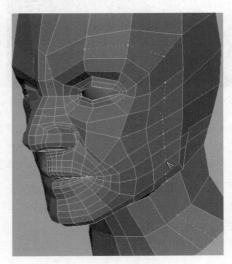

图 4-154　添加布线

3 在头顶执行 Edit Mesh → Insert Edge loop Tool 命令加入两条线，方便对耳朵进行连接，这里需要注意对头顶的线进行调整，使布线的距离均匀，如图 4-155 所示。

4 选择并删除头部侧面耳朵附近的面，如图 4-156 所示。露出耳朵对应的部分，并且在层中取消对耳朵的隐藏。

5 选择耳朵和头部的模型执行 Mesh → Combine（合并）命令，之后对临近的点执行 Edit Mesh → Merge 命令进行缝合，需要注意的是缝合是对临近点的缝合，要按住【V】键（点吸附）将点一一对应吸附到一起再使用缝合点命令，完成效果如图 4-157 所示。

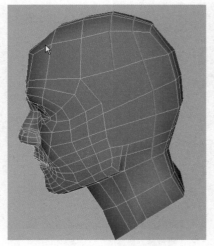

图 4-155　红色部分加线

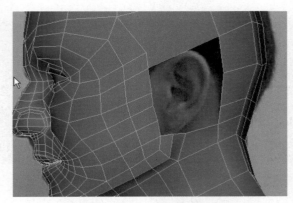

图 4-156　删除耳朵附近的面

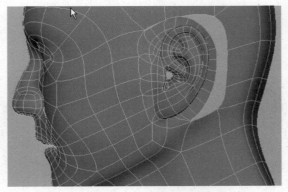

图 4-157　合并头部与耳朵

　　由于表情动画中耳朵部分是不参与表情变化的，因此可以把多余的线在耳后合并以三角结束，这些三角面隐藏在耳后看不见的位置，不会影响动画的制作。通过合并，减少了四条延伸到脑后的线，这样角色面部线条的密集度得到了严格控制，如图 4-158 所示。

　　耳屏处的处理也是一样，尽量减少延伸出去的线，如图 4-159 所示。

6 在头部的处理上尽量让线规则，把三角面规范在耳朵的范围内。头部的处理效果，如图 4-160 所示。

图 4-158　修改线　　　　　图 4-159　紫色线删
除，红色添加

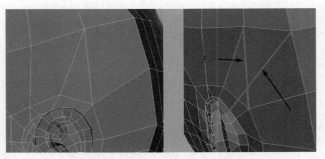

图 4-160　紫色线删除，红色线添加

　　仔细处理脑后的线，让耳朵在侧面看起来像线的辐射中心，这样做的好处是可以使布线均匀，并且符合肌肉走向，如果之后需要对模型进行修改，也不会因为调整而让模型显得凌乱。合并后和合并前的对比，如图 4-161 所示。

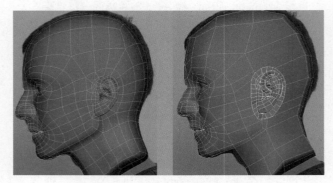

图 4-161　合并后与合并前的对比

8）牙齿的制作

（1）牙齿结构分析

　　牙齿（图 4-162）是口腔中的重要组成部分，有咀嚼、帮助发音和保持面部外形的功能。

　　由于有牙齿和牙槽骨的支持，牙弓形态和咬合关系正常，人的面部和唇颊部才显得饱满，如图 4-163 所示。

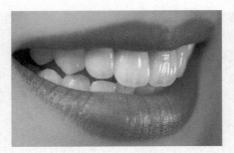

图 4-162　牙齿

图 4-163　牙齿与面部

　　如果牙齿缺失太多，唇颊部失去支持而凹陷，人的面容就会显得苍老、干瘪，如图 4-164 所示。

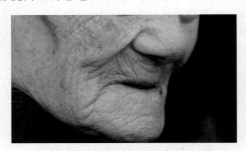

图 4-164　牙齿缺失太多的老人的面颊

　　尽管牙齿对角色外形的影响不会太大，但是根据上述不同年龄阶段牙齿对面部的支撑作用，在制作模型时也要将牙齿的这一作用考虑进去，这样才能更好地突出角色的年龄特征和个体差异。

　　牙齿是人体中最坚硬的器官，大体分为牙冠、牙颈和牙根三部分，如图 4-165 所示。

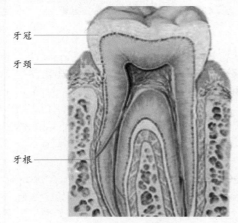

牙冠

牙颈

牙根

图 4-165　牙齿的结构

Maya模型

由于牙根被牙龈覆盖，深入到下颌骨中，一般情况下在模型制作时只需要制作牙冠到牙颈部分，除非特殊需要才去制作牙根部分。牙龈是接触牙齿最多的部分，牙齿结构不同，牙龈的表面分布也不一样，在制作牙床模型时需要考虑每颗牙齿的形状，并调整牙龈的形状，如图4-166所示。

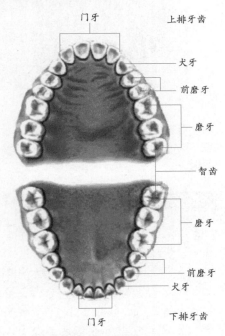

图4-166　牙床

牙齿按形态可分为门牙、犬牙和磨牙，不同类型的牙齿，在咀嚼过程中的作用不同，因此牙冠的形状也不相同。如图4-167所示。

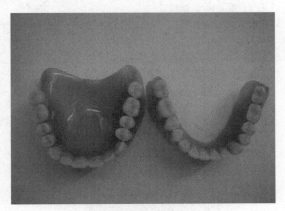

图4-167　牙齿形态

门牙：位于口腔正前方，用于切割食物，呈扁平状。

犬牙：位于门牙两侧，主要用于撕裂食物，为圆锥状的尖齿。

磨牙：又称白齿，位于口腔后方两侧，用于磨碎食物，成不规则的矩形，齿冠上有疣状凸起。

尽管不同类型的牙齿存在形状上的差异，但是总体来说牙齿的形状比较规则，在制作中可以用多边形

物体Cube（立方体）进行，对模型不断的调整加线制作出来最终的形状，如图4-168所示。

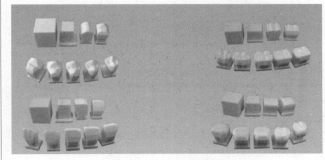

图4-168　牙齿的形状

在单个牙齿制作完成后，要根据各类牙齿在口腔中的位置进行摆放，顺序不能错乱。需要注意的是，上下两排牙齿的大小、形状都是不同的，但是为了提高制作效率，通常单独制作差别较大的牙齿，对差别不大的牙齿进行复制即可。

人的一生中先后长两次牙，从出生后6个月左右开始萌出的为"乳牙"，到3岁时基本长齐。6岁左右，乳牙逐渐脱落，长出"恒牙"，恒牙共有28～32颗。正常情况下只制作28颗牙齿。在平时说话或张嘴时最常见到的是门牙和犬牙，动画中如果没有特殊要求，可以根据动画需要确定牙齿的数量。如果是制作完全写实的角色模型，就需要制作全部的牙齿。

（2）制作角色牙齿

1　选择Top（顶）视图导入一张下牙床的图片（光盘\参考图片\4.2 Teeth Top），如图4-169所示。

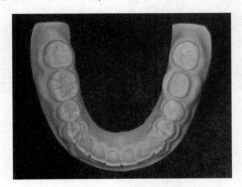

图4-169　导入下牙床的图片

提　示

牙床的大体形状就像是一块马蹄铁，基本上是方形结构，我们也可以用Cube（立方体）来进行制作，如图4-170所示。

2　建立一个立方体，段数改为2，并且在顶视图中缩放物体的大小，如图4-171所示。

3　从顶视图看，选择右边的面执行Edit Mesh → Extrude命令进行3次挤出，对面的角度进行调节，形成弯曲，

并删除中间靠左这部分的面，如图 4-172 所示，因为之后我们要对这部分牙床镜像复制。

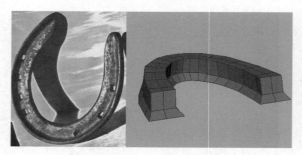

图 4-170　牙床的大体形状

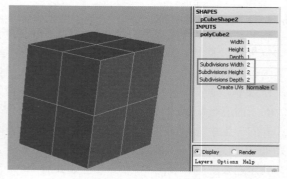

图 4-171　建立一个立方体

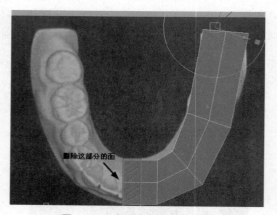

图 4-172　挤压并删除红色部分

4. 在模型上使用 Edit Mesh → Insert Edge Loop Tool 工具加线并调整角度，加线的位置为两个牙齿中间的牙缝处，如图 4-173 所示。

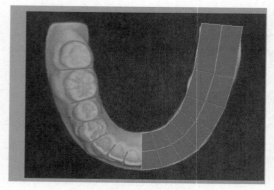

图 4-173　加线并调整角度

5. 选择下面的一圈边进行缩放，放大底边，做出底座的效果（图 4-174），由于牙齿是左右对称的，可以先做一侧。

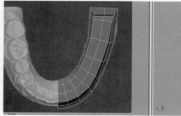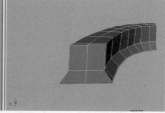

(a) 顶视图　　　　　　　　(b) 透视图

图 4-174　选择一圈边进行缩放

6. 制作下门牙。门牙可以用立方体进行制作，立方体的 Subdivisions Width 为 2，Subdivisions Height 为 4，Subdivisions Depth 为 3，如图 4-175 所示。

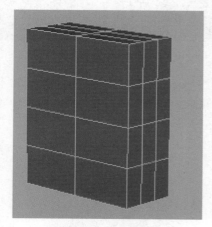

图 4-175　创建立方体

在各个视图中调整点刻画出下门牙的基本形状，之后对模型执行 Mesh → Smooth（圆滑）命令并反复对点进行调节。

> **提　示**
>
> 　　门牙不是平的。通常某一个方向和位置磨损得较严重，制作过程中应体现这一特点。在门牙的制作过程中没有加线，而是在调整出大体形状的时候用了光滑的方式加入了细节，这是对变化不大的小几何体加入细节的通用做法，但是在线特别少的情况下使用会导致模型的形状发生改变，所以要注意模型的线在初期的数量。门牙调整的过程如图 4-176 所示。

7. 制作犬牙。对步骤 7 中完成的牙齿进行复制，把点调成犬牙的形状，注意犬牙要比门牙厚一些，形态上也比门牙圆，二者对比如图 4-177 所示。

8. 制作第二犬牙，位置如图 4-178 所示。从顶视图上看第二犬牙的牙根部分比较圆，可以用圆柱体来进行制作。

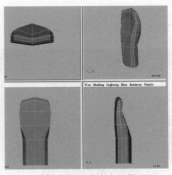

（a）调整门牙基本形状

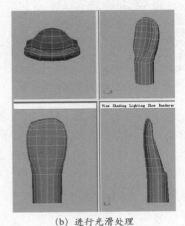

（b）进行光滑处理

图 4-176　门牙完成后的效果（四视图）

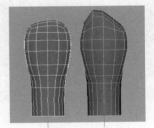

（a）前视图

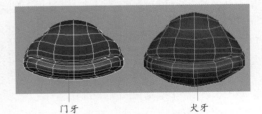

（b）顶视图

图 4-177　门牙与犬牙形状对比

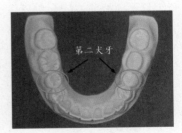

图 4-178　第二犬牙位置

9 建立一个柱体，Subdivisions Axis 为 8，Subdivisions Hight 为 4，Subdivisions Caps 为 3。在顶视图中执行 Edit Mesh → Delete Edge/Vertex 命令删除 X 形的线，然后执行 Edit Mesh → Insert Edge Loop Tool 命令加入两条线，如图 4-179 所示。

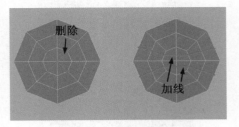

图 4-179　第二犬牙

提　示

　　参考图片对模型进行仔细调整，第二犬牙的磨合面很大，如果没有犬牙的话完全可以把它看成是磨牙，所以在制作出来凹凸不平的效果后还要调整出尖的形状，并且在调整好后对第二犬牙进行复制，通过对点仔细调整修改出前磨牙的效果。之后的两颗磨牙也可以通过复制前磨牙并对牙冠磨合面进行凹凸调整以及大小变化制作出来。二者对比如图 4-180 所示。

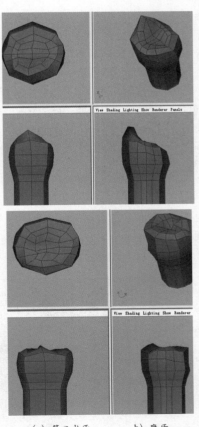

（a）第二犬牙　　　b）磨牙

图 4-180　第二犬牙与磨牙的对比

到这里，下牙的几颗主要牙齿就做完了，按需要对门牙和磨牙进行复制，完成其他几颗牙齿的制作，一边是七颗牙。把它们按照位置摆到牙床上，注意牙齿角度的调整，完成过程如图 4-181 所示。

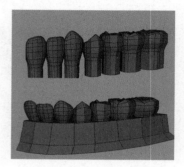

图 4-181　将牙齿摆到牙床上

10 制作牙龈的肉。首先在每个牙齿的中间执行 Edit Mesh → Insert Edge loop Tool 命令，加线固定住形状，并选择牙缝中间的点向上移动，制作出来牙龈包覆牙齿的感觉，如图 4-182 所示。

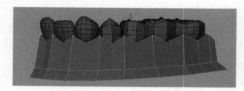

图 4-182　红色位置加线

11 在牙缝的线边上加入两条线，固定住形状，并在横向上插入一条线固定形状，仔细调整线，让牙龈显得饱满。并对内部的线在点级别进行调节，完成后如图 4-183 所示。

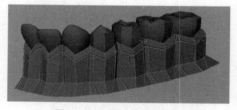

图 4-183　牙缝的边上加线

12 选择所有牙齿和牙龈模型，按【Ctrl+G】键打组，按【Ctrl+D】键复制出另外的一半，最后执行 Mesh → Combine 命令合并两个牙床，如图 4-184 所示。

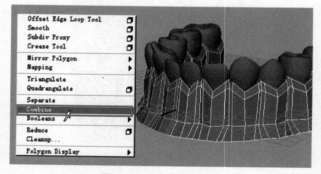

图 4-184　合并两个牙床

13 执行 Edit Mesh → Merge 命令依次合并牙床中间的点，使两个模型成为一体，如图 4-185 所示。

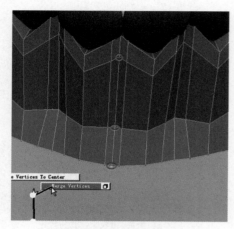

图 4-185　合并红线处的点

制作上牙和下牙的步骤是一样的。在形态上，上下两排牙齿的区别不是特别大，比较明显的是上门牙比下门牙大，可以通过修改下门牙来得到上门牙，并最终通过复制得到上排的牙齿，完成效果如图 4-186 所示。

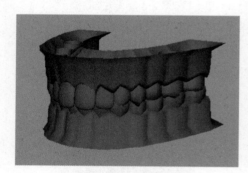

图 4-186　牙齿完成效果

4.3　男性基础外形制作

头部模型制作完成之后，我们来制作写实人物的身体，这里按照先外形后细化的顺序进行。决定人基础外形的是遍布全身的骨骼，本节在人体骨骼结构分析的基础上，重点介绍基础外形的制作方法。

4.3.1　初步搭建头部外形

在开始制作躯干模型前，先简单搭建一个头部外形，只需做出基本形状即可，主要是作为后续身体建模中比例的参考。在 4.2 节中已经详细讲解头部建模的方法，在身体模型完成之后会将 4.2 节中制作的头部模型与身体模型拼接到一起。

创建一个立方体，执行 Mesh → Smooth 命令进行一级圆滑，然后选中立方体下面的面进行挤压做出脖子及肩膀的大型，如图 4-187 所示。

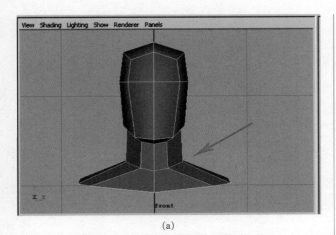

(a)

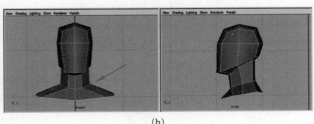

(b)

图 4-187　挤出肩部

4.3.2　初步搭建躯干外形

1）躯干骨骼结构

本节所说的躯干指的是除去上肢和头部的上半身。人体的躯干骨骼主要由脊椎和胸廓两部分组成，脊椎和胸廓的结构决定了人体躯干的基本外形。

脊椎由颈椎、胸椎、腰椎、骶骨、尾骨连接而成，从人体的侧面可以看到（图 4-188），脊椎不是笔直的，而是从颈椎到到尾骨呈"S"形，脊椎的弯曲决定了人体的侧面结构，这样的结构女性人体更为突出。

胸廓由胸前的胸骨、两侧的肋骨、背部胸骨构成一个上端小下端大的灯笼状圆锥形框架。肋骨起到了支撑胸腔保护胸部脏器的作用，它是体表看到的为数不多的皮下骨之一，是制作宽阔厚实胸腔的基础，如图 4-189 所示。

结合胸廓上宽下窄及腹部没有骨骼支撑轮廓的特点，从人体的正面看，肋骨的下缘是躯干最宽的位置，其上下两端较之要窄一些，因此躯干正面类似于枣核状，如图 4-190 所示。

> ⚠ **注　意**
>
> 这里所说的躯干不包括肩部的肩胛骨。

2）躯干基础外形制作

1 制作胸部。选择肩部的下底面执行 Edit Mesh → Extrude 挤压命令，将挤压出来的面调整至胸腔位置，注意正、侧视图中胸腔的外形，如图 4-191 所示。

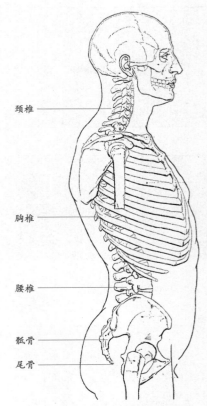

图 4-188　脊椎结构

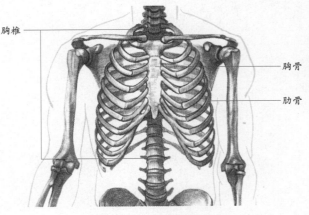

图 4-189　胸廓结构

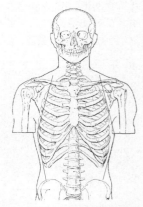

图 4-190　躯干正面轮廓

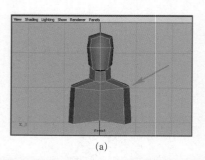

(a)

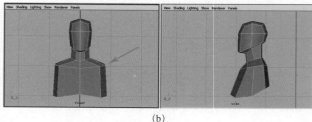

(b)

图 4-191 挤出胸腔

⚠ 注 意

在调整人物肩部的时候要注意，在这里所指的肩部并不包含上肢部分的肩胛骨及三角肌，因而其宽度窄于正常情况下的成年人两肩宽度，这在后面上肢部分的制作中会得到进一步完善。现在模拟的仅只是由肋骨、胸骨和胸椎构成的笼状框架，如图4-192 所示。

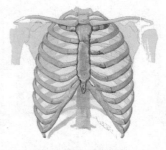

图 4-192 胸腔骨骼

2 继续挤压出腹部，按照上面的方法挤压出胸腔下底面后将其调整到人物腰部，并注意修改腹部外形，在侧视图看起来肋骨是前胸最高点，后背是最高点，到了腹部和腰部有向里收的趋势，如图4-193 所示。

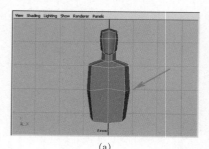

(a)

图 4-193 挤压出腹部

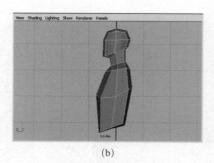

(b)

图 4-193（续）

4.3.3 初步搭建四肢外形

1）四肢骨骼结构

人体四肢分为上肢及下肢两部分，上肢包括肩部、上臂、前臂、手掌；下肢包括髋部、大腿、小腿、脚掌。如图 4-194 所示。

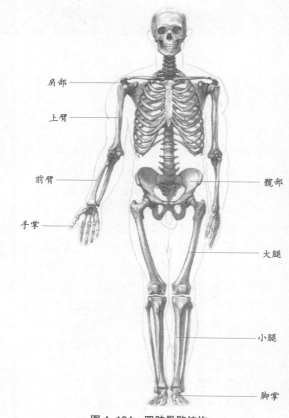

图 4-194 四肢骨骼结构

📝 提 示

手部、脚部骨骼会在 4.6 节、4.7 节分别介绍。

（1）肩部。肩部由锁骨和肩胛骨构成，如图4-195 所示。锁骨与肩胛骨构成肩锁关节，与胸骨构成胸锁关节，胸锁关节是上肢连接躯干的唯一关节。锁骨的形态从体表可以明显地看出，在模型制作中要突出锁骨结构。

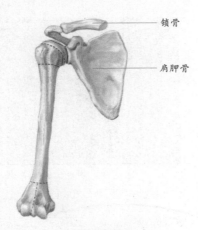

图 4-195 上肢的骨骼机构

（2）上臂。上臂只有一根肱骨，如图 4-196 所示。肱骨上端由半球形的肱骨头与肩胛骨的关节组成肩关节，下端与尺骨、桡骨构成肘关节。

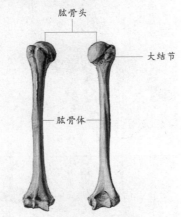

图 4-196 上臂骨骼结构

（3）前臂。前臂由尺骨和桡骨构成，如图 4-197 所示。模型中需要注意的骨点有尺骨茎突、尺骨鹰嘴。尺骨鹰嘴是上臂和前臂的分界骨骼，当手臂弯曲时骨骼突出较明显。桡骨的骨点有桡骨头、桡骨茎突。尺骨和桡骨构成桡尺近侧关节（靠肘部）和桡尺远侧关节（靠腕部）。

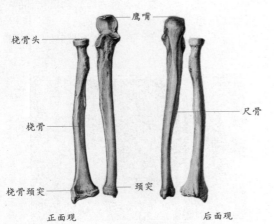

图 4-197 前臂骨骼结构

（4）髋部。髋部由髂骨、耻骨、坐骨组成。此三骨在人成年时愈合成一块，称为髋骨。左右两髋骨构成骨盆，如图 4-198 所示。骨盆是构成人体胯部的主要骨骼。骨盆正面主要的骨骼点是耻骨，两侧耻骨相连处称耻骨联合，耻骨两侧的嵴称为耻骨嵴或耻骨弓，需要注意的是女性耻骨弓角度比男性的大。

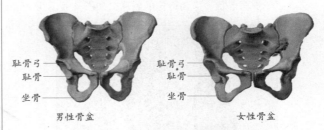

图 4-198 骨盆结构

（5）大腿。支撑大腿的主要骨骼是股骨，如图 4-199 所示。股骨上端与髋臼相连，下端与小腿的胫骨、腓骨相连。在股骨下端前面，是人体内最大的籽骨——髌骨（即膝盖骨），股骨、胫骨、腓骨一起构成膝关节。

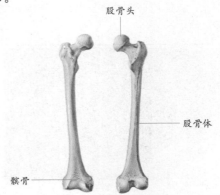

图 4-199 大腿骨骼结构

（6）小腿。小腿由胫骨和腓骨构成，如图 4-200 所示。两骨并列但胫骨稍靠前，腓骨稍低偏后。胫骨与腓骨构成胫腓上关节（靠腓骨头）和胫腓下关节（靠踝部）。

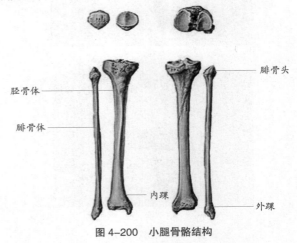

图 4-200 小腿骨骼结构

2）四肢基础外形制作

人体四肢骨骼结构决定了四肢的基本形状和关节位置，本节根据人体四肢骨骼结构，制作角色四肢基础外形。

1　在人物的胸腔部分使用 Edit Mesh → Insert Edge Loop Tool 工具添加两条环线，并调整新出现的面使之符合肩关节剖面形状，应为近似的圆形，如图 4-201 所示。

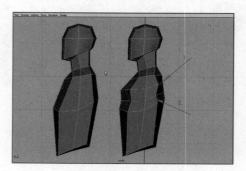

图 4-201　肩关节剖面

2　执行 Edit Mesh → Extrude 命令制作上肢的上臂和前臂，每次挤压后，如果发觉剖面形状不符合就要及时调整，以便能一次性挤压出较合理的大型来，如图 4-202 所示。

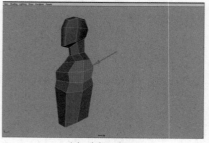

（a）选择面挤出

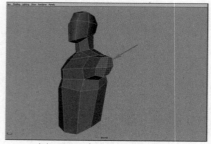

（b）调整肩部形状，并再次挤出

（c）调整前臂形状，进一步挤出

图 4-202　挤压出手臂

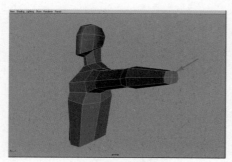

（d）调整为上臂

图 4-202（续）

3　下肢髋部的制作，选择腹部底下的面执行 Edit Mesh → Extrude 命令进行挤压并调整出髋部的大体形状，为腿部制作做准备，如图 4-203 所示。

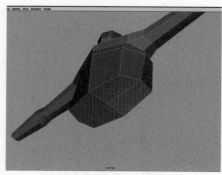

（a）选择面挤出

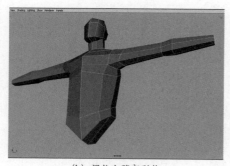

（b）调整出髋部形状

图 4-203　挤压出髋部

4　制作腿部之前，要将髋部现有的面分割出裆部的宽度，使得新挤压出的两条腿不至于粘连在一起。执行 Edit Mesh → Split Polygon Tool 命令添加线并进行调整，如图 4-204 所示。

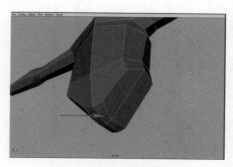

图 4-204　添加结构线并调整

5 执行 Edit Mesh → Extrude 命令多次挤压髋部下底面之后，逐步调整出大腿、膝盖、小腿和脚踝，如图4-205、图4-206所示。

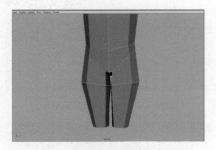

图4-205 选择髋部底面挤出大腿

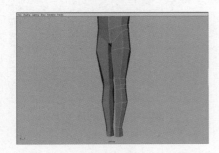

图4-206 逐步挤出膝盖、小腿与脚踝

6 选择身体正面踝关节上的面，挤压两次后调整成足部基本外形，如图4-207、图4-208所示。

图4-207 选面挤出

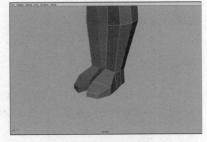

图4-208 挤出两次调整足部基本外形

4.4 男性基础外形细化

在4.3节中我们搭建了角色的基础外形，本节在此基础上对模型进行初步细化，在角色重要部位增加布线，突出重要的骨骼结构及细化关节位置，为进一步细化做准备。

4.4.1 头部细化

在4.2节中已经详细讲解了人物头部制作方法，本节中的细化主要是在头部大型的基础上把眼、耳、口、鼻的位置及大致形状在脸部确定下来，作为头部五官的参考。

1 确定耳朵和眼连线的位置，执行 Edit Mesh → Split Polygon Tool 命令，在图4-209（a）所示位置添加菱形线作为耳朵结构，再将图4-209（b）所指线调整至眼睛位置作为眼连线，耳朵的菱形布线也调整至耳朵位置。

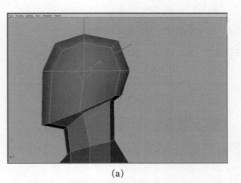

(a)

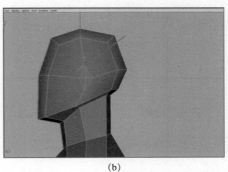

(b)

图4-209 确定耳朵位置

2 执行 Mesh → Split Polygon Tool 命令连接头部其他线条，如图4-210所示。在这部分中，鼻连线和口连线的位置是非常重要的，它直接确定了口、鼻的位置。然后将图4-211中所指的线条调整圆滑以便在此基础上制作耳朵。

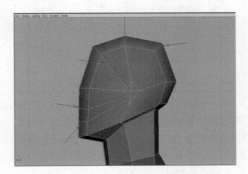

图4-210 红色部位加入结构线

3 确定眼、鼻、口的位置，要确定五官位置需先执行 Mesh → Split Polygon 命令添加如图4-212所示的布线。

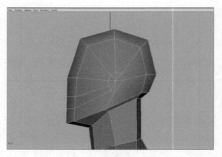

图 4-211　调整耳朵位置形状

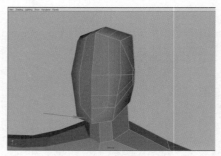

(a) 前面布线

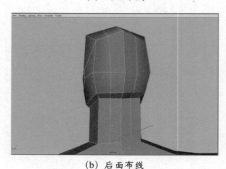

(b) 后面布线

图 4-212　添加布线

4 执行 Mesh → Split Polygon Tool 命令，画出眼睛轮廓，如图 4-213 所示。

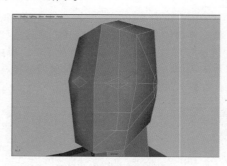

图 4-213　画出眼睛轮廓

5 执行 Edit Mesh → Split Polygon Tool 命令顺着眼睛添加鼻及眼眶轮廓，在加线过程中会发现这一过程并不连续，需要加线到鼻根处时按【Enter】键确定创建，然后再一次使用加线工具顺着刚留下的位置顺延到鼻梁处，分两步完成，如图 4-214 所示。

6 画出唇线，如图 4-215 所示。

7 调整五官及头部的布线，使其具备基本准确的外形，如图 4-216 所示。

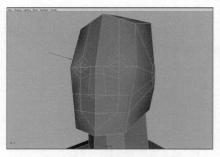

图 4-214　添加鼻及眼眶轮廓

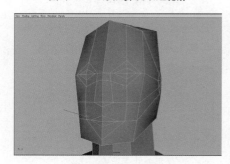

图 4-215　画出唇线

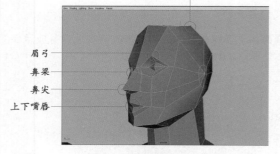

头顶及后脑

眉弓

鼻梁

鼻尖

上下嘴唇

图 4-216　调整五官及头部布线

> **提　示**
>
> 　　注意图 4-216 中所标的各个骨点和上、下嘴唇周围的点，根据人物的骨骼和肌肉特点耐心调整，尤其要使头顶和后脑保持圆滑。

4.4.2　躯干细化

1 执行 Mesh → Split Polygon Tool 命令顺着已确定的锁骨位置添加一圈线为锁骨的造型布线，如图 4-217 所示。

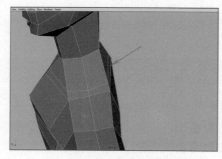

图 4-217　锁骨添加圈线

Maya模型

114

2 添加锁骨胸骨端和锁骨肩峰端布线，如图 4-218 所示。

图 4-218　加入胸骨端（红色）与肩峰端（紫色）布线

3 调整锁骨的形状使其具有图 4-219 所示的基本外形。

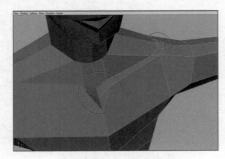

图 4-219　调整锁骨

4 添加肋骨结构线，用于区分胸和腹部，如图 4-220 所示。

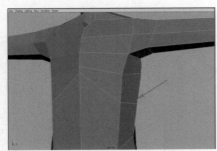

（a）身体正面

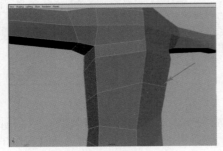

（b）身体背面

图 4-220　添加肋骨结构线

4.4.3　四肢细化

1）上肢细化

在这部分内容中，将对人物的手臂进行初步的细化，为将来的肌肉和骨点的细节刻画打好基础，所以

这个阶段的制作只要把上臂和前臂的比例关系找准并注意保持手臂基本的柱状体外形就可以了。

1 先沿 Y 轴调整肩部的点，使肩部稍稍隆起，用以表现三角肌，再在上臂中央靠近肩部的一端添加一段环线用以塑造三角肌和肱二头肌的简单形状，如图 4-221 所示。

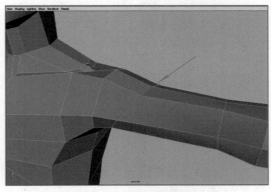

图 4-221　添加三角肌环线

2 前臂相对上臂肌肉和骨骼的数量都多，外形变化上也比较丰富，所以在制作的过程当中应该注意其中的内在联系。前臂总体的感觉应该是上臂较扁，前臂的肘关节端因为肱桡肌是覆盖在前臂骨骼上方所以显纵向竖长，并向前臂腕关节端过渡回复到扁平状态，据此参照图 4-222 通过修改模型上的点来调整前臂的形状。

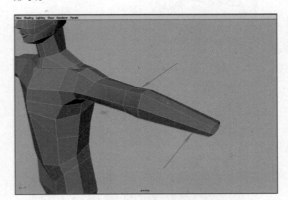

图 4-222　调整肘关节与腕关节形状

2）下肢细化

在下肢中，腰部是非常重要的部位，它连接躯干和腿部，腹部结束在骨盆正面，而臀部的曲线又在骨盆背面开始产生，侧面又因骨盆髂嵴形成骨点（女性尤为明显），髋骨外侧的髋臼又与股骨头构成髋关节。在人物运动中腰部的丰富变化不亚于肩部，所以要做好下肢先做好腰部，而做好腰部需要先定好臀部的位置。

1 先观察臀部，现有的线条是不足以制作臀部的，所以执行 Edit Mesh → Insert Edge Loop Tool 和 Edit Mesh → Split Polygon Tool 命令给身体纵向添加一圈环线，如图 4-223 所示。

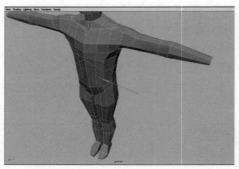

(a) 身体正面

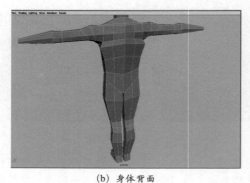

(b) 身体背面

图4-223　添加环线

2 围绕腰部添加环线，目的是能使臀部调整得更饱满，如图4-224所示。

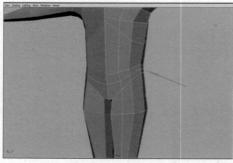

(a) 身体正面

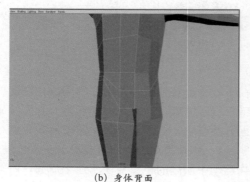

(b) 身体背面

图4-224　添加腰部环线

3 修改模型上的点，调整出臀大肌的轮廓，如图4-225所示。

4 添加结构线并调整出臀大肌与大腿结合部的臀线以丰富臀部外形，如图4-226所示。

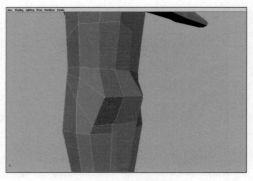

图4-225　臀大肌调整

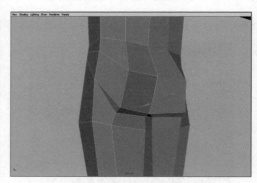

图4-226　丰富臀部外形

5 对于这个环节的腿部而言，最重要的任务是使几何体的腿部变得圆滑，为以后在腿部增加肌肉和骨骼的细节做好铺垫。在大腿内侧添加一条环线，并配合其他的线条将腿部调整圆滑，如图4-227所示。

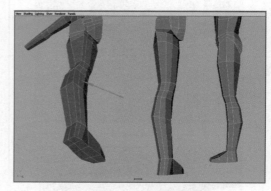

图4-227　加入结构线调整大腿内侧

4.4.4　胸肩背细化

通常在人体肌学中，把胸大肌、背阔肌、斜方肌、大圆肌、小圆肌、冈下肌和三角肌当作不同的个体分别对待，但在制作习惯上把这几部分联成一个整体一起完成。大家不要忘记，肌肉上还覆盖着脂肪和皮肤，除了健美运动员外，普通人的人体表面上单个的肌肉外形并不特别的明显。从运动的角度来看，人体肩部的运动也不是上肢可以独立完成的，简单的手臂上举的动作就需要三角肌、胸大肌、背阔肌、斜方肌、大圆肌、小圆肌、冈下肌和肱骨、锁骨、肩胛骨甚至肋骨等一系列的肌肉和骨骼参与运动。所以在制作肌肉和骨点的细节时，一定要学会根据肌肉运动的规律把这些看似零散的细节整合起来一同制作。

图 4-228 是一个模拟的胸大肌、三角肌、斜方肌、大圆肌、小圆肌、冈下肌和背阔肌的模型，可以看到这几部分肌肉像盔甲一样覆盖在人的骨骼上。

图 4-228　胸肩背肌肉

肩关节一个细微的运动需要这几部分的肌肉都参与其中，所以根据肌肉运动的规律我们把这些部分整合起来一同制作。

1　上半身前、后面的整体布线。如图 4-229 所示使用 Edit Mesh → Split Polygon Tool 工具在身体上画出线，正面画的是胸肌和三角肌的范围，后背画的是肩胛骨的形状，这样画方便后期的形状调整。

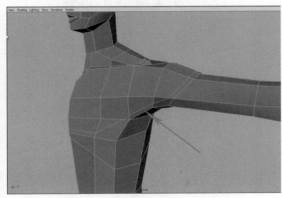

(a) 身体正面

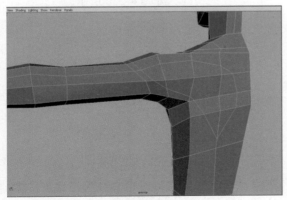

(b) 身体背面

图 4-229　添加三角肌布线

2　根据胸部的肌肉和骨点特征调整模型，如图 4-230 所示。

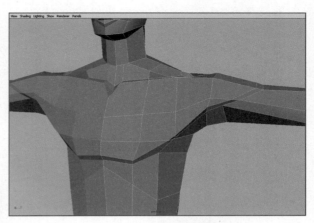

图 4-230　调整模型

提　示

从图 4-231 可以看出，肌肉解剖图上的背部肌肉分布与走势与现实生活中看到的人体表面并不完全相同。因为影响人体表面的因素不光是肌肉，还有骨骼、脂肪和皮。当人非常胖的时候，影响其体表外形的重要因素首先是脂肪，其次才是肌肉和骨骼；反过来，极瘦的人其体表外形的首要影响因素是骨骼。对于人体背部，改变肌群外形的主要是肩胛骨。为了让角色运动起来更加合理，我们需要按照肌肉走向进行模型的布线。

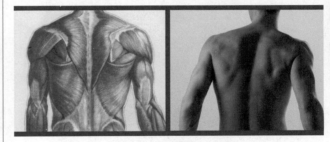

图 4-231　背部肌肉

3　丰富背部布线，执行 Edit Mesh → Split polygon tool 命令添加如图 4-232 所示的布线。

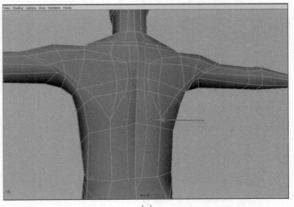

(a)

图 4-232　完善背部布线

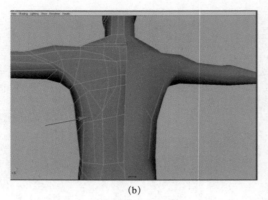

(b)

图 4-232（续）

4 选择如图 4-233 所示的线，将其删除。

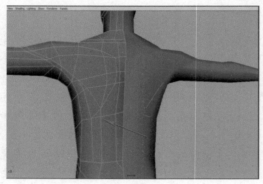

(a) 选择线

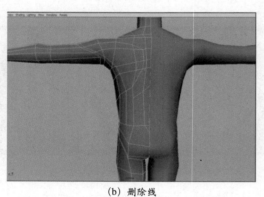

(b) 删除线

图 4-233 删除选择线条

4.5 男性人体外形细化

本节是在基础外形细化的基础上对人体模型的进一步细化，这里重点刻画人体上的肌肉结构，例如胸锁乳突肌结构、胸腹部肌肉结构等。因此，布线的要求会更高，难点是对细节结构的准确把握。

4.5.1 躯干细化

1）颈部制作

人体颈部的肌肉非常多而且并不明显，外部显征不明显。解剖学上将其分为颈浅肌群和颈深肌群，结构相对比较复杂。对于模型制作来说，只需了解影响和改变人体表面形态的肌肉和骨骼。

那么，人体的颈部有哪些肌肉需要我们特别注意呢？从图 4-234 可以看到突出的颈部肌肉形状。

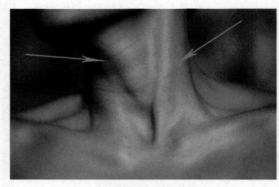

图 4-234 颈部

在图 4-234 中箭头所指处可以看到多处显著的突起，对照解剖图发现这些突起分别是由胸锁乳突肌和喉结节形成的，如图 4-235 所示。

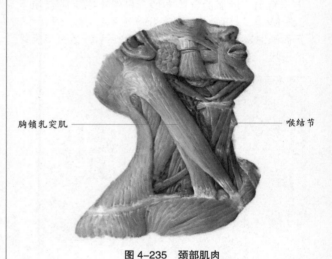

胸锁乳突肌 —————— 喉结节

图 4-235 颈部肌肉

颈部后面的情况，如图 4-236 所示。

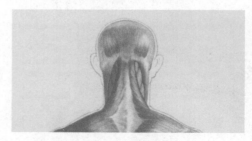

图 4-236 颈部后面

图 4-236 中红色箭头所指部分为三角形的扁肌，在颈部和背上部浅层左右各有一块，两侧整体上呈一斜方形，故名斜方肌。

斜方肌起自枕骨、项韧带、胸椎棘突，止于肩胛冈、肩峰及锁骨外侧部。

斜方肌从解剖学上应该划分为背浅肌，但位置却覆盖于后颈部，从制作习惯考虑可以把斜方肌放在颈部来制作。

从图 4-235、图 4-236 中我们可以看到是胸锁乳突肌、喉结节和斜方肌造成了颈部主要的表面变化。所以颈部的制作重点就放在上述观察到的部分上。正确理解解剖结构对人体表面的影响能帮助我们迅速而准确地把握人体外形，从而提高制作水平。

颈部制作的具体步骤如下。

1 在颈部，最主要的突起外形是胸锁乳突肌，通过观察解剖参考图又了解到胸锁乳突肌起于头骨的耳朵后部，结束在锁骨胸骨端。所以在布线的过程当中，从人物头部的耳后开始布线到锁骨胸骨端。如图 4-237（a）所示，使用 Edit Mesh → Split Polygon Tool 工具加线，并如图 4-237（b）所示删掉不需要的线，注意不要留有废点。

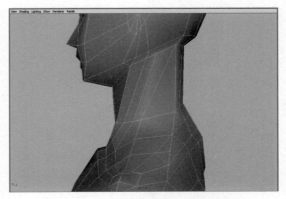

图 4-238　添加胸锁乳突肌线条

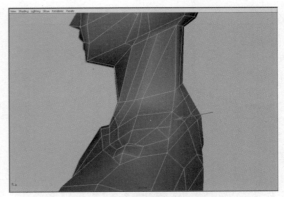

（a）删除所选线

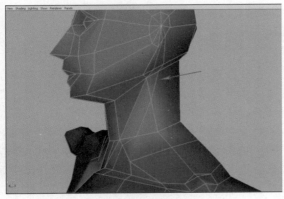

（a）加入结构线

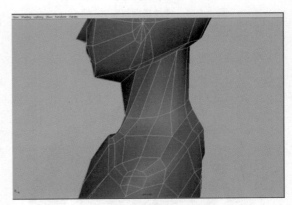

（b）调整后的效果

图 4-239　调整颈部布线

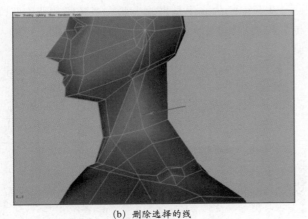

（b）删除选择的线

图 4-237　调整颈部布线

2 继续添加胸锁乳突肌的构成线条和确定斜方肌的走向，如图 4-238 所示。

3 调整颈部线条排布并注意利用现有线条塑造出胸锁乳突肌，如图 4-239 所示。

4 制作喉结，执行 Edit Mesh → Split Polygon Tool 命令加线，并删掉不需要的线，如图 4-240 所示。

5 调整喉结的形状，并添加线条，既丰富了颈部细节同时协助制作胸部结构，如图 4-241 所示。

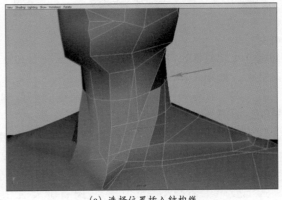

（a）选择位置插入结构线

图 4-240　确定喉结位置

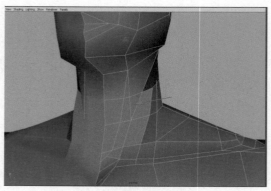

(b) 删除所选线

图 4-240（续）

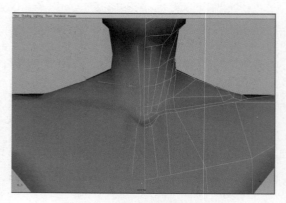

图 4-241　添加线调整喉结的形状

2）胸部制作

人体体表胸肌如图 4-242 所示。

图 4-242　胸部图片

通过对比真实的胸部解剖图可以明显地看到这些肌肉结构，如图 4-243 所示。

图 4-243 中的胸大肌、胸小肌和前锯肌都是胸上肢肌的组成部分。

胸上肢肌起于胸廓前、外面浅层，止于上肢带骨或肱骨，有运动上肢的作用；上肢固定时可帮助深呼吸。

胸上肢肌中对模型有影响的肌肉有胸大肌和前锯肌。

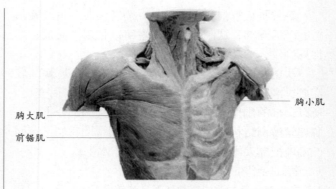

图 4-243　胸部解剖图

胸前壁扇形宽厚的胸大肌，起于锁骨内侧半下缘、胸骨和上位肋软骨，止于肱骨大结节嵴前缘。使肩关节前屈、内收、旋前。在除去胸大肌、胸小肌后，前锯肌位于胸廓侧后壁，可见锯齿状起于上 8 或 9 肋，沿胸壁向后内，经肩胛骨（肩胛下肌）的前方，止于肩胛骨内侧缘和下角，使肩胛骨向前紧贴胸廓。

> **提　示**
>
> 在对真实人体资料和解剖资料的对比中，关于人体表面形态的成因，有许多细节需要仔细地分析和理解，许多因素会影响分析的结果。例如，有些人的锁骨胸骨端并不明显，原因是胸肌比较发达而遮挡了锁骨的外形。相反，比较瘦弱的人或女性锁骨就会比较明显。为此在制作模型时，需根据实际情况，对体表形状做细微的调整。

在前面的内容中是把胸大肌、三角肌和背部肌肉统一起来制作的，现在就在这个统一的基础上对胸大肌进行单独的细化制作。具体步骤如下。

1　针对性地将锁骨周围增加些结构线，如图 4-244 所示，使用 Edit Mesh → Split Polygon Tool 工具加线。

2　修正肩部及腋下布线。执行 Edit Mesh → Split Polygon Tool 命令加线，并删掉不需要的线，如图 2-245 所示。

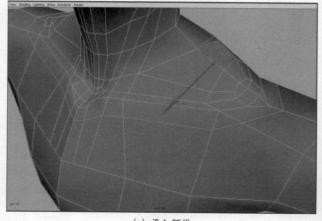

(a) 添加环线

图 4-244　调整锁骨布线

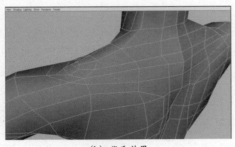

(b) 背后效果

图 4-244（续）

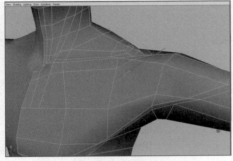

(a) 删除选择的线

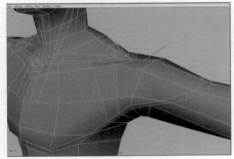

(b) 添加选择的线

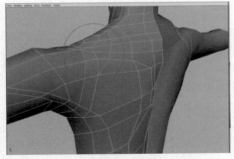

(c) 后背添加线的效果

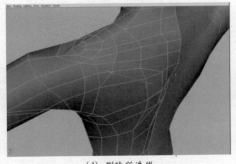

(d) 删除所选线

图 4-245 调整肩部及腋下布线

3 继续整理胸部正面及腋下、背阔肌的布线并做出相应调整以体现结构。如图 4-246 所示，执行 Edit Mesh → Split Polygon Tool 命令加线，并删掉不需要的线。

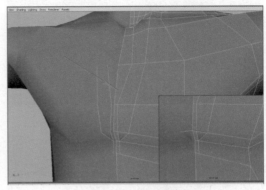

(a) 添加选择线，删除紫色线

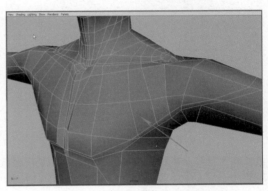

(b) 添加结构线

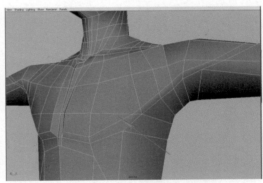

(c) 删除选择线

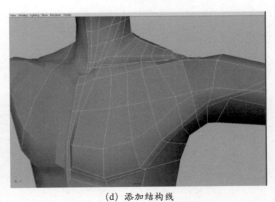

(d) 添加结构线

图 4-246 调整胸部及腋下布线

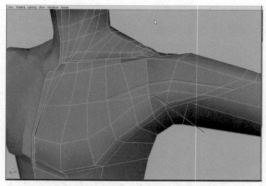

(e) 删除选择线，并在红色位置加线

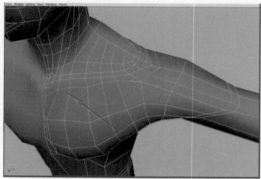

(f) 添加线，并调整效果

图 4-246（续）

4 增加胸大肌与三角肌的连接边缘并加线调整出背阔肌。如图 4-247 所示，使用 Edit Mesh → Split Polygon Tool 工具加线。

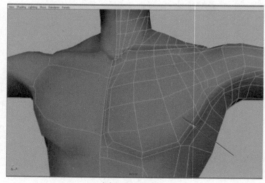

(a) 增加结构线

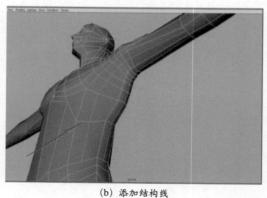

(b) 添加结构线

图 4-247 调整背阔肌形状

3）背部制作

背部肌肉结构庞大，骨点又受肌肉发达程度的影响，观察起来有一定的困难。制作中首先要做的就是把各部分肌肉用线条准确地划分出来以避免混乱。

1 把斜方肌和第 7 颈椎区域划分出来。如图 4-248 所示，执行 Edit Mesh → Split Polygon Tool 命令加线，并删掉不需要的线。

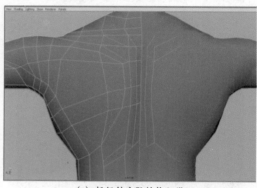

(a) 根据斜方肌结构加线

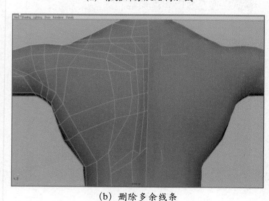

(b) 删除多余线条

图 4-248 确定斜方肌位置

2 执行 Edit Mesh → Split Polygon Tool 命令加线，并删掉不需要的线，如图 4-249 所示，将斜方肌和第 7 颈椎的区域划分出来后紧接着就要利用现有的线条将结构调整出来，并注意斜方肌隆起的程度。

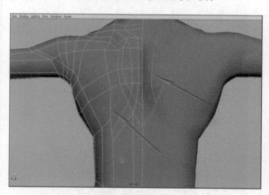

图 4-249 添加选择线，并删除红色部分

3 区分大圆肌、背阔肌和冈下肌，如图 4-250 所示，执行 Edit Mesh → Split Polygon Tool 命令加线，并删掉不需要的线。

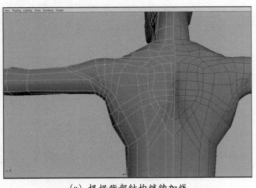

(a) 根据背部结构继续加线

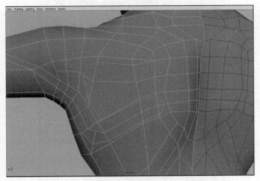

(b) 插入结构线

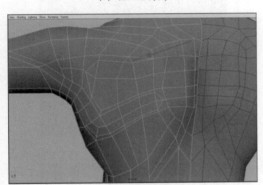

(c) 删除选择线

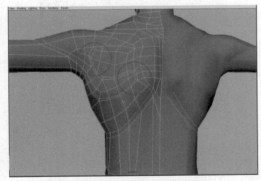

(d) 添加布线，调整圆圈内的布线

图 4-250　调整背部各肌肉结构

4 调整第 7 颈椎的布线，如图 4-251 所示。

5 调整第 7 颈椎区域的布线。一般情况，该区域并不是只有第 7 颈椎突起的骨点，向上向下都可能观察到其他颈椎的骨点，所以可以多增加一块骨点的突起以丰富颈椎区域的表面外形，如图 4-252 所示。

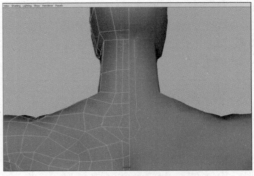

(a) 添加颈椎结构线

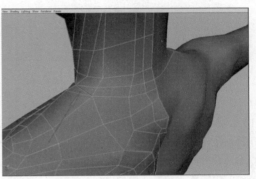

(b) 添加选择部分线，删除红色线

图 4-251　调整第 7 颈椎布线

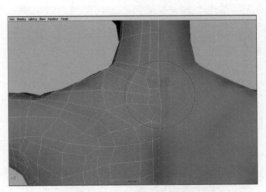

图 4-252　调整颈椎区域的布线

> **提示**
>
> 在制作背部过程中需要对构成背浅肌群的各部分肌肉的位置、形态、连接关系都有非常清晰的认识，用线条体现出来。更为重要的是，背浅肌群中单个肌肉对应于其他肌肉的相对高度即发达程度也是调整的重点，因为背浅肌群内的肌肉就生理构造和锻炼程度而言都不可能完全一致，从而导致背部肌肉大小高矮错落有致。

6 制作竖脊肌（骶棘肌）。这块肌肉的发达程度直接决定了背部下半段的外形，所以在制作前就应该明确地知道竖脊肌应该做到什么程度，不同发达程度的竖脊肌在布线中的方法是不同的。在本书的例子中，因为竖脊肌这部分向下连接臀中肌，向前连接腹外斜肌，位置相对特殊故不宜在背部的制作中就把竖脊肌制作完成，应给予其他结构一定的布线余地。在这个阶段简单地表现一下竖脊肌的走向和特点就可以了，如图4-253所示。

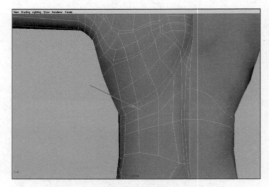

图4-253 添加选择部分线，并调整

4) 腰部制作

由于腰部和背部的肌肉是紧密相连的，所以应该注意前面所讲的背部结构，按照相同的布线思路继续制作。

1 修改五边形和三角形，为腰部细节做准备，如图4-254所示。

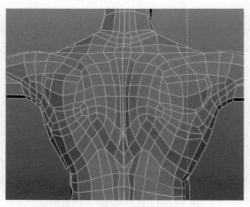

图4-254 添加布线

2 改好线，开始制作背、腰的肌肉部分。使用 Edit Mesh → Split Polygon Tool 命令加线，并删掉不需要的线，如图4-255所示。

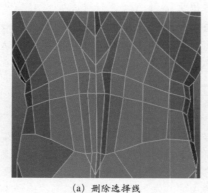

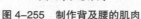
(a) 删除选择线

图4-255 制作背及腰的肌肉

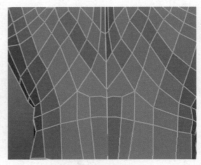
(b) 添加线

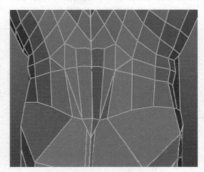
(c) 添加线，规划出骶棘肌范围

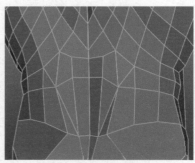
(d) 删除选择线

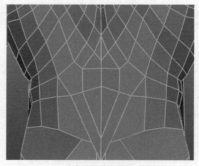
(e) 添加结构线

图4-255（续）

📒 **提 示**

腰部的最重要的肌肉之一就是骶棘肌。骶棘肌位于脊柱两侧，脊柱置于骶棘肌之间明显的凹形槽内，是一块强大的脊柱伸肌。如果下半身固定，那么两侧同时收缩，使头及脊柱伸展，抬头、挺胸、塌腰动作都需要骶棘肌来发力。

5）臀部制作

臀部有 2 块主要肌肉：臀中肌和臀大肌。男性的臀部从正面看形状类似蝴蝶，因为肌肉比较发达的缘故，所以男性的臀部一般偏平，角度也比较分明。制作的时候注意髂胫束和臀大肌之间的凹点。在制作过程中要把这两块肌肉分开来做，并根据肌肉走向来布线，如图 4-256 所示。

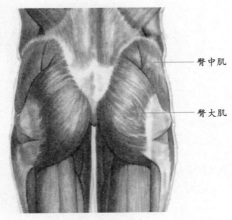

臀中肌

臀大肌

图 4-256　臀部肌肉图

臀部制作的具体步骤如下。

1 在模型上构造这两块肌肉布线方式，如图 4-257 所示，使用 Edit Mesh → Split Polygon Tool 工具加线，并删掉不需要的线，为了体现肌肉，布线是沿着肌肉的外轮廓走，相当于画出肌肉的范围。

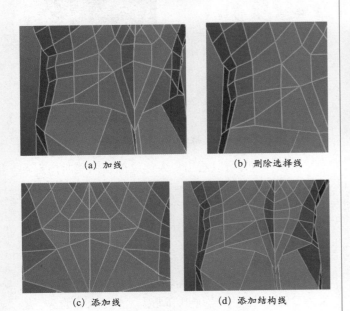

（a）加线　　　　　　　　（b）删除选择线

（c）添加线　　　　　　　（d）添加结构线

图 4-257　刻画臀中肌和臀大肌

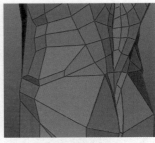

（e）添加线并调整　　　　（f）调整臀部结构

（g）添加线　　　　　　　（h）添加线

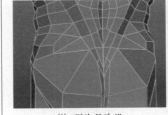

（i）删除所选线　　　　　（j）添加线

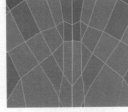

（k）添加线　　　　　　　（l）添加轮廓线

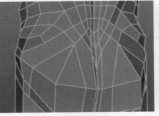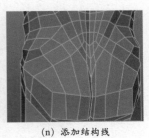

（m）删除所选线　　　　　（n）添加结构线

图 4-257（续）

2 使用 Edit Mesh → Split Polygon Tool 命令加线，并删掉不需要的线，如图 4-258（a）、（b）所示，改线是为了改掉一些多边形面，或者让一个范围内的线走向都一致。

3 继续调整，改掉一些多边形面，或者让一个范围内的线走向都一致，在线段较少不够均匀的地方加线，改完线之后一定要将线都调整均匀，线条流畅，如图 4-259 所示。

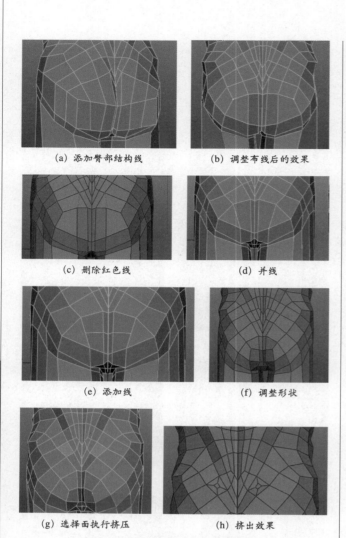

(a) 添加臀部结构线　　　　　(b) 调整布线后的效果

(c) 删除红色线　　　　　(d) 并线

(e) 添加线　　　　　(f) 调整形状

(g) 选择面执行挤压　　　　　(h) 挤出效果

图 4-258　更改臀部外轮廓的布线

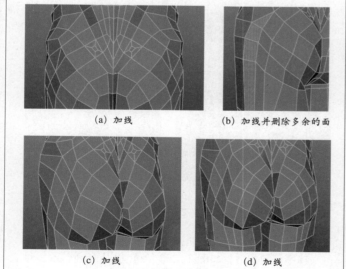

(a) 加线　　　　　(b) 加线并删除多余的面

(c) 加线　　　　　(d) 加线

图 4-259　调整臀部外轮廓布线

4 最终效果如图 4-260 所示。

6）腹部制作

腹肌位于胸廓与骨盆之间，由一组肌群组成，分腹前外侧群和腹后群。对人体外形有影响的主要是腹前外侧群肌中的腹直肌、腹外斜肌和腹内斜肌，如图 4-261 所示。

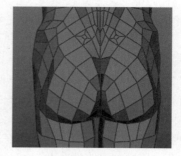

图 4-260　最终效果

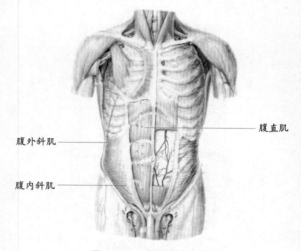

腹直肌

腹外斜肌

腹内斜肌

图 4-261　腹部肌肉分布

在实际的工作中，光了解肌肉结构是不够的，还需要了解这些肌肉是如何影响人体表面的，如图 4-262 所示。

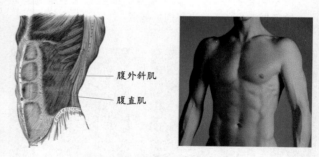

腹外斜肌

腹直肌

图 4-262　腹部肌肉对体表的影响

从图 4-262 可以看出，人体腹部表面受肌肉影响最大，其次是骨骼。当然这些表面特征在不同的个体上是不同的，即使在同一个体的不同时期也可能完全不一样。腹部可以说是人体变化最大的一个部分，肌肉的发达程度、脂肪的多少都会影响腹部形态。此外，女性在怀孕期间腹部形态也会发生巨大变化。

腹部有较为大型的肌肉群，其中腹直肌和腹外斜肌最为重要，它们直接影响腹部形态。整个人体的造型是否协调很大程度上取决于腹部。具体制作步骤如下。

1 使用工具在腹部加入线,注意胸部上线的衔接。执行 Edit Mesh → Split Polygon Tool 命令在腹部加线,将几块腹肌的范围划分出来,并且连了一条加强胸大肌的结构线,可以进一步调整胸肌的形状,如图 4-263 所示。

(a) 添加结构线

(b) 添加线

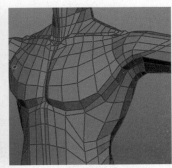
(c) 增加线,划分腹部段数

(d) 调整布线

图 4-263 制作腹直肌

> **提示**
>
> 随时注意调整腹部的大型,以整体的视角来观察局部有助于更好地制作。也要注意与其他部位的联动性,及时调整布线。

2 执行 Edit Mesh → Split Polygon Tool 命令加线,并删掉不需要的线,如图 4-264 所示。

3 调整腹部与后腰和臀的衔接。按图 4-265 所示添加线和删除线。

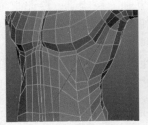
(a) 红色位置加线,并删除所选线

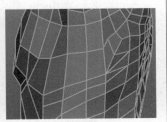
(b) 添加线

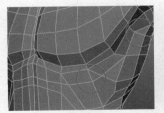
(c) 添加结构线,并将圈内三角合并

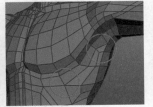
(d) 合并后调整

图 4-264 调整腹部结构线

(e) 删除选择线

(f) 调整腋下结构线的走向

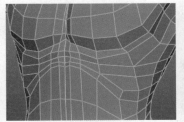
(g) 删除选择线

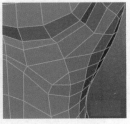
(h) 添加结构线

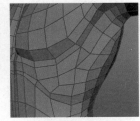
(i) 调整后的效果

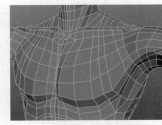
(j) 加线,并调整

图 4-264(续)

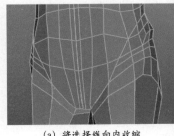
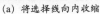
(a) 将选择线向内收缩

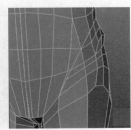
(b) 加线

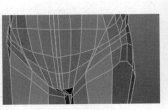

(c) 添加线

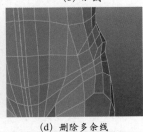
(d) 删除多余线

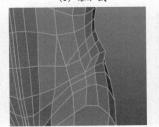

(e) 删除选择线

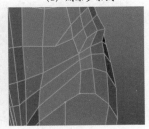
(f) 合并点

图 4-265 调整臀和后腰的线

4 按如图 4-266 所示制作腹直肌及肚脐。腹直肌总共有 8 块，但是平常人们只能看到 6 块，其余 2 块在肚脐以下，只有专业健美人士才会练得出来。

（a）删除选择线

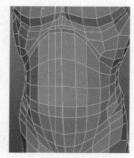

（b）6 块腹肌的位置

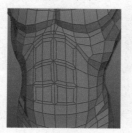

（c）调整位置

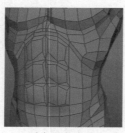

（d）调整外观

（e）加补之间的线

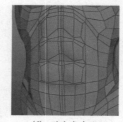

（f）删除多余线

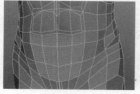

（g）选择面

（h）挤压出下端腹直肌

（i）调整结构线

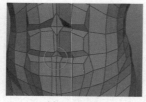

（j）肚脐位置

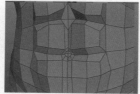

（k）挤压出肚脐

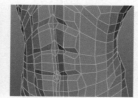

（l）加线调整

图 4-266　制作腹直肌及肚脐

5 调整后最终效果如图 4-267 所示。

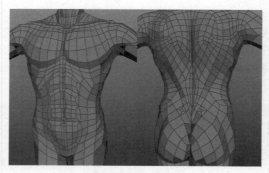

图 4-267　最终效果

4.5.2　四肢细化

1）手臂肌肉结构

手臂是从躯干上延伸下来的部分，分为上臂和前臂。

手臂的肌肉是从肩部的三角肌开始的，向下是肱肌等，如图 4-268 所示。

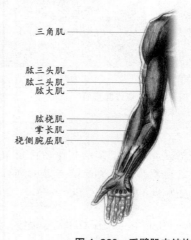

三角肌

肱三头肌
肱二头肌
肱大肌

肱桡肌
掌长肌
桡侧腕屈肌

图 4-268　手臂肌肉结构

我们在分析臂部解剖结构的同时再来注意一下其真实的表现：三角肌、肱二头肌、肱桡肌一般都能在体表明显地观察到，其他的肌肉即使经过锻炼也不会较上述三块肌肉明显。

在外观上，男性较女性也有不小的差别，如图 4-269 所示。男性的三角肌和肱肌显得特别厚实，而女性的三角肌和肱肌几乎没有任何明显的交界处。

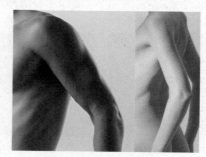

图 4-269　男女性手臂肌肉比较

Maya 模型

2）手臂制作

1 分析过男性胳臂的肌肉结构，就会比较容易理解布线，原始的未经修改的手臂，使用 Edit Mesh → Split Polygon Tool 工具加线，画出肱二头肌的位置，注意不要受到直线的干扰，画出形状即可，完成后调整出肱二头肌肌肉突出的形态，如图 4-270 所示。

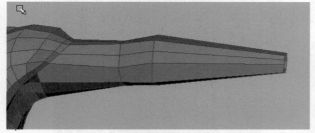

(a) 原始的未经修改的胳臂

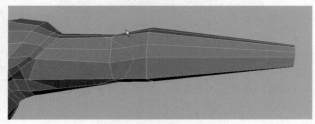

(b) 画出肱二头肌的位置

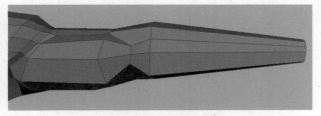

(c) 调出肱二头肌肌肉形态

图 4-270　制作肱二头肌

2 执行 Edit Mesh → Split Polygon Tool 命令按如图 4-271 所示方式加线，中途有不少三角面和五边面还有其他的一些不协调或者不流畅的线，暂时不用理会，时刻注意要以大型为重。继续划出肱桡肌和桡侧腕屈肌的范围。注意调整外观时保持肌肉的饱满感，调整后的结果如图 4-272 所示。

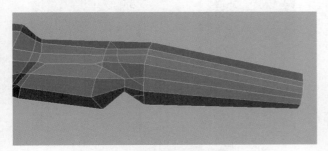

图 4-271　划出肱桡肌和桡侧腕屈肌的范围

3 执行 Edit Mesh → Split Polygon Tool 命令加线，增加上臂和前臂的结构线各一条。然后继续调整模型的外观，如图 4-272 所示。

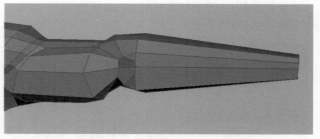

(a) 调整后的结果

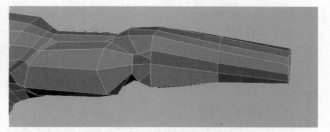

(b) 增加上臂和前臂的结构线各一条

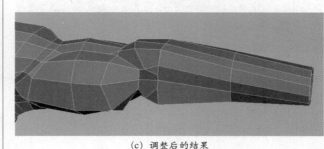

(c) 调整后的结果

图 4-272　增加上臂和前臂结构线

4 尺骨的存在使得手臂肘关节有一个明显的骨点。执行 Edit Mesh → Split Polygon Tool 命令加线制作该骨点，如图 4-273 所示。

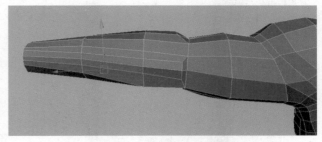

图 4-273　手臂肘关节的骨点结构

5 执行 Edit Mesh → Split Polygon Tool 命令继续增加一条线，然后修改布线并调整，如图 4-274 所示。

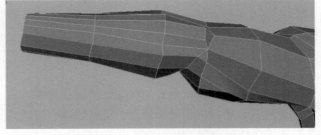

图 4-274　增加一条线

6 增加两条线，做出肱大肌和肱三头肌的形状，注意线的走向，如图4-275所示。

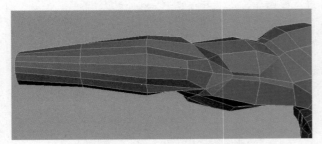

图4-275 做出肱大肌和肱三头肌的形状

7 最终调整结果如图4-276所示。

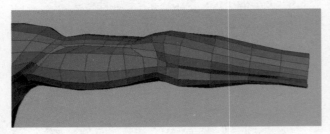

图4-276 最终调整结果

3）腿部肌肉结构

自从人类直立行走以来，腿部承担了人体大部分的重量，因此腿部的肌肉是比较发达的，如图4-277所示。

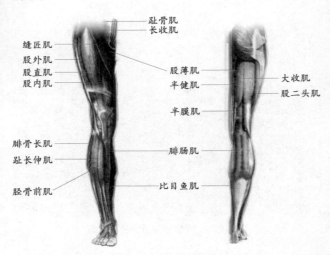

图4-277 腿部肌肉结构

可以看到，腿部肌肉大多呈现纤细的条状，并且每一块肌肉比臂部更为紧密。腿部的肌肉有不少是可以在外观上直接看出来的，最为明显的就是大腿上的股内肌和股外肌，还有小腿上的腓骨长肌和腓肠肌。

4）腿部制作

腿部的肌肉群比较密集而纤细，所以制作的时候要注意外观，布线尽量采用横向、竖向的线，当然具体情况要具体分析。

1 执行Edit Mesh → Insert Edge Loop Tool命令加几圈环线让腿部段数均匀，为做肌肉结构做准备，调整腿的大致形状，如图4-278所示，要从各个角度来观察模型，不要只看正、侧视图。

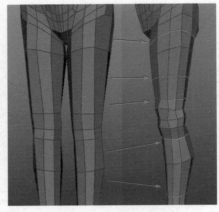

图4-278 加线并调整

2 执行Edit Mesh → Split Polygon Tool命令加线，如图4-279画出肌肉的形状，调整肌肉形态，一般大腿内侧的趾骨肌、长收肌、股薄肌等肌肉做成一个整体为好。

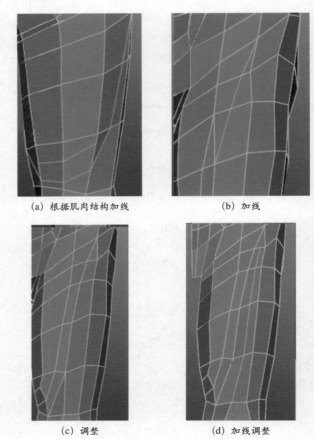

(a) 根据肌肉结构加线　　(b) 加线

(c) 调整　　(d) 加线调整

图4-279 画出腿部的肌肉

3 膝盖髌骨的地方由于肌肉的紧缩，通常把这里视为一整块制作。如图4-280所示，执行Edit Mesh → Split Polygon Tool命令加线。

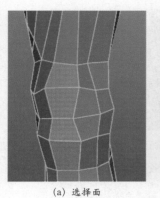

（a）选择面

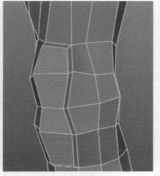

（b）挤压出来

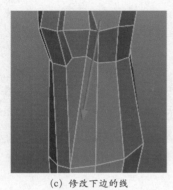

（c）修改下边的线

图 4-280　画出膝盖骨的形状

4　腿后部要注意，半腱肌和股二头肌的部分不用过分强调，调出形状即可，如图 4-281 所示。

（a）腿部后的线

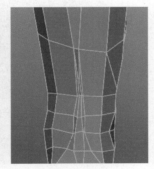

（b）修改布线

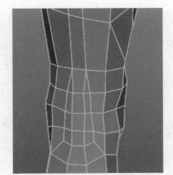

（c）修改后效果

图 4-281　调整半腱肌和股二头肌的形状

5　小腿的肌肉造型如图 4-282 所示，先执行 Edit Mesh → Split Polygon Tool 命令加线画出肌肉范围，并调整肌肉的形状。

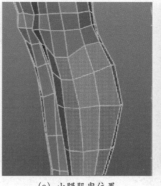

（a）小腿肌肉位置

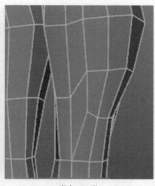

（b）加线

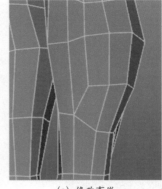

（c）修改布线

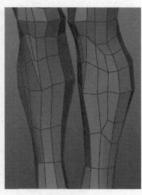

（d）调整后效果

图 4-282　调整小腿肌肉布线

6　下面进行小腿肌肉的制作，选择肌肉的面，执行 Edit Mesh → Extrude 命令挤出突出的肌肉形状，然后调整肌肉形态，如图 4-283 所示。

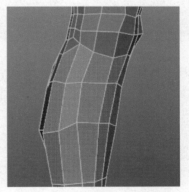

（a）选面

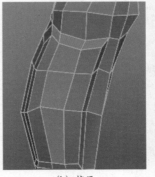

（b）挤压

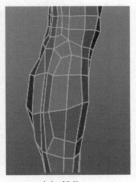

（c）调整

图 4-283　调整小腿肌肉形状

7 小腿调整完成最终效果如图 4-284 所示。

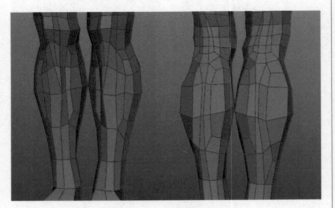

图 4-284　最终效果

4.5.3　调整躯体和四肢的比例

现在，已经完成了四肢的细化，但是还有一些细节及大的比例关系需要调整。

1 从身体躯干开始修改。一定要和身体其他部分整体调节。图 4-285 中，斜方肌外观不够理想，所以要加线并调整。注意胸锁乳突肌上的布线更改。

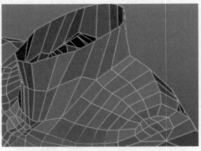

（a）增加线

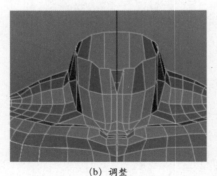

（b）调整

图 4-285　制作胸锁乳突肌

2 进行胳臂的比例修改，执行 Animation 模块的 Create Deformers → Lattice（晶格）命令或软选择等手段可以达到很好的变形效果，进而调整模型的外观。如图 4-286 所示，使用晶格工具进行比例调整。

3 使用晶格工具进行上半身比例调整，让胸肌的形状稍微靠外一点，如图 4-287 所示。

4 使用晶格工具，对腹部的肌肉作适当的调整，使肋骨更加明显地突出来，如图 4-288 所示。

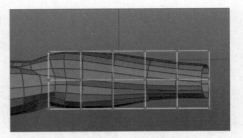

图 4-286　利用晶格变形调整手臂形态

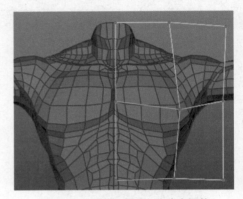

图 4-287　晶格工具进行上半身调整

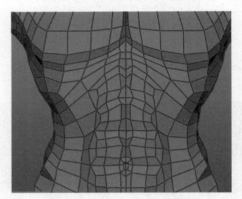

图 4-288　适当调整腹部的肌肉

5 调整的时候可适当增加或减少线，并且有必要的话可以更改线的走势。如图 4-289 所示，使用 Edit Mesh → Split Polygon Tool 工具改线。

（a）选择面

（b）挤压并调整

图 4-289　调整腿部肌肉布线

(c) 添加线,并将之间线删除   (d) 选择面

(e) 经过挤压调整后效果

图 4-289 (续)

6   腿部现在的结构不明显,所以要把股内肌和股外肌的形态调整得更明显。

所有部分比例都需要按照人体的比例关系进行调整,最终效果如图 4-290 所示。

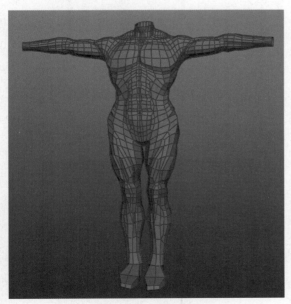

图 4-290   最终效果

男性手部制作在人体制作中是个很重要的部分,手部在身体中所占比例不大,但是有很多细小的结构,并且由于在动画制作中手部的动作多且很细腻,为此手部建模中要准确把握细节,合理安排布线。

4.6.1   手部骨骼

手由手腕、手掌、手指三部分构成。手腕由尺骨和桡骨组成,手掌部分由腕骨、掌骨组成,手指由指骨组成,如图 4-291 所示

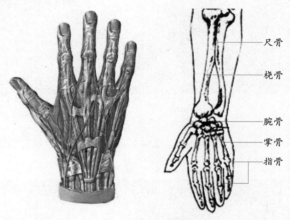

图 4-291   手的骨骼

尺骨:位于前臂小指侧的长骨。

桡骨:位于前臂拇指侧的长骨。

腕骨:为 8 块不规则的小骨骼,排列成两排,由韧带连接成活动的关节。

掌骨:构成手掌大小不一的细长形小骨骼,共 5 块。

指骨:构成手指的大小不一的细长形小骨骼,每只手共 14 块,包括拇指 2 块,其余四指各 3 块。

手掌除大拇指外每根手指都由三节指骨组成,大拇指有两节。手掌与手腕衔接在一起;手指张开时呈扇形,如图 4-292 所示。

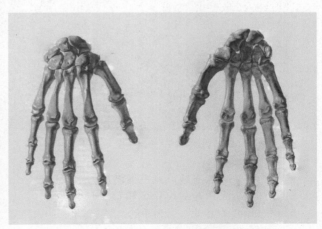

图 4-292   手部骨骼

由于掌骨和腕骨外面包裹着肌肉，骨骼结构对手部外形影响并不大，制作手部模型重点要注意的是趾骨的节数，除大拇指的趾骨有 2 节，其他的都是 3 节。

4.6.2 手部基础外形制作

1 建立一个立方体作为手掌部分的基础，并调整形状。如图 4-293 所示。

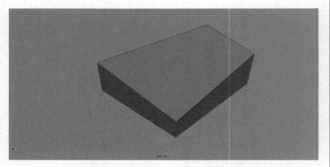

图 4-293 建立一个立方体

2 通过加线工具调整，这里做的是手掌的基本形状，如图 4-294 所示。

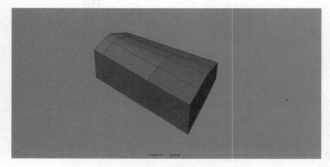

图 4-294 调整手掌的基本形状

3 将模型切换到面级别，选择手指位置的面，执行 Edit Mesh → Extrude 命令将其挤出，如图 4-295 所示。

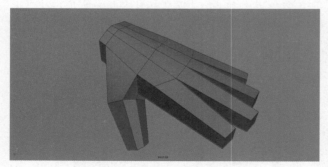

图 4-295 挤出手指

4 给手的整体增加布线。为手指增加关节，执行 Edit Mesh → Split Polygon Tool 和 Edit Mesh → Insert Edge Loop Tool 命令，为手的大型继续增加和调整布线。如图 4-296 所示完成手的整体部分。

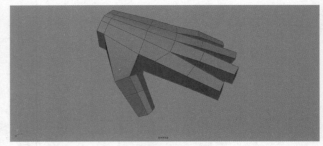

(a) 手的整体增加布线

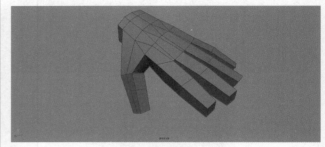

(b) 加线

图 4-296 制作手的大型

4.6.3 手部细节的制作

1）手部肌肉及手指弯曲方向

影响手心的主要肌肉是拇指展肌和小指展肌，它们控制了拇指和手指的伸展。在制作模型时要突出这两块肌肉的形状，如图 4-297 所示。

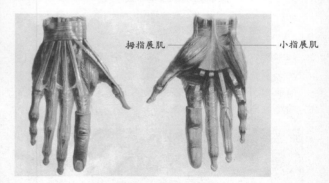

拇指展肌 —————— 小指展肌

图 4-297 手部肌肉

拇指的朝向要注意，拇指的弯曲方向是朝向手心的，另外四根手指的弯曲方向则是朝下的，如图 4-298 所示。

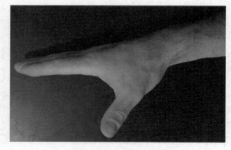

图 4-298 手指的指向

通过观察，手的布线走势应如图 4-299 所示。

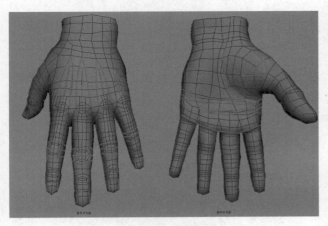

图 4-299　手的布线走势

2）调整布线

1 为手指增加细节结构线。调整手的整体布线并执行 Edit Mesh → Insert Edge Loop Tool 命令增加细节的结构线，如图 4-300 所示。

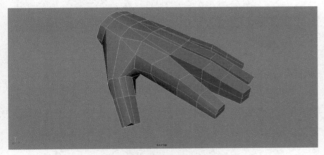

图 4-300　增加细节的结构线

2 为食指增加手指的结构线同时按下【3】键观察 Smooth 后的效果并调整布线，如图 4-301 所示。

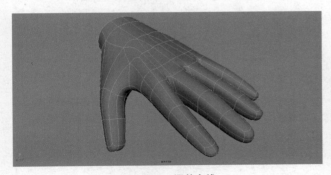

图 4-301　调整布线

3 继续增加中指、无名指、小指的布线并调整布线，同时注意观察执行 Smooth 命令后的效果，如图 4-302 所示。

4 执行 Edit Mesh → Insert Edge Loop Tool 命令增加食指、中指等关节布线并调整布线，如图 4-303 所示。

5 执行 Edit Mesh → Split Polygon Tool 命令和 Edit Mesh → Insert Edge Loop Tool 命令增加并调整拇指布线，如图 4-304 所示。

图 4-302　Smooth 后的效果

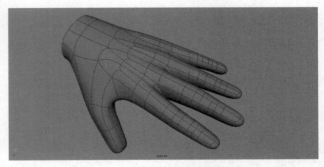

图 4-303　增加关节布线

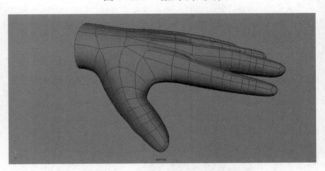

图 4-304　增加并调整拇指布线

6 增加和调整手掌布线。执行 Edit Mesh → Split Polygon Tool 和 Edit Mesh → Insert Edge Loop Tool 命令为手的大型继续增加和调整布线，如图 4-305 所示。

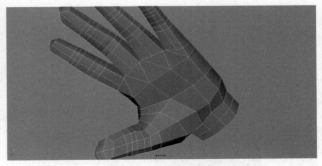

图 4-305　调整手掌布线

7 在调整手掌布线的时候，部分布线只起到结构线的作用，只是临时的构件模型，在后面会将其调整，如图 4-306 所示。

3）添加局部细节

1 调整布线。执行 Select → Select Edge Loop Tool 命令双击选择一圈线，调整布线如图 4-307 所示。

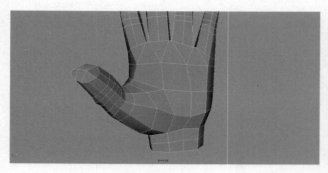

图 4-306　结构线

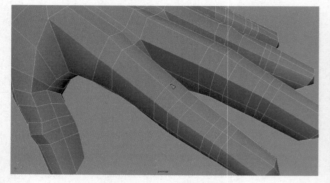

图 4-307　双击选择一圈线

2　调整手指关节处布线，制作关节痕迹，如图 4-308 所示，并按【3】键观察最终效果，如图 4-309 所示。

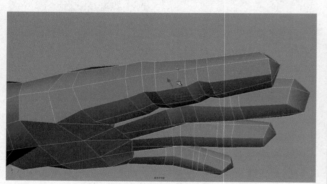

图 4-308　调整手指关节处布线

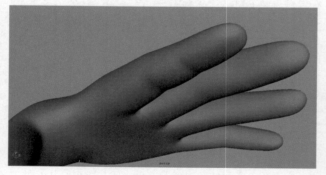

图 4-309　效果

继续用步骤 2 的方法为其他几个手指添加关节痕迹，如图 4-310 所示。

3　选择手指第一节上面的面执行 Edit mesh → Extrude 命令挤压出指甲的范围，如图 4-311 所示。

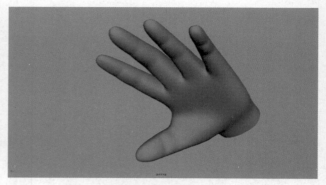

图 4-310　添加关节痕迹

图 4-311　挤压出指甲的范围

4　继续执行 Edit Mesh → Extrude 命令挤压出其他手指指甲，并按【3】键观察最终效果如图 4-312 所示。

图 4-312　压出其他手指指甲

5　执行 Edit Mesh → Extrude 命令挤压出拇指指甲结构线，稍微注意挤压完后指甲面的方向，如图 4-313 所示。

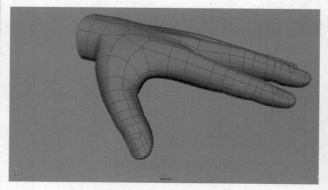

图 4-313　挤压出拇指指甲结构

6 为手指关节处增加细节布线。把手的模型切换到面选择级别，并选择手指关节处的四个面，执行 Edit Mesh → Extrude 命令挤出，同时按【R】键将其缩放，如图 4-314 所示。

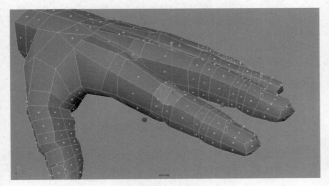

图 4-314　挤压

7 用步骤 6 的方法为下一个关节制作细节，同时调整布线，并观察最终效果，如图 4-315 所示。

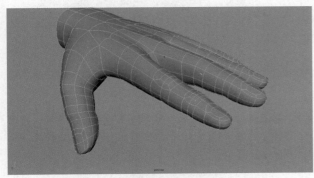

图 4-315　最终效果

8 深入细节增加指肚及指甲布线并调整布线，如图 4-316 所示。

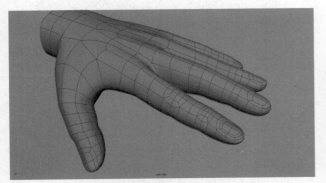

图 4-316　增加指肚及指甲布线

9 执行 Edit Mesh → Extrude 命令挤出指甲，再选择指甲前端的两个面，执行 Edit Mesh → Extrude 命令挤出面并调整布线，如图 4-317 所示。
用步骤 9 的方法为其他手指刻画关节和指甲的细节，如图 4-318 所示。

10 为手掌及手背增加细节。调整和增加布线使布线更加均匀，如图 4-319 所示。

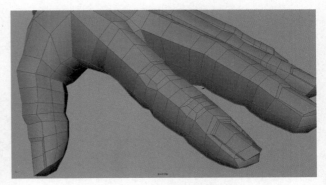

图 4-317　调整布线

图 4-318　其他手指

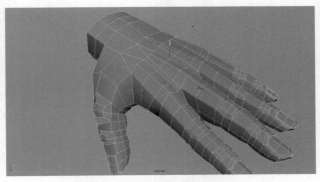

图 4-319　手掌及手背增加细节

11 调整和增加手掌细节，如图 4-320 所示。

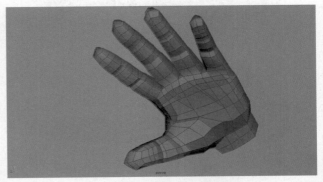

图 4-320　调整和增加手掌细节

4.7　男性脚部制作

脚部是写实人体建模中身体的最后一个部分，经过前几节的学习相信读者对人体建模的思路有了一定的了解，本节脚部建模的思路与其他结构类似，都是从基础外形开始，然后逐步细化。脚步建模重点要了解脚的结构。

4.7.1 脚的骨骼

脚部骨骼主要由脚踝和足骨组成。

脚踝分为内踝和外踝。胫骨下端向内的骨突是内踝，腓骨在胫骨下延伸的同时外转向下形成外踝，如图4-321所示。

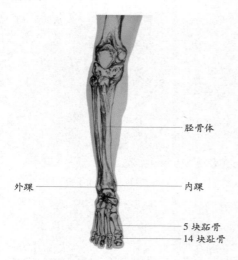

图4-321　脚部骨骼

足骨包括跗骨、跖骨和趾骨。跗骨7块，形成了脚踝和后跟；跖骨5块，形成了脚掌；趾骨14块，形成了脚趾，如图4-322所示。

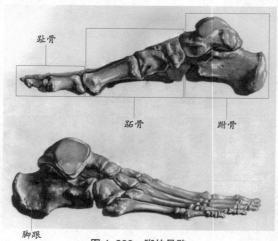

图4-322　脚的骨骼

在模型制作中主要通过骨骼的位置确定脚部的比例、形状。

4.7.2 脚部基础外形制作

1 建一个立方体作为基础，选择上面的面向上挤压出脚踝，选择前面的面挤压出脚掌，按照脚的大型调整出初始形态，如图4-323所示。

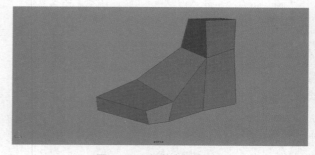

图4-323　调整出初始形态

2 执行Edit Mesh→Split Polygon Tool命令增加脚踝和脚趾的线，调整出它们的形状，如图4-324所示。

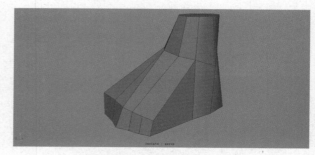

图4-324　增加脚踝和脚趾的线

3 将模型切换到面选择级别并选择脚趾位置的面，执行Edit Mesh→Extrude命令挤压出脚趾，如图4-325所示。

图4-325　挤压出脚趾

4 执行Edit Mesh→Split Polygon Tool和Edit Mesh→Insert Edge Loop Tool命令为脚的大型继续增加和调整布线。图4-326为完成脚的整体部分。

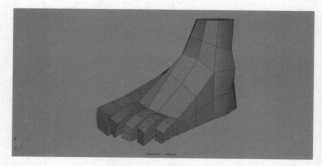

图4-326　增加和调整布线

4.7.3 脚细节制作

1）脚部特点

在制作脚部模型时要对参考图片进行分析。从图 4-327 可以看出，脚掌宽、脚跟窄；脚趾呈扇形，通常大脚趾最长，小脚趾最短；脚面内侧厚，外侧薄，呈现出一定的坡度；脚心内侧往里面收，并且向脚面凹，与地面形成一定的空隙。

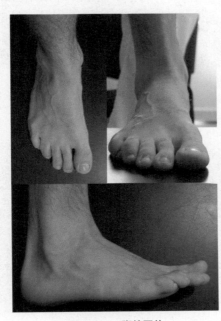

图 4-327　脚的图片

通过观察，脚的布线走势应如图 4-328 所示。

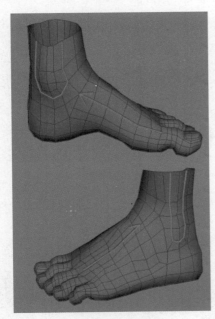

图 4-328　脚的布线

2）调整布线

1 调整脚的整体布线并执行 Edit Mesh → Insert Edge Loop Tool 命令增加细节的结构线，如图 4-329 所示。

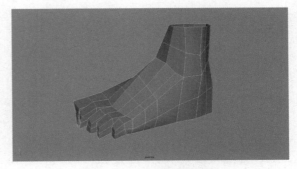

图 4-329　增加细节结构线

2 增加脚踝及脚底结构线并调整布线结构如图 4-330 所示。

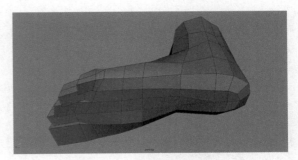

图 4-330　增加脚踝及脚底结构

3 增加脚趾的布线并调整布线，同时注意观察 Smooth 后的效果，如图 4-331 所示。

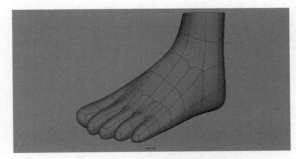

图 4-331　Smooth 后的效果

4 执行 Edit Mesh → Insert Edge Loop Tool 命令增加大脚趾关节布线，并调整布线，如图 4-332 所示。

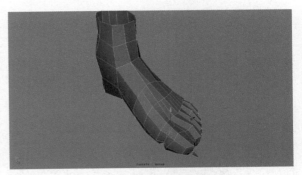

图 4-332　增加大脚趾关节布线

5 增加其他脚趾关节布线，同时观察最终效果，如图 4-333 所示。

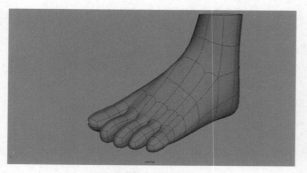

图 4-333 最终效果

6 增加和调整脚掌布线。使用加线工具按如图 4-334 所示方式加线。

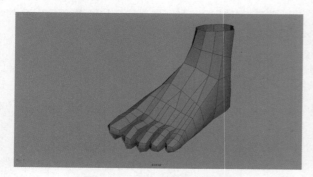

图 4-334 增加和调整脚掌布线

7 调整脚掌和建立脚踝结构线并观察最终效果，如图 4-335 所示。注意脚腕两侧的骨突应为内侧高外侧低。

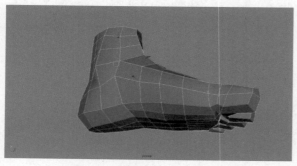

图 4-335 调整脚掌和建立脚踝结构

3）添加局部细节

1 调整脚的布线，同时观看最终调整效果，如图 4-336 所示。

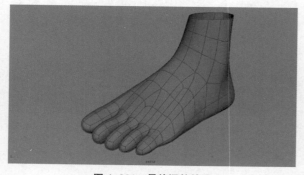

图 4-336 最终调整效果

2 执行 Edit Mesh → Split Polygon Tool 和 Edit Mesh → Insert Edge Loop Tool 命令增加脚趾关节布线，如图 4-337 所示。

图 4-337 增加脚趾关节布线

用调整大脚趾的方法调整其他脚趾布线如图 4-338 所示。

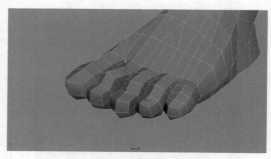

图 4-338 调整其他脚趾布线

3 增加脚趾甲结构线。执行 Edit Mesh → Split Polygon Tool 和 Edit Mesh → Insert Edge Loop Tool 命令增加并调整脚趾甲结构线，如图 4-339 所示。

图 4-339 增加脚趾甲结构线

调整脚趾甲的布线并按【3】键观察，最终效果如图 4-340、图 4-341 所示。

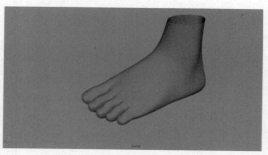

图 4-340 调整脚趾甲的布线

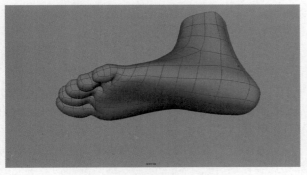

图 4-341　效果

4 执行 Edit Mesh → Split Polygon Tool 命令和 Edit Mesh → Insert Edge Loop Tool 命令刻画脚踝结构线，然后调整出脚踝骨突出的形状，如图 4-342 所示。

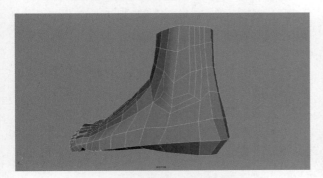

图 4-342　调整出脚踝骨突出的形状

另一侧的脚踝也是用外侧脚踝的布线方法。调整出脚踝骨突出的形状，如图 4-343 所示。

图 4-343　另一侧的脚踝

5 再次调整脚趾的大小粗细和形态，如图 4-344 所示。

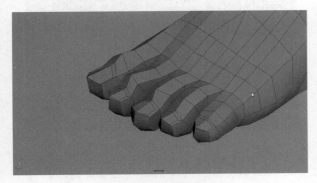

图 4-344　调整脚趾

调整脚的整体布线。检查是否有不合理的三角面，如图 4-345 所示。

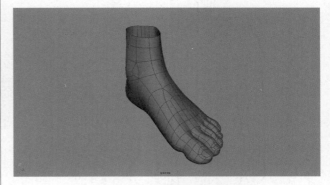

图 4-345　调整脚的整体布线

最终效果如图 4-346 所示。

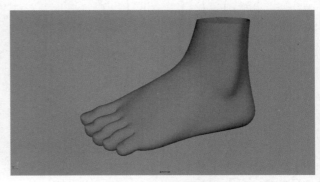

图 4-346　最终效果

【小结】　做完一个完整的人体，会发现形体比例是最基础的，对骨骼肌肉深刻的理解和掌握是最关键的。具体到细节的刻画，"工欲善其事，必先利其器"。想要做出漂亮的人体，需要大量的观察和练习。

4.8　身体缝合并调整比例

身体缝合通常是模型制作的最后一个环节，这时候除了将分开的模型合并并缝合在一起之外，还要参考人体比例图对模型比例进行准确的调整，最后对模型的布线再做一些精细的调整，使模型成为一个合格的作品。

4.8.1　人体整体比例分析

1）头身整体比例

制作模型首先要以外观就是形态来评判其优劣，任何生物模型都是如此。下面介绍一个标准的人体比例。若以头部为一个单位长度来计算的话，男性人体标准比例应该在 8 个头左右；肩部的宽度是头的 2.3 倍左右，也就是说头应该只有肩宽的 1/3 多一些。男性两个乳头之间的距离也是约 1 个头的位置。男性人体头身整体比例如图 4-347 所示。

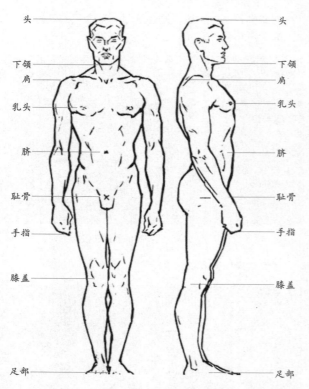

图 4-347 男性人体头身整体比例

某些特定情况下，上述比例可能会随着设计者或者导演的要求进行更改，比如"肌肉男"之类的角色则需要更改比例。我们在前几节制作的模型基本属于标准的男性人体，所以可以按照参考图修改。女性人体头身整体比例，如图 4-348 所示。

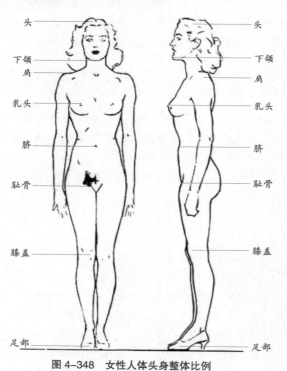

图 4-348 女性人体头身整体比例

一般来说，女性身长与自己头部比例是 7.5∶1，

也有 8∶1 甚至 9∶1 的情况，动画作品中的很多女性角色是按后面的比例进行设计的。

2）黄金分割

黄金分割定律又称黄金律，是指事物各部分间一定的数学比例关系，即将整体分成两部分，较大部分与较小部分之比等于整体与较大部分之比，其比值为 1∶0.618 或 1.618∶1，即长段为全段的 0.618。

科学家、艺术家的多年潜心研究表明，所有事物都和黄金分割有关，符合黄金分割比例的物体最能引起人的美感。

对于人体来说，前面提到的比例都是符合黄金分割定律的。除此之外，我们需要了解的比例关系还有以下几种：

（1）肚脐就人体整体而言，属于黄金分割点，肚脐以上与肚脐以下的比值是 0.618∶1。

（2）喉结是头顶至脐部的分割点。

（3）肘关节（鹰嘴）是肩峰至中指尖的分割点。

（4）膝关节（髌骨）是足底至脐的分割点。

（5）乳头垂直线是锁骨至腹股沟的分割点

务必掌握以上黄金比例数据，这对以后制作生物模型十分重要。

4.8.2 身体的各部分缝合

在了解了人体比例和黄金分割定律之后，就可以尝试缝合出一个标准的男性人体了。

1 执行 File → Import 命令导入文件（把 MB 文件用鼠标中键拖拽到场景里也是可以的）。以躯干的场景为基础导入其他部分，如图 4-349 所示。

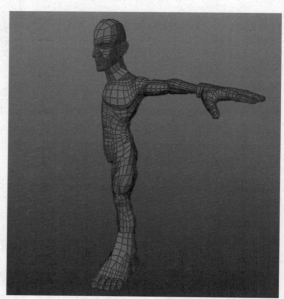

图 4-349 导入文件

2 在初始阶段，要针对各个部分进行比例的调整，如图 4-350 所示。

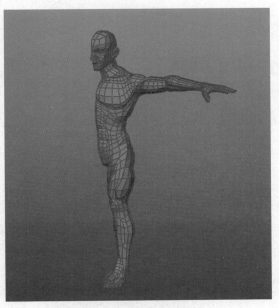

图 4-350 比例的调整

3 删掉重合部分的线，按【V】键（点吸附）把两个部分对应的点吸附到一起。

4 连接两个部分的模型基本遵循以下步骤：对齐模型→合并模型→缝合模型点→调整模型。缝合头部如图4-351所示。

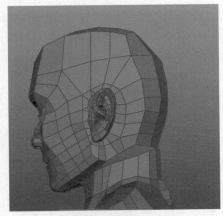

(a) 删除重合面

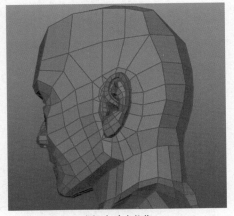

(b) 合并为整体

图 4-351 缝合头部

先把两个模型执行 Mesh → Combine 命令合并成一个模型，然后选择临近的点或线，按 V 键吸附到一块，最后执行 Mesh → Merge 命令来缝合点，要保证中间没有空隙或重面。

两个模型的点可能对不齐或者数量不符，这时可以执行 Edit Mesh → Append to Polygon Tool 命令来连接。也可以执行 Edit Mesh → Split Polygon Tool 命令在少点的一边边界线上单加一个点，再吸附和缝合点，如图 4-352 所示。

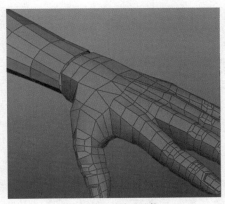

(a) 手臂与手的链接

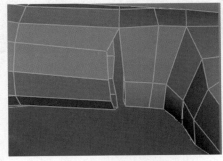

(b) 手臂与手之间的面用补面工具

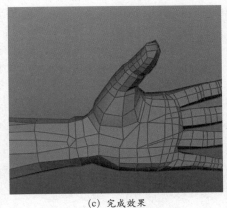

(c) 完成效果

图 4-352 缝合手部

腿脚的连接处对应点不一致，可以使用缝合手的方式进行，如图 4-353 所示。

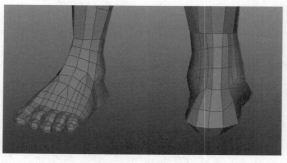

图 4-353　缝合脚

5　整个身体都连接完之后要再次调整比例关系，如图 4-354 所示。

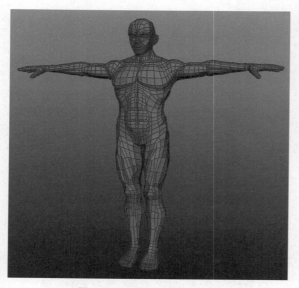

图 4-354　再次调整比例关系

4.8.3　调整身体布线

身体各个部分虽然已经连接到一起了，但是上面还是有很多分布不合理的线，需要进一步修改调整。

1　观察脖子处的布线，有一个五边形面，执行 Edit Mesh → Split Polygon Tool 命令将线延伸到后脑勺上方，这条线的最终结束在眉间，如图 4-355 所示，这样，就得到了四边形，加完线之后一定要调整模型线条的流畅感。然后执行 Edit Mesh → Insert Edge Loop Tool 命令在眼眶处加一条线，这样可以更好地调整眼睛的形状，如图 4-356 所示。

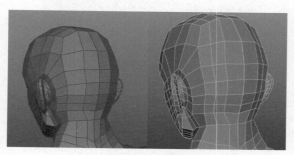

图 4-355　修改后脑布线

图 4-356　修改额头布线

2　在观察到脖子的地方有一些五边面（图 4-357），直接执行 Merge → Collapse（塌陷）命令把耳部多余的线去掉，不能去掉的就延伸那条线到耳朵的根部即可。

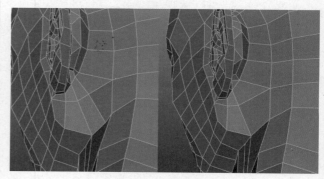

图 4-357　处理耳部

3　脖子部位线太少，执行 Edit Mesh → Insert Edge Loop Tool 命令增加一条线来保证布线的流畅性，如图 4-358 所示，调整完的效果如图 4-359 所示。

图 4-358　调整脖子

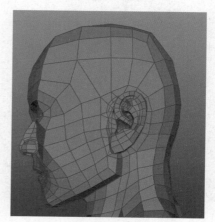

图 4-359　调整完的效果

4 再检查一下手的布线，基本没有需要改动的地方，可以对手的造型再调整一下，如图 4-360 所示。

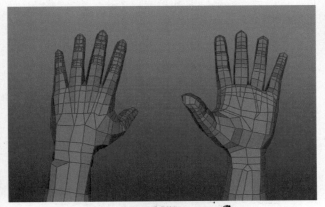

图 4-360 手的布线

5 脚踝处接线比较多，需要整理一下，如图 4-361 所示。执行 Edit Mesh → Split Polygon Tool 命令，如图 4-362 所示给模型加线，整理。

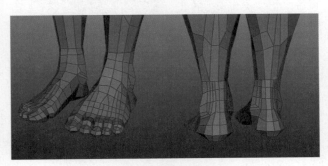

图 4-361 脚踝处接线

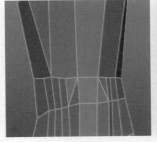

(a) 添加线

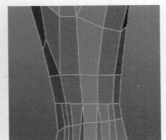

(b) 添加结构线

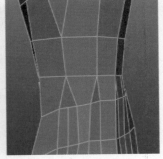

(c) 合并这些点

图 4-362 调整脚踝布线

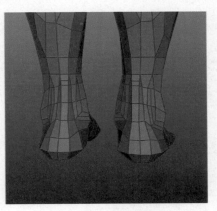

图 4-363 最终完成效果

6 导入牙齿。导入后将牙齿打组，调整大小然后直接摆到口腔的位置即可，如图 4-364 所示。

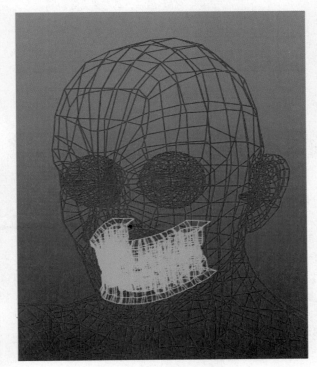

图 4-364 导入牙齿

7 全部完成之后，需要整理文件，将所有模型放在一个大组里。在制作完成后，检查完模型后打开大纲面板 Window → Outliner，清理删除掉空组，全选模型，执行 Modify → Freeze Transformations（冻结坐标轴）命令将模型坐标轴值冻结，可以在通道栏看到模型的数字都变成初始值。这样我们就可以交给下一个环节，诸如材质、动画等，如图 4-365 所示。

正面

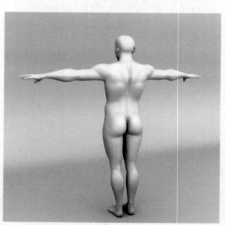

背面

图 4-365　最终效果

4.9　头发及眉毛制作

对于角色建模来说，头发及眉毛大致有 5 种不同的制作方法。

（1）建模后赋予材质贴图，这是最快捷也是最简单的方法。这种方法在对机器运算量有明显限制的场合（如游戏）中被大量应用。优点是容易做出各种发型，数据处理量较小，运算速度快。缺点是做出逼真的效果较困难。

（2）使用 Paint Effect 笔刷绘制毛发，主要通过在建好的控制曲线上添加 Maya 自带的毛发笔触来表现，优点是方法较简单，易于控制。缺点是动画时比建模的方法容易控制，但并不理想，且运算量较大。

（3）使用 Maya 所带的毛发插件制作，Maya 的毛发插件对于比较细小的绒毛短发能够取得比较好的效果，但对于长发效果不理想，且较难保持发型和控制其运动，对硬件要求也比较高。

（4）使用第三方插件来制作，如 Shave&Haircut 等，能取得不错的效果，但由于这些插件尚不成熟，在真实程度上仍然难以令人满意，且运算速度极慢。

（5）多种方法结合使用。就目前技术而言，如果只单纯使用一种方法来制作，肯定不能取得理想的效果，所以现在一般同时使用多种方法，以弥补各方的不足。

头发和眉毛是写实角色建模中一个重要的环节，也是赋予角色生命力的一个关键步骤。在本节我们使用第一种方法来制作头发和眉毛。

4.9.1　头发制作

1 创建一个 Polygon 面片，段数都改为 2，然后调整外形，调出一片头发的基础形态，这个段数并不是最终的数值，在后面的制作过程中我们还会根据具体需求来随时更改，如图 4-366 所示。

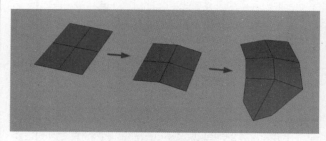

图 4-366　创建面片

2 将复制好的面片移至角色额头上方，通过复制和调整，先得到角色前面的刘海部分。因为角色的发型是一个中分头，所以头发的根部要贴在一起。同时在根部附近添加辅助线，让头发的弧度大一点，如图 4-367 所示。

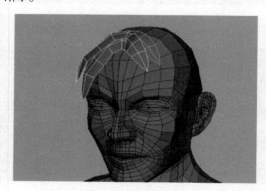

图 4-367　调整位置

3 继续复制头发，先做出侧面一圈。因为角色的头发是有层次的，可以简单将头发分为三层，从最里面做起。通过复制调整，将头发摆放整齐。由于我们可以通过复制的方法得到另一半，所以这里做出头发的一半就可以了，如图 4-368 所示。

4 用步骤 3 的方法，复制调整得到第二层，如图 4-369 所示。

5 调整出最上端的一层，这一层调整的时候需要注意，在头发的中间交界处要排列整齐，同时检查三层头发，将中间没有处理好的细节再进行调整，如图 4-370 所示。

图 4-368　复制头发

图 4-369　调整第二层

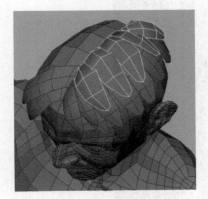

图 4-370　调整出最上端的一层

6 将头部后面的头发和鬓角部位的细节补充完毕，然后整体调整处理一下。一般来说，头部后面的头发比起前面会略微短一些，因此要注意整体的比例，如图 4-371 所示。

图 4-371　头部后面的头发和鬓角部位

7 将除刘海以外的所有头发打组，然后将组镜像复制一半到另一边，整体检查，如果发现有不舒服或者穿帮的部位，随时调整，这样头发的整体就制作完成了，如图 4-372 所示。

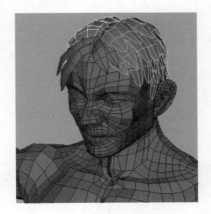

图 4-372　整体效果

4.9.2　眉毛制作

1 眉毛的制作比较简单，可以通过一个面片来实现。眉毛的细节主要是通过贴图来完成的。建立一个面片，段数都改为 2，然后移至眉毛的位置，挤压，调整，将其摆放合适，如图 4-373 所示。

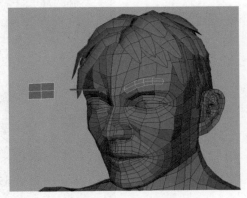

图 4-373　建立一个面片

2 这样，头部整体的头发和眉毛就制作完成，如图 4-374 所示。

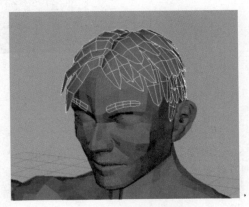

图 4-374　头发和眉毛

4.10 本章小结

(1) 角色建模大致有三种方法：先外形后细化、精细局部整合、片面结构描绘。这三种方法可以单独使用也可以结合使用。读者在经过大量写实角色建模练习之后要逐渐找到一种适合自己的方法。

(2) 写实人体建模贵在逼真，因此需要掌握人体骨骼结构、肌肉分布等与人体造型相关的生理学知识。建议读者多多阅读解剖类的图书，对角色建模会有很大帮助。

(3) 写实角色制作要求：比例结构准确、布线精准、符合动画制作要求。

(4) 角色头部建模的布线非常重要，尤其眼部、嘴部的布线一定要按照肌肉的走势进行，这样在后续制作面部表情时才不会出错。

(5) 角色头发和眉毛的制作有多种方法，需要根据动画片质量的要求来选择，通常在要求不太高的情况下可使用本章 4.9 节的方法完成。

4.11 课后练习

观察图 4-375，充分运用之前所学知识，将图片中的形象用三维模型的方式做出来。制作过程中需要注意以下几个方面。

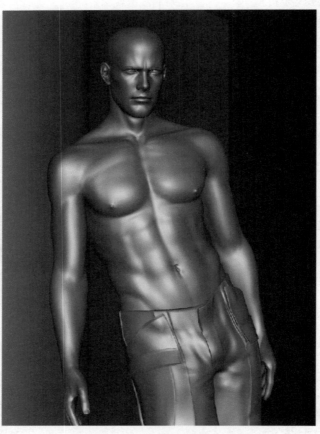

图 4-375　男性人体作业练习参考图

(1) 比例及造型：对于人体来说比例关系是非常重要的，在做之前应先对人体的比例关系有一个深刻的了解。比如理想的男性人体头部与身体的比例大概是 1∶8。正确调整比例能使模型更真实更具有美感。造型上要把握人体骨骼结构和肌肉分布规律，合理设计姿态，彰显人物气质。

(2) 形象特点：要在第一时间仔细观察人物，以参考图中的形象为例，体型标准、健美、挺拔，属于比较完美的身材；并且他的姿态比较自然，颈部、肩部、腰部所组成框架很有自然的美感。

(3) 布线规范：写实角色对于布线的要求是比较高的，需要我们首先通过布线体现角色的肌肉走向，然后调整关键部位的细节。

图 4-376 是一幅较为精彩的写实作品，在以下几个部分做得较为突出。

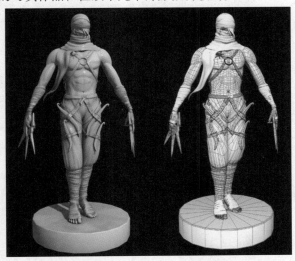

图 4-376 较为精彩的男性人体作品（完美动力动画教育 宋佳佳临摹作品）

（1）比例及造型：作者对人体比例把握比较好，把一个体型标准的男性调整得较为到位。造型方面刻画出了角色的阳刚之美，对于重要部位的肌肉，形状和走势都比较准确，体现出了人物特点。

（2）细节处理得较好：作品细节把握到位，道具、服装制作较精良，比较有可看性。

（3）布线合理：从布线上可以看出作者比较了解人体结构，能依据肌肉的走向和形状来布线，在关节处线的数量也很充分，制作合理。

同图 4-376 中的作品相比较，图 4-377 所示作品明显要逊色许多，主要体现在以下几个方面。

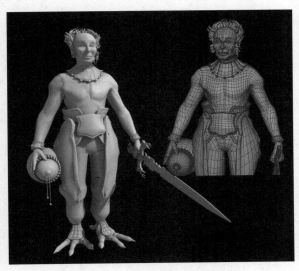

图 4-377 较为失败的卡通作品

（1）比例不准确，造型没有美感：作品的比例存在问题，头部较大，显得角色很矮，与配件等不是很搭配；大部分肌肉的造型都不太准确，尤其是胸大肌、三角肌、腹肌。这些肌肉都是在做人体时比较重要的肌肉，一定要好好把握。

（2）布线欠合理：布线有不合理的地方，三角肌处的线没有起到刻画造型的作用，使得三角肌的形状比较奇怪。

（3）人体与配件的搭配有不合理的地方：比如手部与手中的物体结合得不准，很牵强；再比如腰部的配件有悬空的感觉，这些地方一定要处理好。

5

形如真人——
女性写实角色
建模

> 了解女性人体基本结构
> 了解男性与女性身体结构的区别
> 掌握女性写实角色建模的方法和技巧

本章在男性写实角色建模的基础上，学习女性写实角色的建模特点及建模方法。要做到形如真人，了解女性人体基本结构及与男性的区别是关键。在建模方法上，大体上与男性相同，细节上有所变化（例如：手部建模顺序）。

5.1 女性角色建模前需要知道的

要想制作出逼真的女性角色模型，首先需要知道男女形体上的差别。之所以会存在差别，是因为二者的骨骼结构、肌肉与脂肪分布有所不同，女性人体曲线起伏微妙，体现出特有的柔美，如椭圆形的脸、腰与臀的反向曲线、体表皮肤的沟纹等，这些都是女性写实人体建模时应重点体现的。

5.1.1 男女形体区别

男女形体上的直观区别如图5-1所示，详细区别见表5-1。

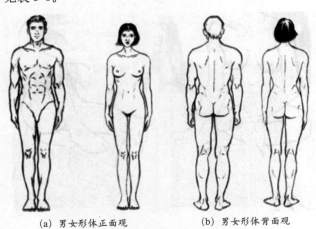

(a) 男女形体正面观　(b) 男女形体背面观

图 5-1　男女形体区别

表 5-1　男女形体区别

部位	男性	女性
颈肩部	颈部形体方正，肩宽平阔	颈部上细下粗，细长，肩窄斜低
胸廓部	胸廓长、宽厚，腰际线位置低	胸廓短、窄、薄，腰际线位置高
腰部	胸廓部下缘至髂嵴的长度较短	胸廓部下缘至髂嵴的长度略长于男性
臀部	肩宽于臀	臀下弧线位置较低，肩臀等宽
上肢	手足显得粗壮	较修长
下肢	显得长而健壮	修长而优美

5.1.2 男女骨骼结构区别

男女骨骼结构对比如图5-2所示。

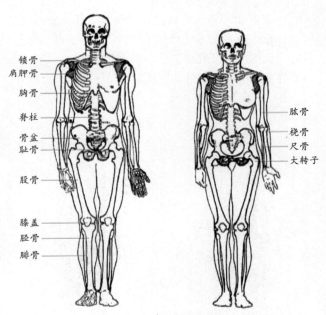

图 5-2　男女骨骼结构对比

锁骨　肩胛骨　胸骨　脊柱　骨盆　耻骨　股骨　膝盖　胫骨　腓骨　肱骨　桡骨　尺骨　大转子

从图5-2中，可以发现男性与女性在骨骼结构上有以下几点不同。

（1）虽然男女骨骼数目一样，但女性骨骼一般比男性轻，上肢骨和下肢骨都比男性短，导致了女性身高较矮。

（2）女性骨骼较窄小，整体上具有上下窄、中间宽的特点。随着发育的日益成熟，女性骨盆明显变大，肩则相对较窄。

男性骨盆：外形狭小而高，骨盆壁肥厚、粗糙，骨质较重，骨盆上口呈心脏形，前后狭窄，盆腔既狭且深，呈漏斗状，骨盆下口狭小，耻骨联合狭长而高，耻骨弓角度较小，髋臼较大。

女性骨盆：骨盆外形宽大且矮，骨盆壁光滑、轻薄，骨质较轻，骨盆上口呈圆形或椭圆形，前后宽阔，盆腔既宽而浅，呈圆桶状，骨盆下口宽大，耻骨联合宽短而低，富有弹性，髋臼较小。

（3）一般说来，男性颅骨粗大，骨面粗糙，骨质较重，颅腔容量较大，前额骨倾斜度较大，眉间、眉弓突出显著，眼眶较大较深，眶上缘较钝较厚，鼻骨宽大，梨状孔高；颞骨乳突显著，后缘较长，围径较大；颧骨高大，颧弓粗大；下颌骨较高、较厚、较大，颅底大而粗糙。女性的头部接近于椭圆，颧骨等头骨的突出并不明显。

5.1.3 男女肌肉与脂肪分布区别

从肌肉上看，男性肌肉比女性发达，肌纤维较粗，男女肌肉总量的比例是5∶3。

从脂肪上来看，女性脂肪比较丰富，占体重的比例较大。尤其在青春期，女孩脂肪增加得比较多，使其看起来更加丰满。男孩在此期间脂肪量通常不仅不增加，反而逐渐减少。女性的脂肪主要分布在腰部、臀部、大腿部以及乳房等处。

男女肌肉与脂肪分布对比如图5-3所示。

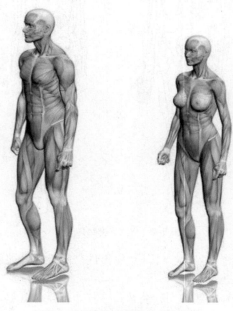

图5-3 男女肌肉与脂肪分布对比

从图5-3可以发现，男性与女性在肌肉脂肪分布上有以下几点不同。

（1）女性的乳房完全发育了，男性则没有。

（2）女性三角肌和肱肌相对于男性不明显。

（3）青春期过后，女性皮下脂肪增厚，乳房增大，胸部、腰部、臀部和下肢部的曲线日趋明显，呈现曲线美。这与骨骼发育有关，但主要是因为女性脂肪较厚，使其从体表上观察肌肉不太明显。

> **提示**
>
> 在女性写实角色建模时实实在在的骨骼肌肉不要求具象，只需表现出大概的结构，突出关键的转折点，但要求整体曲线优美流畅。其实整个制作过程相对于男性写实角色来说要简单明确一些，但这一过程要求制作者具备相当水平的审美能力。

初学者在制作女性写实角色时最容易犯"圆乎乎"的错误，制作出的角色模型只是身体表面细致光滑，却没有把骨骼、肌肉特征体现出来，主要原因是缺乏对人体骨骼结构、肌肉脂肪分布的了解。

5.1.4 男女建模布线区别

模型布线是为了体现造型，如果造型发生了变化，布线肯定也会跟着变化。角色建模基本的布线规律是一样的，但由于每个模型都有其自身的特点，细

节上的布线肯定会有一些不同。女性写实角色的基础布线方法与男性写实角色差别不大。只是由于女性写实角色的肌肉没有男性那么明显，布线上相对男性写实角色来说简单一些。

男、女写实角色主要部位布线区别有以下几点。

（1）胸部。女性的胸部比男性大且圆，在布线时不能采用男性胸部的布线方法，而应采用圆形的环形线。男女胸部布线对比如图5-4所示。

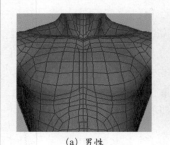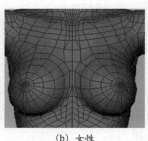

(a) 男性　　　　　　(b) 女性

图5-4 男女胸部布线对比

（2）腹部。女性腹部肌肉表现得不是很明显，形状比较偏圆，布线更为光滑、规则。男女腹部布线对比如图5-5所示。

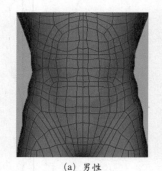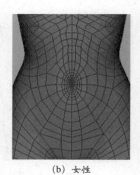

(a) 男性　　　　　　(b) 女性

图5-5 男女腹部布线对比

（3）手臂。女性手臂肌肉同样表现得不明显，布线时可以将肌肉形状弱化做出大致结构即可。男性手臂则需要表现出肌肉结构，必须根据肌肉形状及走势布线。男女手臂布线对比如图5-6所示。

（4）腿部。腿部的布线区别与手臂类似，都是男性更突出肌肉的形状及走势，女性相对弱化，如图5-7所示。

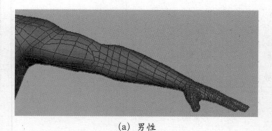

(a) 男性

图5-6 男女手臂布线对比

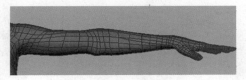

(b) 女性

图 5-6（续）

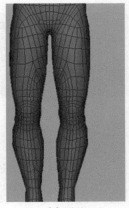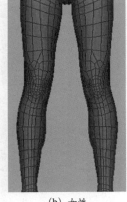

(a) 男性　　　　　　(b) 女性

图 5-7　男女腿部布线对比

总之，在女性写实角色制作过程中，调整布线时要将女性身体曲线与柔美的特征表现出来，这是女性写实角色与男性写实角色制作过程中最重要的区别。

5.2　女性头部制作

从本节开始我们真正进入女性写实角色模型的制作环节，同男性写实角色一样，先来制作头部模型。建模方法与男性角色基本一致，因此本节对相同之处的讲解弱化，对区别之处进行重点分析。

1）头部特征

女性头部特征主要体现在面部，通常我们会用"大眼睛"、"柳叶眉"、"长睫毛"、"翘鼻梁"、"樱桃口"等这样的词汇形容女性的相貌，这就是女性所表现出的与男性相貌的不同。除此之外，女性面部过渡位置的转折较平滑，从面颊到下颌的线条呈弧形，柔美、流畅，如图 5-8 所示。

图 5-8　女性角色作品

2）头部制作

1 创建一个球体（sphere），段数调整为 Subdivisions Axis：8、Subdivisions Height：8，并删除一半模型（左右均可，视个人习惯而定），并调整布线（图5-9）。由于女性的头部大多偏圆形，所以不建议大家用立方体作初始轮廓。

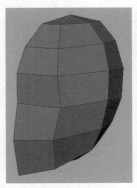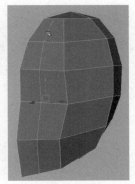

调整出头部大致轮廓　　　　　加线添加细节

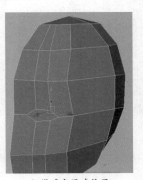

加线确定眼睛位置

图 5-9　创建球体并调整布线

> **提　示**
>
> 由于头部结构是对称的，因此制作半边模型，待制作完成后镜像复制便可以得到完整的头部模型。

2 添加布线确定眼睛和鼻子的位置（图 5-10），男女头部形状虽然有差别，但布线和结构是基本一致的。可以参照男性脸部的布线和面部结构来制作女性头部。这一步的主要任务是确定眼睛和鼻子位置，不必过于追求细节。

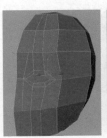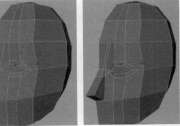

继续加线　　　挤出鼻子结构　　眼眶处继续加线并
调整布线

图 5-10　确定眼睛、鼻子位置

3 使用 Split Polygon Tool（分离边工具）继续增加布线，确定嘴部位置并进行初步细化，这里要注意嘴部按照口轮匝肌的走势进行布线，如图 5-11 所示。

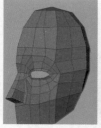  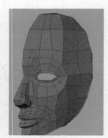

（a）修改鼻子布线　（b）增加嘴、鼻子细节　（c）增加布线并挤出口腔

图 5-11　确定嘴部位置

4 挤压出鼻翼，增加眼部布线，调整眼部结构，继续对角色五官进行细化，如图 5-12 所示。

 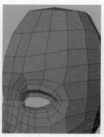 

（a）调整眼眶结构　（b）挤出鼻翼　（c）加入眼球调整眼眶结构

图 5-12　鼻翼、眼睛初步细化

5 做到这个阶段之后，下面的工作基本都是调整点、线、面，使女性的特征更突出。男性头部颧骨、额骨、下颌骨等面部骨骼比较突出，对外形影响比较明显，所以看起来会比较有棱角，女性面部骨骼相对不明显，面部显得较圆滑，制作的时候要避免做得太"硬"，尽量"柔和"，如图 5-13 所示。

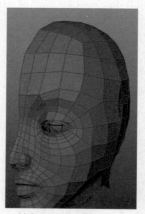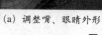 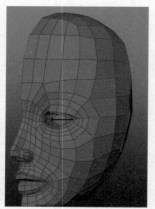

（a）调整嘴、眼睛外形　（b）制作出完整口腔

图 5-13　调整点线面

6 将角色头部形态调整好之后，接下来制作耳朵部分的模型。耳朵制作方法在 4.2.3 节中有详细讲解，女性耳朵的结构与男性相同，这里给出耳朵制作组图（图

5-14），供大家参考。

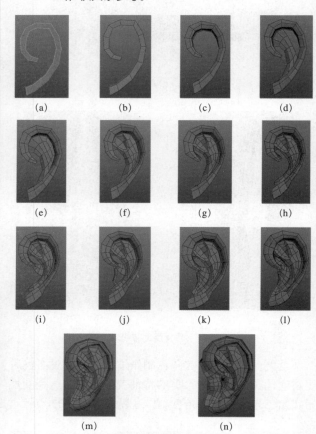

（a）　（b）　（c）　（d）

（e）　（f）　（g）　（h）

（i）　（j）　（k）　（l）

（m）　（n）

图 5-14　耳朵制作组图

7 把头部和耳朵的模型缝合到一起，并调整布线，如图 5-15 所示。

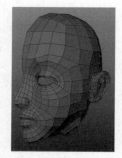

图 5-15　头部和耳朵缝合

8 将完成的头部半边模型镜像复制，然后合并这两部分模型，并将头部中线位置的点进行缝合，如图 5-16 所示。

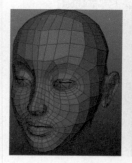 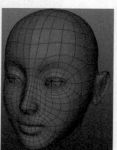

图 5-16　女性角色头部模型

5.3 女性基础外形制作

本节重点讲解女性写实角色身体基础外形制作，其方法与第4章男性角色先外形后细化的整体制作方式不同，这里采用了常用角色建模方式中的局部整合方式。事实上，制作模型采用哪种方式并不重要，重要的是最终做出的模型是否布线合理、造型准确。每个模型师经过了大量练习后都会总结出一套适合自己的制作方法，很少能有两个或者多个模型师采用的制作方式是完全一致的。至于怎么才能找到适合自己的制作方法，需要读者多学习别人的方法，然后勤加摸索。

1）颈部制作

颈部主要的两块肌肉分别是胸锁乳突肌和斜方肌，在制作的时候尽量把握好这两块肌肉的走势，并注意不要太突出，这是有别于男性角色的地方。颈部还有一个显著的特征——喉结，男性喉结突出且明显，女性喉结则不明显。女性与男性颈部对比如图5-17所示。

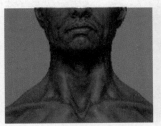

(a) 男性颈部

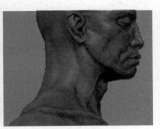

(b) 男性喉结

(c) 女性颈部

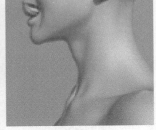

(d) 女性喉结

图 5-17 男女颈部对比

创建一个圆柱，调整模型上的点刻画出胸锁乳突肌和斜方肌这两块肌肉大型走势。使用"添加循环线工具"在胸锁乳突肌和斜方肌的位置各添加一条线，使胸锁乳突肌和斜方肌部位的布线匀称，然后选择颈部下端的一圈线，使用"挤压工具"挤压出肩部外沿的形状并调整，如图5-18所示。

2）躯干制作

1 创建一个立方体，设置立方体的分段数，width 为 2，height 为 4，depth 为 2〔图 5-19（a）〕。然后调整胸部的基础外形〔图 5-19（b）〕，最后在正面添加两条纵向的线条以便进一步深入调整〔图 5-19（c）〕。

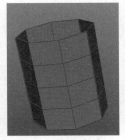

(a) 创建圆柱

(b) 调整颈部轮廓

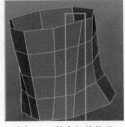

(c) 添加斜方肌结构线

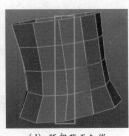

(d) 颈部背面加线

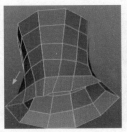

(e) 挤压出肩部结构

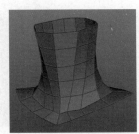

(f) 调整肩部形状

图 5-18 颈部制作过程

(a) 创建立方体并分段

(b) 调整形状

(c) 加两条线

图 5-19 胸部基础外形制作过程

> **注 意**
>
> 立方体的分段数设置不需要太多，否则会增加基础外形调整的复杂程度。此外，在制作基础外形时要尽量体现出女性身体的曲线。

> **提 示**
>
> 每加一条或几条线，就要调整模型的形状；如果不及时调整线的走势，对后续的深入细化会带来很多麻烦。

2 在胸部下部添加两条循环线，并调整出胸腔的形状〔图 5-20（a）〕。选择底部的面使用"挤压工具"挤出腹部的面，并调整成圆滑的效果〔图5-20（b）〕。然后在腹部下部添加一条横向的线，在身体中线两侧各添加一条线，并调整形状〔图5-20（c）〕。

（a）加两条线并调形

（b）挤压两次并调整

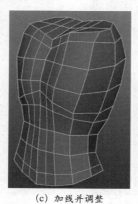

（c）加线并调整

图5-20 躯干的基本形

女性躯干基础外形完成后的效果如图5-21所示，在侧视图中观察可以发现，女性身体呈"S"形曲线轮廓。

（a）透视图

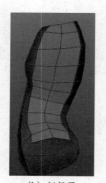

（b）侧视图

图5-21 躯干基础外形

3）颈部及上半身缝合

颈部和上身基础外形制作完成后，需要把这两部分的模型连接到一起，选择躯干顶部的面将其删除。将颈部和躯干的模型尽力靠近、对齐。同时选择两个模型执行Combine（合并）命令，使两个模型合并到一起。在连接处使用Append to Polygon Tool（多边形补面）工具连接缺失的面。连接完成后调整整体形状，使比例协调。制作过程如图5-22所示。

（a）选择面并删除

（b）将两部分模型合并

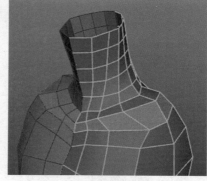

（c）连接缺失的面

（d）连接后的效果

图5-22 颈部及上半身缝合过程

4）手臂及腿部制作

本节重点讲解女性角色手臂和腿部基础外形的制作，手掌和脚掌的制作将在5.7节和5.8节进行讲解。

（1）手臂基础外形制作

1 在躯干模型的侧面选择如图5-23（a）所示的面挤压2次，对挤压出的模型进行调整，做出肩部的形状。

（a）选择所需要的面

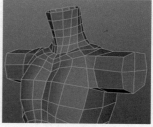

（b）挤压两次

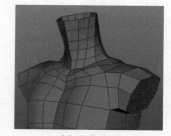

（c）调整形状

图5-23 肩部制作过程

2 再次挤压并调整截面形状作为大臂，为新挤压出的大臂模型横向添加3条线，并调整形状，如图5-24所示。

Maya模型

(a) 挤压出大臂　　　　(b) 加三条线

图 5-24　大臂制作过程

3 在大臂的基础上继续挤压出小臂，在挤压出的面上横向添加一条线，并把小臂下端部分的面旋转 45°（遵循肌肉走势），如图 5-25 所示。

(a) 挤压出小臂　　　　(b) 加一条线

图 5-25　小臂制作过程

　　到此女性角色上半身基础外形制作完成，如图 5-26 所示。

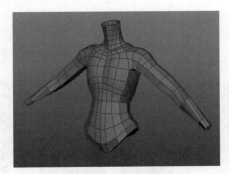

图 5-26　女性上半身基础外形

（2）腿部基础外形制作

1 在躯干模型盆骨位置选择如图 5-27（a）所示的面，连续挤压两次并简单调整作为大腿的模型，并为大腿位置横向添加两条线，丰富细节，如图 5-27 所示。

2 对大腿部位的外形进行调整，然后调整模型背面的线，做出臀部的外形，如图 5-28 所示。

 注　意

线条分布尽量均匀。

(a) 选择所需面　　　(b) 挤压两次　　　(c) 横向加两条线

图 5-27　大腿制作过程

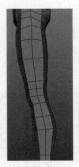

(a) 调整前　　　　　(b) 调整后

图 5-28　调整布线

3 继续选择腿部的面进行多次挤压，并对挤压出的模型进行调整，做出小腿的基础外形，如图 5-29 所示。

(a) 透视图　　　　　(b) 侧视图

图 5-29　腿部基础外形

 注　意

　　调整布线的时候需要注意体现出女性腿部细长的特点。

　　女性角色基础外形制作完成，如图 5-30 所示。

(a) 背面　　　　　(b) 正面

图 5-30　女性角色基础外形

1）胸部细化

胸部是代表女性特点最显著的部位之一。女性乳房左右各一个，主要由乳腺和脂肪组织构成，属皮肤腺。女性乳房基本对称呈半球形或圆锥形，坚挺而富有弹性，位于第3～6肋骨之间，胸大肌的前方。乳房的中央有乳头，平对第4肋间隙或第5肋。在乳头周围有一颜色较深的环形区称为乳晕。女性乳房的大小和形状，受年龄、人种、遗传基因、机能状况及个人差异等因素的影响而不同，在制作时要灵活运用这些知识。女性胸部结构如图5-31所示。

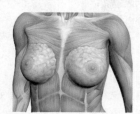

图5-31   女性胸部结构

女性胸部细化步骤如下。

1　选择乳房对应的面，挤压并做简单调整，如图5-32所示。

（a）选择所需的面

（b）挤压一次并调整形状

图5-32   挤压出乳房轮廓

2　修改线的走势如图5-33（a）所示，调整出图5-33（b）的效果，使乳房与肩部流畅地衔接。然后删除乳房前部的线，为后续布线做准备。

（a）改变线的走向

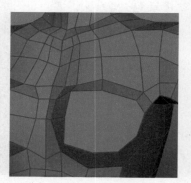

（b）删除中间的线并加线调整

图5-33   调整布线

3　从乳房下缘向上到肩部连出一条线，如图5-34（a）所示，然后按照图5-34（b）所示调整布线。

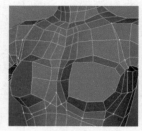

（a）根据结构加一圈线

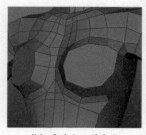

（b）更改上面的走线

图5-34   调整布线

4　选择乳房轮廓顶部的面，经过多次挤压制作出完整的乳房模型，并对形状进行调整，得到如图5-35所示的效果，乳房制作完成。

图5-35   乳房最终效果

提 示

女性锁骨与肩部的结构与男性类似，此部位的布线方法可以参照4.5.2节中关于肩部制作的讲解。

5　对周围的布线进行调整。锁骨是连接胸部与肩部最重要的骨骼之一，它的结构走线会影响肩部及上肢的结构布线，所以肩部周围区域非常重要。首先添加锁骨结构线，然后从颈部到肩部添加一条线，最后从锁骨窝到肩部添加一条线。调整布线完成肩部制作，如图5-36所示。

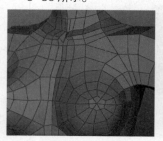

（a）增加锁骨的结构线

（b）这里加一条线

（c）调整锁骨结构

（d）继续调整布线）

图5-36   肩部布线调整

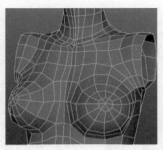

(e) 向后拉这条线，做出胸部和肩部间的凹点

图 5-36（续）

为了方便观察模型，应把上肢和下肢全部分离开，选择要分离部分的面，使用 Extract（提取工具），然后将分离开的模型隐藏起来。

2）背部细化

背部肌肉主要包括背阔肌、斜方肌、菱形肌、大圆肌等，如图 5-37 所示。在制作时要时刻注意这些肌肉之间的穿插关系。在制作女性背部的时候不用考虑太多肌肉结构，但是肩胛骨位置的形状一定要表现出来，肩胛骨呈三角形。斜方肌也可以简单表现一下，结构不要太明显。

图 5-37 背部参考图

1 观察背部模型，在肩胛骨的位置添加一条线定好肩胛骨的形状。再添加一条线强化结构，方便做出肩胛骨凸起的感觉，如图 5-38 所示。

 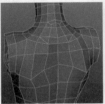 

(a) 观察背部　　(b) 调整线的走势　　(c) 挤出面

图 5-38 调整肩胛骨

2 根据肩胛骨的走向继续添加环线，调整布线，如图 5-39 所示。

背部最明显的骨点就是肩胛骨，所以一定要做好这个部分。

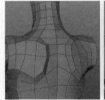 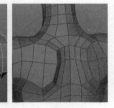

(a) 调整出肩胛骨　　(b) 继续加线　　(c) 调整布线
　　的结构

图 5-39 添加肩胛骨环线

3 将前胸与后背的线连接起来，调整形状。然后添加斜方肌的结构并做调整，如图 5-40 所示。

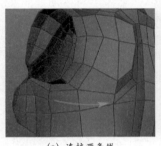 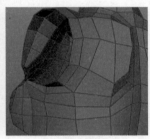

(a) 连接两条线　　　　　　(b) 修改

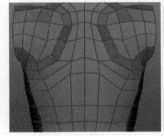 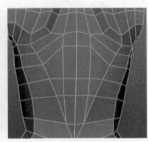

(c) 观察结构　　　　　　(d) 拉出背部斜方肌

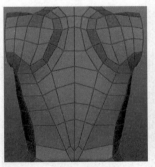 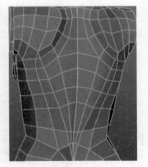

(e) 加减线并调整结构　　　(f) 调整布线

图 5-40 修改布线添加斜方肌结构过程

3）腹部和臀部细化

女性腹部肌肉的分布和男性是一样的，如果训练得当也可以产生出 8 块肌肉。但是女性和男性体内的激素分泌不同，脂肪厚度、肌肉发展都有区别。相对

来说，在青春期以后男性更容易通过锻炼产生健美的腹肌，而女性就要困难得多。在制作女性的腹部时，可以暂时忽略这些肌肉结构，做成一整块腹肌，形状要偏圆形一些，如图5-41所示。

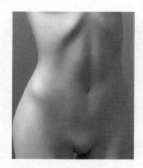

图5-41　女性腹部结构

臀部是腰与腿的结合部，其骨架是由髋骨和骶骨组成的骨盆，外面附着有肥厚宽大的臀大肌、臀中肌、臀小肌以及相对体积较小的梨状肌。臀的形态向后倾，其上缘为髂嵴，下界为臀沟。人体正立时，整个臀部肌肉形似倒置的苹果，体态丰满的女性身体两侧臀窝显著，如图5-42所示。

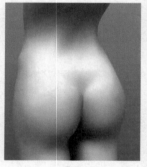

侧面　　　　　　　　　　　背面

图5-42　女性臀部结构

男女两性的臀部形态是有区别的，女性臀部形态丰厚圆滑和上翘；男性臀部较小，呈正方形，棱角突出，臀窝更明显，如图5-43所示。

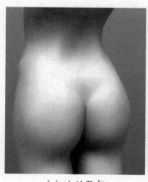

（a）女性臀部　　　　　　（b）男性臀部

图5-43　女性与男性臀部结构对比

1　添加腹部的轮廓线，调整腹部的形状，然后添加一条

线做出肚脐。如图5-44所示。

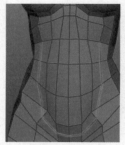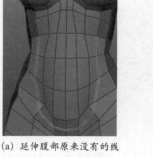

（a）延伸腹部原来没有的线　　（b）调整并合并多余的点

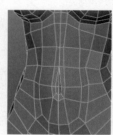

（c）横向加一条结构线　　　　（d）挤出肚脐

图5-44　腹部制作

> **提　示**
>
> 女性的腹肌并不明显，制作的时候要将线条做得柔合一些，模型的凹凸程度不要太大。

2　继续加线修改小腹结构，如图5-45所示。

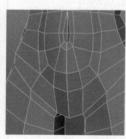

（a）注意这条线　　　　　（b）增加一条线，修改结构

（c）再加一条线　　　　　（d）调整结构，让其更加自然

图5-45　修改小腹结构

3　调整现有的点、线、面，修改腿部结构。臀部结构比较单一，只有臀大肌一块主要肌肉，所以把握臀大肌的形状是关键。女性的臀部比较圆润而且因为盆骨的原因比男性的要大，如图5-46所示。

4　调整腹部与臀部整体的布线结构，保证形体的完美和布线的均匀，如图5-47所示。

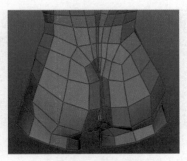
图 5-46　臀部结构

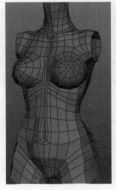
(a) 正面

(b) 背面

图 5-47　调整结果

5.5　女性角色上肢的制作

　　上肢由肩膀、大臂和小臂组成。女性上肢的肌肉结构不明显，手臂相比较男性来说纤长，造型比较圆润，制作时需注意这些特点，同时也要注意肩膀、大臂、小臂之间过渡的形状，肘关节的表现要明显，如图 5-48 所示。

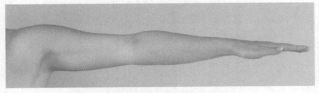

图 5-48　手臂参考图

1) 肩部制作

1　为了方便观察，在 5.4 节 1) 的步骤 5 中手臂被拆了下来，现在还要把这两个部分合并到一起，以便调整布线，如图 5-49 所示。

(a) 选择两个部分合并

(b) 用吸附工具把点的位置对好

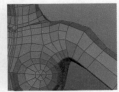
(c) 对接完成

图 5-49　肩部与手臂对接

> **提　示**
>
> 　　任意两个物体对接的时候 A 部分的点未必和 B 部分的点完全一致，这时可以用加线工具在模型边界的线上单击一下再按【Enter】键，即可在这条线上增加一个点。

2　在肩膀结构的基础上添加布线，为手臂的制作做准备，并做出肩部的结构，如图 5-50 所示。

(a) 添加三角肌位置的线

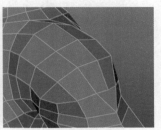
(b) 调整三角肌的结构

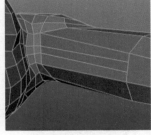
(c) 在臂部下方添加线

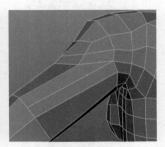
(d) 在臂部后方添加线

图 5-50　添加肩部布线

2) 手臂制作

1　在肩部位置添加布线，调整形状做出肩部到大臂过渡位置的结构，并在大臂位置添加布线，为大臂结构调整做准备，如图 5-51 所示。

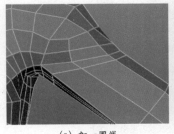
(a) 加一圈线

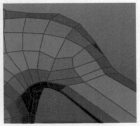
(b) 调整形状

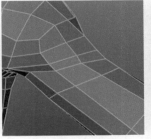
(c) 顺势再加一条线

(d) 下面再加一条线

图 5-51　制作肩部与大臂过渡结构

2 在上臂的位置进行加线,制作出上臂肱二头肌的形状,并在肘前窝的位置加线,调整形状,如图 5-52 所示。需要注意的是,通常不太发达,所以在加线调整形状时不要把肌肉形状做得太突出。

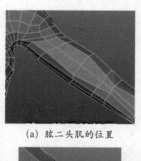
(a) 肱二头肌的位置

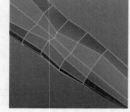
(b) 下面加一条线

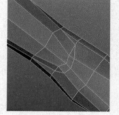
(c) 用线卡出肱二头肌的底线

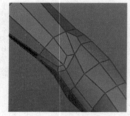
(d) 调整布线

(e) 后面加一条线消灭三角肌

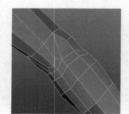
(f) 再加线

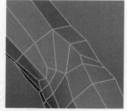
(g) 改变线的走势使其更流畅

图 5-52　制作上臂

3 对肘前窝位置的布线及形状进行调整,让形状更加合理,并在小臂位置添加布线,修改其形状,如图 5-53 所示。

图 5-53　调整肘前窝及小臂形状

4 修改肘部形状。由于对手臂正面结构的调整导致肘部的线太多了,因此有必要缩减线的数量,如图 5-54 所示。

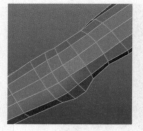
(a) 把这个面作为骨点

(b) 把下面的 4 个点合并成 2 个

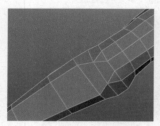
(c) 删除多余的线

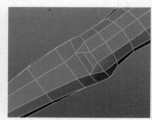
(d) 调整加线

图 5-54　调整肘部形状

至此上肢部分基本完成,如果对形状不是很满意还可以继续进行调整。完成效果后的效果如图 5-55 所示。

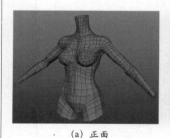
(a) 正面

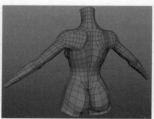
(b) 背面

图 5-55　上肢完成效果

5.6　女性角色下肢的制作

大腿的肌肉群比较丰富,具体肌肉结构可以参考男性写实角色。女性的肌肉相对于男性表现得不是很明显,在制作的时候一般将表面结构明显的部分突出即可。膝盖骨是女性腿部结构最为明显的部位,在制作时要突出该部位的结构。女性腿部结构如图 5-56 所示。

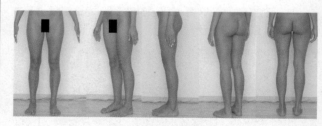
图 5-56　女性腿部结构

1 按照 5.5 节 1) 中步骤 1 的方法,先把分离下来的腿部接上,然后调整布线。如图 5-57 所示。

Maya模型

（a）合并两个部分

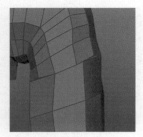
（b）吸附点

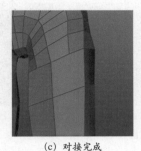
（c）对接完成

图 5-57　腿部与胯部对接

2　制作腿部最明显的骨点——膝盖骨。对膝盖位置的 4 个面进行挤压，并调整形状，做出膝盖的轮廓，如图 5-58 所示。

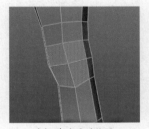
（a）膝盖骨的位置

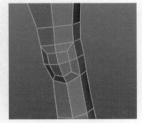
（b）挤压并调整

图 5-58　添加膝盖轮廓

提　示

由于女性大腿部位肌肉结构不明显，因此不用刻意去处理，在制作膝盖结构时将大腿部位的布线进行完善即可。

3　在膝盖轮廓基础上沿着大腿纵向添加两条线，并与大腿根部的线对接上，然后添加横向的线，并对膝盖结构进行细化，如图 5-59 所示。

（a）接两条线到上面

（b）结构处加一条线

（c）调整形状

图 5-59　细化膝盖及大腿结构

4　腿部正面结构调整完成，然后对腿部背面进行调整，完善膝盖及大腿的细节，如图 5-60 所示。

（a）把后面空出两条线的位置

（b）增加两条线

（c）调整形状

图 5-60　进一步细化膝盖及大腿结构

5　对小腿进行调整。在小腿靠近膝盖的位置添加两条横向的线段，并沿着膝盖的结构添加纵向的线，然后对正面与背面的结构进行调整，如图 5-61 所示。

（a）加两圈结构线

（b）给胫骨前肌和腓肠肌划出结构范围

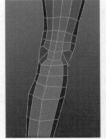
（c）后面更改线的走势

图 5-61　细化小腿结构

提　示

女性的小腿比较细，在制作的时候需要注意小腿与大腿的比例。

6 对大腿、膝盖、小腿的结构及比例进行整体调整。完成后的效果，如图 5-62 所示。女性角色下肢制作至此完成。

(a) 正面　　　　　　　　　(b) 背面

图 5-62　女性角色下肢完成效果

5.7　女性手部制作

女性的手部结构跟男性基本上没有什么太大差别。相对于男性最为明显的差别在于女性的手掌较小，手指纤细、修长（图 5-63），所以制作的时候一定要在这两点上加以区分。

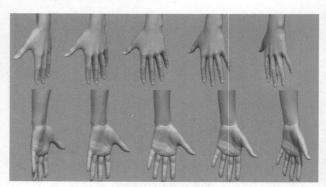

图 5-63　女性手部结构

1）手掌制作

本节中女性角色手掌制作方法：先制作手掌的基本外形，在手掌外形的基础上挤压出手指，然后对手指及手掌进行细化，最后整体调整手掌的结构及布线。相比第 4 章男性写实角色手部制作方法有所不同，本节采用这种制作方法目的是让读者学习不同的建模方式。

女性角色手掌制作步骤如下。

1 新建一个场景，然后创建一个立方体，设置其分段数 Subdivisions Width 为 4，Subdivisions Height 为 2，Subdivisions Depth 为 4。调整手掌的基础外形，添加三条线，分开前面 4 跟手指的间隔。然后继续添加线，为挤压手指做准备，如图 5-64 所示。

(a) 创建立方体　　　　　　(b) 调整成手掌形状

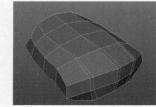 

(c) 加三条线　　　　　　　(d) 继续加线

图 5-64　制作手掌基础外形

2 选择手指根关节的面进行挤压，做出手背凸起关节的结构，并对形状进行调整，如图 5-65 所示。

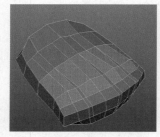 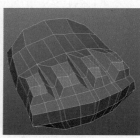

(a) 选择这些面　　　　　　(b) 挤压

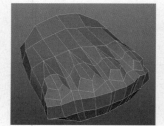 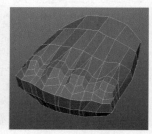

(c) 调整出掌骨的结构　　　(d) 加线并调整

图 5-65　制作手背凸起关节

2）手指制作

1 选择手掌上中指位置的面，挤压出手指的长度。在新挤压出的面上纵向添加两条线段，定位成手指的关节。继续加结构线，做出关节的形状，如图 5-66 所示。

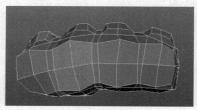 

(a) 选择这些面做中指的位置　　(b) 直线挤压

图 5-66　制作手指基本外形

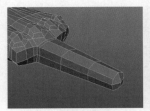
（c）加出基本线

（d）加出结构线

（e）调整形状

（f）侧面形状

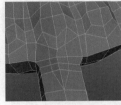
（g）调整骨点布线

（h）继续调整

图 5-66（续）

2 在手指末端上方挤压出指甲轮廓并调整形状，然后在手指关节位置添加布线，并调整关节的位置，完成一根手指的制作，如图 5-67 所示。

（a）挤压出指甲

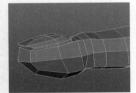
（b）调整形状

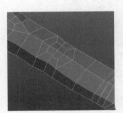

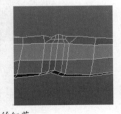
（c）增加骨节间的细节

图 5-67　细化手指结构

提　示

　　关节处的布线一般情况下都是奇数条线段，这样的布线为后续绑定环节提供方便。

3 删除手掌上其他手指位置的面，复制中指模型的面，将复制出的手指模型分别摆放到食指、无名指、小拇指的位置。将手指和手掌合并成一个整体，并将连接处的点缝合，根据手部的比例结构调整手指的结构，如图 5-68 所示。

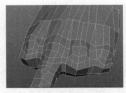
（a）每段手指添加两根线

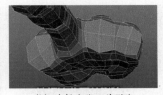
（b）选择这些面并删除

（c）选择手指并复制

（d）把复制的手指摆放到合适的位置

（e）合并点并调整外观

图 5-68　完成 4 根手指的制作

4 选择手掌上大拇指位置的面，挤压出大拇指的外形，添加布线并调整形状，并完成关节位置布线。然后选择手掌根部的线，挤出手腕结构，如图 5-69 所示。至此手部初步的形状及结构就制作完成了，完成后的效果如图 5-70 所示。

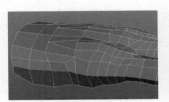
（a）观察手的内侧

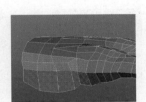
（b）删减多余的面或线

（c）挤压

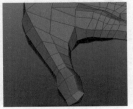
（d）调整形状

图 5-69　制作拇指及手腕

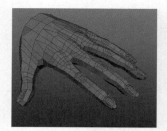 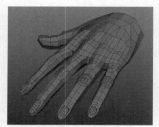

(e) 增加细节，方法和其他手指一样

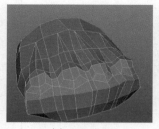 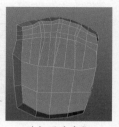

(b) 调整外形　　　　　(c) 再看手掌

(f) 最后挤出手腕的连接处

图 5-69（续）

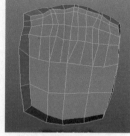 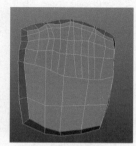

(d) 调整走线　　　　　(e) 更改布线

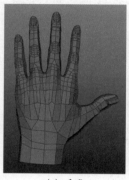 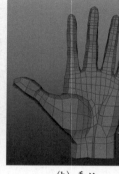

(a) 手掌　　　　　　　(b) 手心

图 5-70　手部初步结构完成效果

(f) 做出拇短展肌和小指展肌的结构

5 对手部整体结构及布线进行修改，按照手部关节位置、肌肉走势、掌纹分布等特点，更改手掌的布线，修改不流畅的线条，如图 5-71 所示。

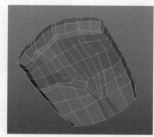

(g) 加线并调整外观

图 5-71（续）

至此，女性角色手部制作完成，如图 5-72 所示。

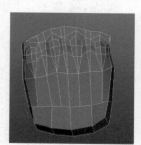 

(a) 布线不流畅要继续修改

图 5-71　调整整体结构及布线

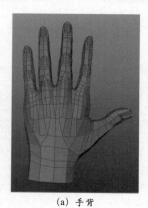

(a) 手背

图 5-72　女性角色手部完成效果

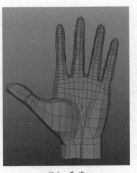

(b) 手掌

图 5-72（续）

5.8 女性脚部制作

女性与男性的脚部没有显著的区别。女性脚部结构如图 5-73 所示。

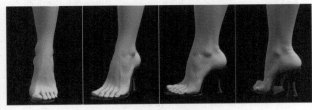

图 5-73 女性脚部结构

📝 提示

在封建社会，中国妇女有缠足的陋习，为此脚部形态会发生很大变化，脚部与身体的比例结构也会与正常人存在很大差别。因此制作特定时期角色时要根据情况具体分析。本书讲解的是普遍规律，女性脚部骨骼及结构可以参照 4.7 节男性脚部的相关知识。

1 新建立一个场景。创建圆柱，设置段数行调整形状。选择脚掌位置的面，挤压出脚掌的轮廓，并对脚部结构进行调整，如图 5-74 所示。

【思考】 本节以圆柱作为基础物体来制作脚部模型，请读者思考脚部制作是否可以从一个立方体开始呢？读者可以通过尝试给出答案。

(a) 建立一个圆柱体

(b) 调整形状

图 5-74 制作脚部轮廓

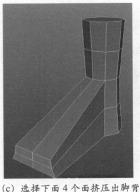

(c) 选择下面 4 个面挤压出脚背

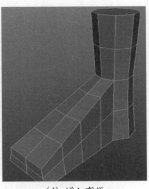

(d) 增加布线

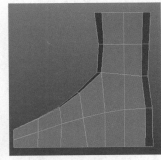

(e) 调整侧面

(f) 整体调整

图 5-74（续）

2 在脚趾和脚掌的位置添加布线，并调整形状，做出脚掌的基础外形，如图 5-75 所示。

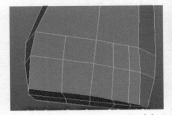

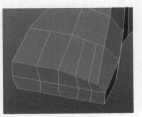

(a) 前部为脚趾加线

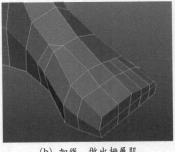

(b) 加线，做出拇展肌

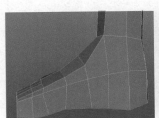

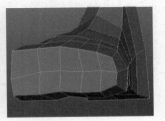

(c) 调整侧面和底部

图 5-75 制作脚掌外形

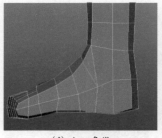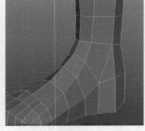

(d) 加一条线   (e) 更改两边的线把五星向下移

图 5-75 (续)

3 在脚掌上脚趾的位置继续添加布线，并调整布线做出脚趾的结构，如图 5-76 所示，为下一步挤压出脚趾做准备。

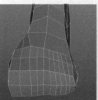

(a) 增加脚趾的结构线   (b) 继续加线

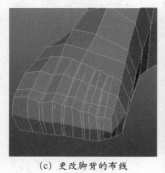

(c) 更改脚背的布线   (d) 把线延伸到小腿

图 5-76 添加脚趾轮廓线

4 脚背上的布线调整完成后，对脚掌底部线进行简单调整，使布线更加流畅，如图 5-77 所示。

图 5-77 调整脚底布线

5 选择脚掌上大拇趾位置的面，挤压出大拇趾的轮廓，然后添加布线，细化大拇指的结构，如图 5-78 所示。

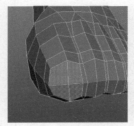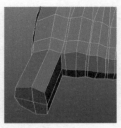

(a) 选择这些面   (b) 挤出大拇趾

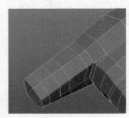

(c) 加线

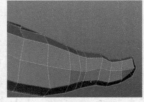

(d) 侧面进行调整   (e) 观察顶部进行修改

图 5-78 制作大拇指

6 同 5.7 节 2）手指制作步骤 3 的方法，先挤压出脚部的二拇趾，加线细化结构，然后将复制完成的二拇趾模型，分别放到其他几个脚趾的位置，将这些脚趾与脚掌合并成为一个模型，并缝合连接处的点，完成脚趾制作，如图 5-79 所示。

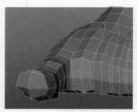

(a) 二拇趾   (b) 挤压

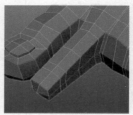

(c) 加线   (d) 调整

图 5-79 制作除大拇趾外的其他脚趾

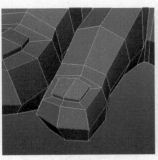

(e) 指甲　　　　　　　　(f) 顶部调整

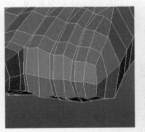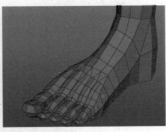

(g) 其他脚趾的复制及连接

图 5-79（续）

7　在脚掌后部及脚脖位置添加布线，并调整形状来制作
　　脚部跟腱结构。然后在脚脖内侧挤压出脚踝骨凸出的
　　结构，并调整形状，如图 5-80 所示。

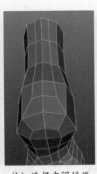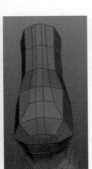

(a) 划出跟腱结构　　(b) 选择中间的线　　(c) 用圆角分成两条

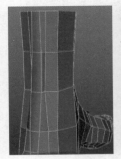

(d) 调整形状　　(e) 选择这三个面　　(f) 挤压调整成脚踝

图 5-80　脚部其他的细节

 注　意

　　内踝骨凸起和外踝骨凸起的位置是不一样的，
内踝骨的凸起略高于外踝骨凸起。

至此脚部结构和形状就完成了，如图 5-81 所示。

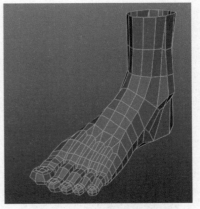

图 5-81　女性角色脚步完成后的效果

5.9　身体各个部分缝合

　　在本章的 5.2 ～ 5.8 节，我们对女性角色身体的
各部分结构进行了单独制作，本节我们就将这些独立
的结构与身体进行缝合，组成一个完整的人体。在缝
合的过程中需要注意身体各部分的比例关系。

　　在前面各节中，角色的头部、手部、脚部及身体
（包括四肢）是在不同的场景中制作的，因此在身体
缝合之前需要将身体的各部分放到一个场景里。这里
以身体为比例参考基准，因此要把头、手、脚的模型
导入到躯干的场景中，然后以身体模型为参考，调整
各部分的比例关系。

　　完成比例结构的调整，就可以对身体的各部分进
行缝合了。

　　1）头部与躯干缝合

1　先把躯干上脖子处的多余面删掉，然后用"多边形连
　　接工具"把它和头部连接起来，连接时要注意调整脖
　　子长度的比例，如图 5-82 所示。

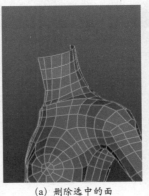

(a) 删除选中的面　　　　　(b) 与头部连接

图 5-82　头部与躯干缝合

缝合后的效果，如图 5-83 所示。

2　缝合完成后需要对颈部的布线进行细化和调整，在颈
　　部位置添加布线并做调整，制作出胸锁乳突肌的结构，
　　如图 5-84 所示。

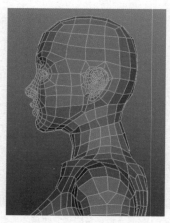

图 5-83　缝合后的效果

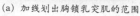

(a) 加线划出胸锁乳突肌的范围

(b) 加线并调整

图 5-84　制作胸锁乳突肌

2）手部与上肢缝合

同头部与躯干的缝合方法，删除一些不必要重合的面，然后用"多边形连接工具"在手腕处将手部和小臂缝合在一起，然后在手腕部分添加布线进行细化，如图 5-85 所示。

(a) 对齐

(b) 连接

(c) 加线并调整

图 5-85　手部缝合

提　示

缝合过程要随时调整手腕和手部的比例关系。

3）脚部与下肢缝合

1　脚部缝合的方法与手部缝合是一样的，缝合过程中注意调整脚部与下肢的比例关系，如图 5-86 所示。

2　脚部制作的时候布线相对较多，在脚部与下肢缝合之后，需要对布线进行调整，调整过程要注意下肢和脚部布线整体调整，如图 5-87 所示。

至此一个完整的女性角色就制作完成了，如图 5-88 所示。这是初步调整了细节的模型，后续还要进

一步对布线、各部位细节进行精细的修改，使模型看上去更加真实。

(a) 对齐

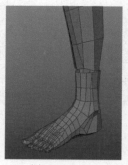

(b) 删除多余面

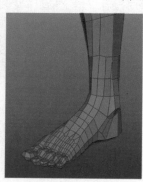

(c) 缝合并调整

图 5-86　脚部缝合

(a) 加线

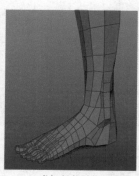

(b) 调整形状

图 5-87　细化脚部布线

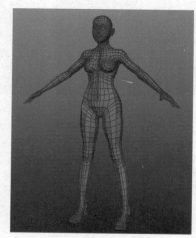

图 5-88　缝合后的效果

5.10 调整布线并丰富细节

在 5.9 节我们完成了一个完整女性写实角色的制作，本节将在 5.9 节的基础上对模型的细节进行调整，包括布线、身体各部位细节结构等。

1）头部细节调整

1 观察图 5-89（a）会发现，头部布线的线距不够匀称，这样会导致执行光滑命令后头部结构出现偏差，因此要把不匀称的线进行调整，如图 5-89（b）所示。

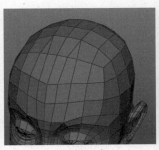 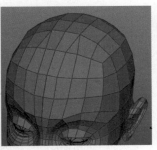

(a) 调整前　　　　　　　(b) 调整后

图 5-89　修改头部布线

2 观察眼角处的结构，发现泪腺位置的角度不够明显，所以要更改一些布线，调整泪腺细节，如图 5-90 所示。

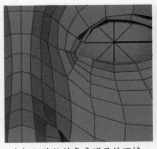 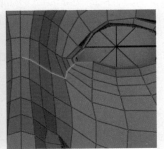

(a) 泪腺处的角度明显的不够　　(b) 调整旁边的点构造出外观

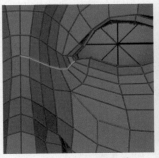 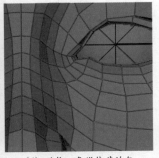

(c) 把 5 星向下移动一层　　　(d) 延伸二条线使其均匀

图 5-90　调整泪腺结构

3 观察眼角的结构，发现之前基本没有眼角的结构，需要添加并调整布线，使眼角结构更突出，如图 5-91 所示。

4 鼻子部分的结构基本符合要求，不需要大改动，为了更好地体现效果，可以将鼻翼做细微调整，如图 5-92 所示。

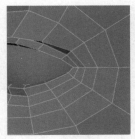

(a) 调整形状

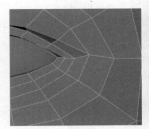 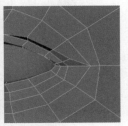

(b) 眼角处加线并调整

图 5-91　眼角结构修改

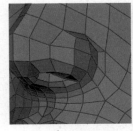 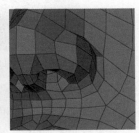

图 5-92　微调鼻子结构

2）躯干细节调整

1 在 5.4 节 1）中制作乳房时没有做乳头，这里选中乳房中间的面连续挤压，做出乳晕及乳头的轮廓，然后对形状进行调整，完成后的效果如图 5-93 所示。

图 5-93　乳头完成后的效果

⚠ **注　意**

调整乳房的夹角，从头顶向下观察，两个乳房在自然状态下呈 90°角。

2 调整前胸与肩部过渡的布线，使布线走势与胸大肌走势相符合，如图 5-94 所示。

3 调整锁骨结构，在锁骨与肩胛骨的位置加一条或者多条线，来突出锁骨和肩胛骨交汇处的结构，如图 5-95 所示。

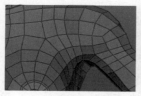

（a）调整形状

（b）加线改变线的走向

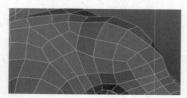

（c）调整形状

图 5-94　修改前胸与肩部布线

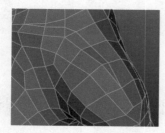

图 5-95　调整锁骨结构

4 调整大腿内侧布线和膝盖的结构，完成后的效果如图 5-96 所示。

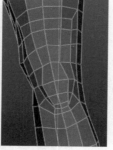

图 5-96　调整腿部布线及结构

到此女性角色的制作就完成了，完成后的效果如图 5-97 所示。

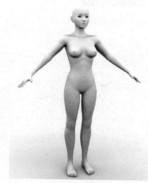

（a）正面　　　　　　（b）背面

图 5-97　女性角色完成后的效果

本章的女性写实角色没有按照参考图制作，相貌和身材都是按照一般人物规律制作的，读者可以在此基础上对现有模型加以修改，做出具有明显特征的角色。例如参照身边的同学、朋友、家人或者自己的样子制作一个属于你的模型作品。

5.11　角色建模注意事项——修改三角面

使用 Maya 建模时，模型上的面通常是四边面，这是由于三角形的稳固性强不容易产生形变，如果在角色模型上出现三角面，当模型变形时就容易产生明显的凸起或凹陷。而四边形更容易产生形变，角色模型上使用四边面，在模型变形的时候过渡比较光滑。因此，为了使角色运动过程中模型形变更合理，通常要保证角色模型的面都是四边面。但是由于各种原因，三角面会不可避免地出现在模型中。这时候就要考虑两种情况，如果它不会影响布线以及以后的动画和材质制作，可以允许三角面的存在；如果有影响，则需要进行修改。

修改三角面通常使用以下方法。

1）塌陷法

模型布线过程中经常会遇到一个三角面与一个五边面相邻的情况，如图 5-98 所示，这时可使用 Collapse（塌陷）命令，将三角面与五边面共用的边处理掉。

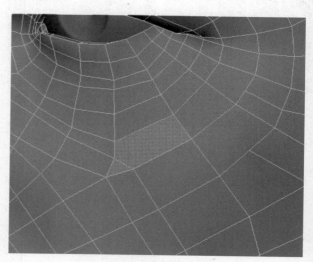

图 5-98　三角面与五边面相邻

具体操作步骤如下。

1 选择三角面与五边面的共用边，如图5-99所示。

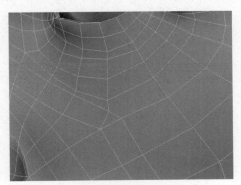

图5-99　选择共用边

2 执行 Merge → Collapse 命令后，选择的线被合并成了一个点，如图5-100所示，这样就解决了三角面问题。

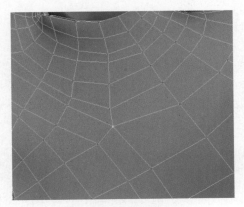

图5-100　塌陷后的效果

2）错位相连法

模型布线过程中还会有多个三角面穿插的情况，如图5-101所示。这时可以使用 Spilt Polygons Tool（分割多边形工具）添加一条与三角面的某条边平行的线，然后删除三角面的边，从而解决这个问题。

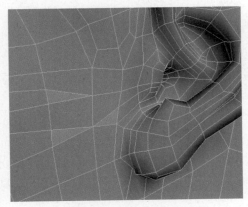

图5-101　多个三角面并存

具体操作步骤如下。

1 使用 Split Polygons Tool（分割多边形）工具，在如图5-102所示的位置添加一定数量的线。

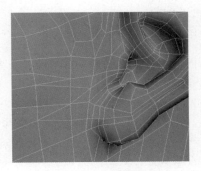

图5-102　添加线

2 选择如图5-103所示的线将其删除，即可除掉这些三角面，最终效果如图5-104所示。

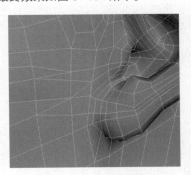

图5-103　删除所选的线

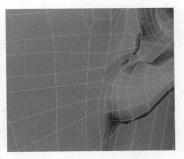

图5-104　处理后的效果

> **提　示**
>
> 在模型布线中会接触到"星"的概念，星在模型中指的是几条线的交汇点，例如：从一个点向外延伸出了3条线，就称这个点为3星。如果是延伸出了4条线，就称为4星，并以此类推。
>
> 一般来说模型中存在的点都是4星，不过在表现特殊结构的情况下会用到3星或5星（这是模型布线的客观规律）。这时就要根据模型的结构或特殊的布线需求判断3星或5星存在的合理性。
>
> 模型中允许3星、5星的存在，但是连续两个5星或5星3星相邻则不允许，这样会导致布线产生问题。至于6星，是绝对禁止的布线，因为它严重破坏了动画效果，所以如果有6星存在，是必须要改掉的。

知识拓展

　　动画作品中，除了成年的男性和女性角色，还有儿童和老人。在为儿童角色建模时，身体比例应与各年龄段儿童的实际情况相吻合。儿童角色的突出特征是头部占身体的比例要比成年人大。由于儿童骨骼尚未发育完全，制作时对骨骼结构的表现不宜太突出。外形上，通常脸部轮廓比较圆润，肌肉结构不明显，关节结构非常饱满。脸部神态要表现出儿童特有的天真和可爱。

　　在为老年角色建模时，要表现出这一年龄段的形态特征。老年人由于骨骼磨损等原因，会出现身体左右不对称、弯腰、驼背等现象。外形上，通常看起来肌肉萎缩，皮肤松弛，胸、腹部下坠明显，面部乃至身体上有很多皱纹。为此，在制作老年写实人体模型时，会用到很多不规则的线条去表现角色特点。

5.12　本章小结

　　（1）女性与男性形体上的区别主要表现为：男性身体较为强壮，肌肉及骨骼结构明显，女性身体较为柔美、纤细，肌肉结构不突出，身体曲线明显。

　　（2）尽管女性角色肌肉结构表现不明显，但是模型中的布线仍然要符合肌肉走势，以方便后续制作角色动画。

　　（3）本章结合了先外形后细化、精细局部整合两种建模方式来制作女性写实角色。

　　（4）女性角色模型制作仍需突出关节处的布线，为后续绑定环节实现角色合理运动提供必要的前期准备。

　　（5）角色模型上三角面的存在会影响动画效果，因此要尽最大可能使模型由四边面组成。对于模型上出现的三角面，可以使用塌陷法和错位相连法消除。

5.13　课后练习

　　观察图5-105，运用本章所学知识，将图片中的形象用三维模型的方式制作出来。制作过程中需要注意以下几点。

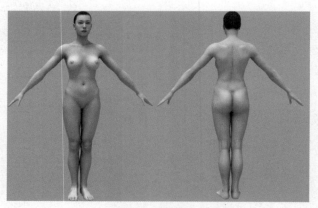

图5-105　女性人体参考图

　　（1）比例关系与造型：女性人体较男性人体柔美、丰满。在比例上对于制作者的要求更为严格。比如我们在做一个漂亮、体型苗条的女性角色身体模型时，她的头身比例可能会达到1∶8甚至1∶9。在造型上女性细窄的肩部、腰与臀的反向曲线、体表皮肤的沟纹等这些优美的曲线使人体呈现出自然与微妙的状态。在制作时要有扎实的理论基础和敏锐的观察力。

　　（2）分析形象特点：要在第一时间观察出形象的体态特征。图5-105中的女性身材中等，需要把握好颈部、肩部、腰部的关系。还要注意女性的骨盆，相对于男性来说，女性的骨盆是较宽的，要把握好腰部与骨盆的曲线。角色的胸部制作要注意乳房是自然外扩的，胸部间的间距不要做得太近。乳房有自然的垂感，不要做得太挺拔。

Maya模型

（3）布线规范：写实角色对于布线的要求是比较高的，首先需要通过布线来体现角色的肌肉走向，然后还要对后续环节的工作负责，将关键部位的布线合理地调整好。

图 5-106 是一幅较为精彩的写实作品，在以下几个部分做得较为突出。

图 5-106　较为精彩的女性人体作品（完美动力动画教育　学员临摹作品）

（1）造型及比例：造型方面颈部、胸部、腿部等体现女性柔美、性感的部位处理得较为准确。姿态生动自然。比例方面，做出了一个身材性感、健康、高挑的女性，头身比例把握较好。

（2）细节处理精简：可以看到作品中的形象配饰不多，但作者将几个简单角色道具做得比较到位，在简单的外形上寻找细节并把它充分地体现出来。与主体人物搭配的道具也制作得比较精细。

（3）布线规范：作者布线把握准确，能观察出人体不同部位的结构特点和肌肉走势，并采用与之协调的布线方式，这样才能做出比较准确到位的写实角色。

图 5-107 作品则是一幅较为失败的写实作品，主要体现在以下几个方面。

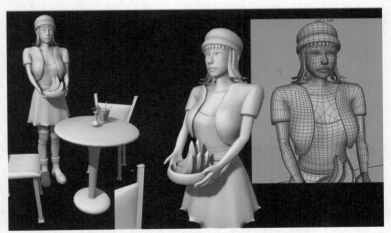

图 5-107　较为失败的卡通作品

（1）造型及比例不准确：该作品造型上有很多不足之处，如肩部太宽、胳膊较短、锁骨形态不准确等。比例上存在头部大、手部小等问题。

（2）细节刻画欠缺：细节方面还有很大的刻画空间，现在做出来的服饰及配件都太粗糙。可以把现有的道具等制作得更精良一些，如上衣可以添加褶皱或者刻画一双比较漂亮精致的鞋子，这样会在很大程度上起到衬托的作用。

（3）布线不合理：作者在一些关键的位置没有把线处理好，如胳膊、颈部、胸部中间的位置。这样会对形体起到破坏作用，并影响后续环节的工作。

整装待发——
角色道具建模

> 了解角色道具的基本知识
> 掌握角色道具的制作思路
> 掌握角色道具的制作方法和技巧

本章我们来学习角色道具建模，先了解什么是角色道具，然后通过实例掌握角色道具建模的思路、方法和技巧，熟悉角色道具模型的布线规则。

6.1 角色道具

所谓角色道具，就是角色身上穿戴和手中持有的物件，如衣服、耳环、项链、戒指、手机、钱包、钥匙和武器等。平时我们在观看动画时一般不会太注意这些道具，但是它们是不可缺少的，在塑造人物性格、推动情节发展方面起着重要作用。

在制作角色道具模型时，关键要抓住其特点，注重刻画细节。

6.1.1 常见分类

根据功能，角色道具大体可以分为两类：穿戴类和使用类。

（1）穿戴类：包括服饰、铠甲、首饰、挂件配饰等。图 6-1（a）、（b）中，角色的衣服及腰间佩戴的饰物，还有图 6-1（c）中角色的铠甲及头盔都属于穿戴类道具。

(b)

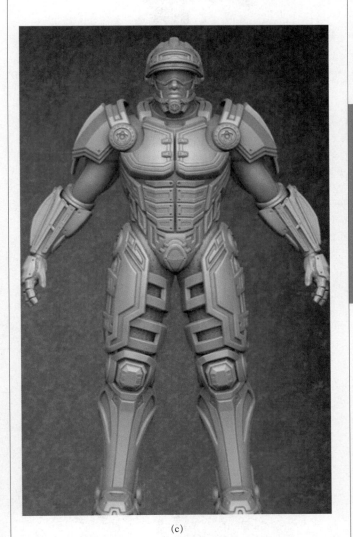

(c)

图 6-1（续）

(a)

图 6-1　穿戴类道具

（2）使用类：包括手机、钱包、书包、钥匙、武器等。图 6-2 是《飞屋环游记》中的小主角拉塞尔全副武装时的形象，他身上背的背包，背包上插的旗子、挂的绳子，还有手上拿的小号等，都属于使用类道具。

图6-2　使用类道具

图6-3（续）

6.1.2　角色道具建模需要知道的

顾名思义，角色道具是为角色服务的。在创建道具时，应考虑角色的性别、年龄、国籍、所处时代等因素，还要了解故事情节。在实际的工作过程中，大多数情况下会有可供参考的图片，但是在拿到参考图后要和导演或设计者进行充分的沟通，然后再开始制作。在制作的过程中，应注意做到如下三点。

1）把握特点

首先是年代。同样是衣服，古代的衣服和现代的衣服在款式上是有很大差异的，面料可能也有所不同。

其次是地域。比如同样是古代的铠甲，欧洲与中国就有很大的不同，如图6-3所示。欧式铠甲多为全身包裹式的重铠，由整张铁皮包裹而成，关节部分也由弯曲的铁皮连接；中式铠甲则为片片甲叶重叠、编织而成。

再次是民族。同样是现代，即便身处同一个国家，但由于各民族的文化、信仰不一样，平时的着装和所使用的物品都有很大的差别。

除了上述因素外，角色道具还可能因角色性别、年龄、性格的不同而不同。在制作的过程中要尽量考虑全面。

2）关注细节

在制作角色道具时，除了把握形状，更要关注细节，在这方面，几乎是"细节决定成败"。细节主要体现在角色道具上的褶皱、花纹、小配饰挂件等方面，如图6-4所示。如果模型上缺少了这些细节就会显得单调、不精致。

图6-3　中式和欧式铠甲对比图

图6-4　角色道具细节图

3）合理布线

角色道具在布线上的要求虽然没有人物布线那么严格，但是在满足角色道具的形状需求的同时也要注意布线的规范，尤其要注意角色关节位置布线尽量避免三角面、五边面和六边面。图 6-5 中的服饰和道具，尽管模型的形状很复杂，布线却是很规整的，即使是铠甲上铆钉结构处的布线都做得一丝不苟。

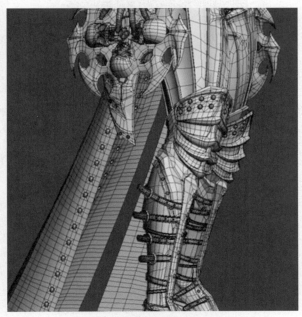

图 6-5　角色道具线框图

6.2　皮靴制作

本节以皮靴为例讲解角色道具的制作方法，这个案例重点训练制作鞋子模型的思路与比例结构的把握。

皮靴模型最终效果如图 6-6 所示。

图 6-6　皮靴模型最终效果

6.2.1　皮靴大型制作

1 执行 Create → Polygon Primitives → Cube（立方体）命令，在场景中创建一个立方体，如图 6-7 所示。

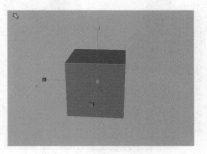

图 6-7　建立立方体

2 在 side（侧）视图中按【R】键选择缩放工具，使用 X 轴方向手柄，对物体进行 X 轴方向的缩放，根据参考图（光盘 \ 参考图片 \6.2 Boot）调整大型，如图 6-8 所示。

图 6-8　调整立方体

3 执行 Edit Mesh → Insert Edge Loop Tool（插入循环边工具）命令，根据图片加线调出靴子的大型，如图 6-9 所示。

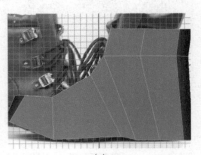

(a)

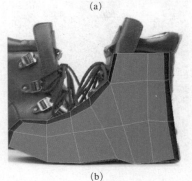

(b)

图 6-9　调整大型

4　执行 Mesh → Smooth（光滑）命令选择物体光滑一级，对照参考图片调整靴子的大型，如图6-10所示。

图 6-10　平滑模型

5　选择靴子鞋底部的面，执行 Edit Mesh → Extrude（挤压）命令制作鞋底的大型，如图6-11所示。

图 6-11　制作鞋底大型

6　选择靴子鞋底的结构线，执行 Edit Mesh → Bevel（倒角）命令，并调整倒角工具属性，如图6-12所示。

(a)

(b)

图 6-12　细化鞋底

7　执行 Edit Mesh → Split Polygon Tool 分割多边形命令，在靴子后跟部分加结构线，如图6-13所示。

图 6-13　制作鞋跟后的皮饰

8　处理掉形成的三角面，使线条顺畅，然后执行 Edit Mesh → Extrude（挤压）命令，挤压出鞋后跟位置的结构，如图6-14所示。

图 6-14　细化鞋跟后的皮饰

9　选中鞋面上的面（图6-15），执行 Edit Mesh → Extrude（挤压）命令挤压出鞋舌与鞋面连接部位的结构，如图6-16所示。

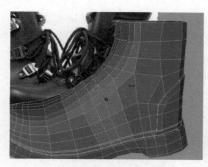

图 6-15　制作鞋面的皮饰

图 6-16　细化鞋面的皮饰

10 选中鞋口上的面（图6-17），执行 Edit Mesh → Extrude（挤压）命令，挤压出鞋舌，如图6-18所示。

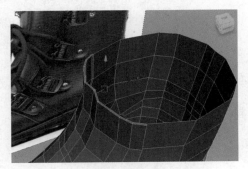

图6-17　选择面

图6-18　制作鞋舌

6.2.2　皮靴配饰制作

1 选中如图6-19所示鞋面上的线，执行 Edit Mesh → Extrude（挤压）命令，向上挤压为下一步制作细节做准备。

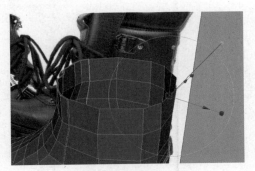

图6-19　制作细节

提示

为了方便后续模型制作，在此处将鞋舌模型隐藏。

2 选择如图6-20所示的面，执行 Mesh → Extract（分离）命令，可将所选面从鞋上分离出来，用来制作靴子边缘海绵、皮革处的细节，如图6-21所示。

图6-20　选择面

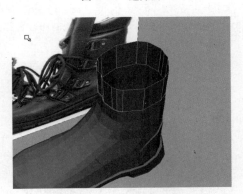

图6-21　分离面

3 选择图6-22中复制出来的面，执行 Edit Mesh → Extrude（挤压）命令制作靴子海绵、皮革的厚度。

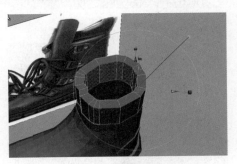

图6-22　制作细节

4 选择步骤3制作的模型，执行 Mesh → Smooth（光滑）命令（图6-23），并显示靴子鞋舌部分模型对照参考图片做调整，如图6-24所示。

图6-23　光滑模型

图 6-24　调整位置、结构

5　选择如图 6-25 所示的面，执行 Edit Mesh →
Duplicate Face（复制面）命令，来制作鞋舌部分的细
节，如图 6-26 所示。

图 6-25　选择面

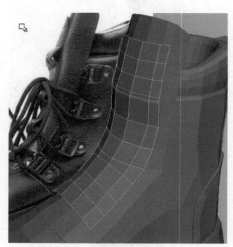

图 6-26　复制面

6　选择鞋舌模型，执行 Edit Mesh → Split Polygon Tool
命令，在鞋舌结构处加线并做调整；执行 Edit Mesh →
Extrude（挤压）命令制作鞋舌上面其他的结构细节，
如图 6-27 所示。

7　使用 Mesh → Create Polygon Tool（创建多边形）
工具绘制出鞋扣轮廓，并使用 Edit Mesh → Split
Polygon Tool 工具根据鞋扣模型结构细节需要为模型
加线，如图 6-28 所示。

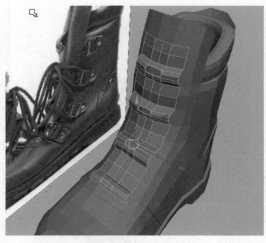

图 6-27　制作鞋舌细节

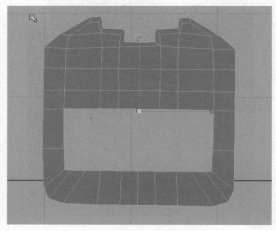

图 6-28　绘制鞋扣轮廓并加线

8　选择模型上的面执行 Edit Mesh → Extrude（挤压）命
令，制作鞋扣的厚度（图 6-29），然后复制鞋扣模型
并根据参考图摆放位置。

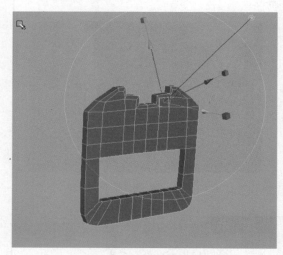

图 6-29　挤压出鞋扣厚度

9　执行 Create → EP Curve Tool EP（曲线工具）命令，
绘制如图 6-30 所示的鞋带路径曲线；并创建圆环曲线
作为鞋带的轮廓曲线，如图 6-31 所示。

图 6-30　鞋带路径曲线

图 6-31　鞋带轮廓曲线

提　示

　　鞋带的制作是这个案例的难点，这里先制作路径曲线，然后用挤压的方式生成鞋带模型。

10 选择轮廓曲线，然后再选鞋带路径曲线；执行 Surfaces → Extrude（挤压）命令，制作出鞋带模型，如图 6-32 所示。

图 6-32　挤压出鞋带模型

11 执行 Mesh → Create Polygon Tool（创建多边形）命令，绘制一个星状的面片（图 6-33），然后执行 Edit Mesh → Extrude（挤压）命令，制作星形的厚度，如图 6-34 所示。

12 创建一个球体，选择球体模型再选择星形模型（图 6-35），执行 Mesh → Booleans（布尔运算）命令，制作螺丝钉凹凸的效果，如图 6-36 所示。

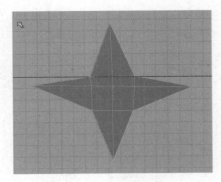

图 6-33　绘制星型轮廓

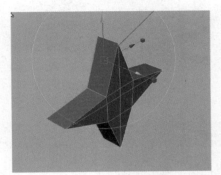

图 6-34　挤压星型厚度

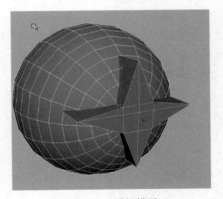

图 6-35　选择模型

图 6-36　螺丝钉凹凸效果

提　示

　　复制多个螺丝钉模型，根据参考图片摆放螺丝钉的位置。

13 至此皮靴模型制作完成了，显示所有模型执行 Mesh → Smooth 光滑命令，光滑后的效果如图 6-37 所示。

图 6-37　最终模型

6.3　衣服制作

　　衣服也属于角色道具的一种，本节以女性连衣裙为例讲解衣服的制作方法。本案例基本上包含了衣服上的所有元素：衣领、衣袖、纽扣、腰带、衣兜等。衣服褶皱的制作是难点，在满足形状的同时还要注意布线的流畅。

　　衣服模型最终效果如图 6-38 所示。

正面

背面

图 6-38　衣服完成效果

6.3.1　衣服基础外形制作

1 首先导入一个女性人体模型来做衣服比例的参考，如图 6-39 所示。

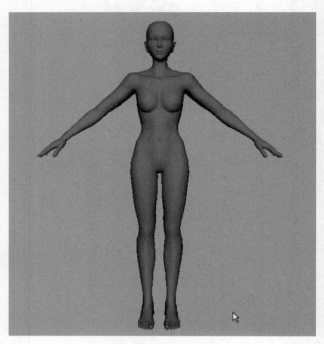

图 6-39　导入人体模型

然后执行 Create → Polygon Primitives → Cylinder（圆柱体）命令，在场景中创建一个圆柱体。在通道栏中设置圆柱体段数，具体设置如图 6-40 所示。

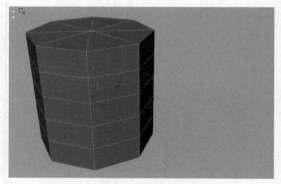

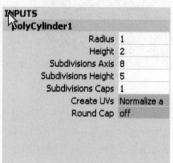

图 6-40　创建圆柱体并修改段数

2 按【F8】键，进入物体的面级别，选中圆柱体的上下表面，按【Delete】键删除，如图 6-41 所示。

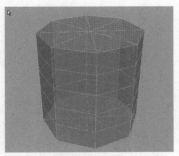

(a) 选择模型的面

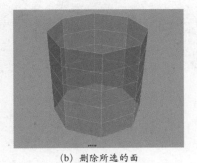

(b) 删除所选的面

图 6-41　删除圆柱体上下顶面

3 按【R】键，使用缩放工具将圆柱体和人体模型对位。具体比例关系如图 6-42 所示。

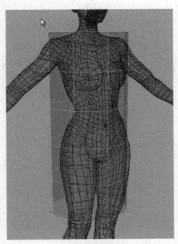

(a) 透视图

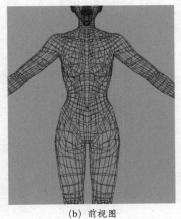

(b) 前视图

图 6-42　把圆柱体和人体对位

4 按【F9】键，进入物体的点层级，在 front（正）视图和 side（侧）视图将圆柱体模型调节成如图 6-43、图6-44 所示的效果。

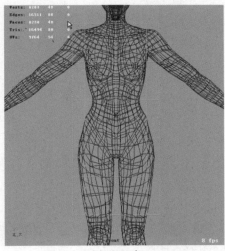

(a) 调整前

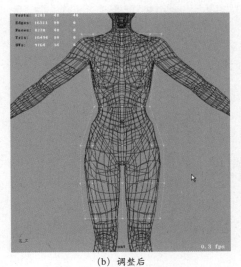

(b) 调整后

图 6-43　前视图调节点让圆柱体和人体匹配

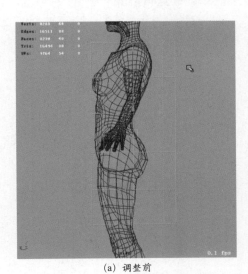

(a) 调整前

图 6-44　侧视图调节点让圆柱体和人体匹配

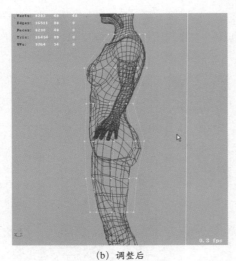

（b）调整后

图 6-44（续）

5 按【E】键，进行旋转，在 side（侧）视图将点调节成图 6-45 所示的状态。注意红线标注的形状。

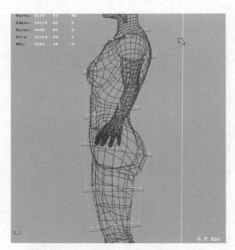

图 6-45　调节点让圆柱体和人体匹配

6 选中领口的点，按【W】键使用移动工具，沿着 Y 轴向下调节，如图 6-46 所示。

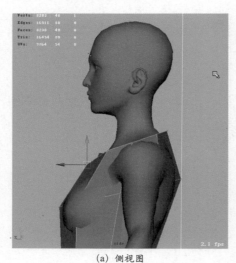

（a）侧视图

图 6-46　调节领口的点

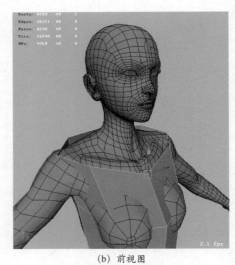

（b）前视图

图 6-46（续）

7 按【F8】键，进入模型的物体模式，执行 Mesh → Smooth（光滑）命令，细分模型。

8 在 Edge 边模式下选择模型上的一条横向边，执行 Select → Convert Seletion → To Edge Loop（选择循环边）命令。按【R】键进行缩放，将模型调节成如图 6-47 所示的形状，解决衣服与身体的配合问题。

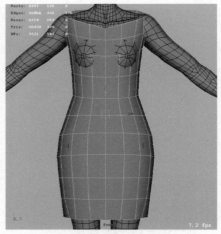

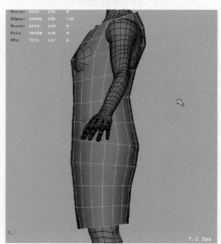

图 6-47　调节模型形状

6.3.2 领口肩部基础外形制作

1 在 Edge 边模式下选择模型领口上的一条横向边，使用 Mesh → Fill Hole（补洞）工具将衣服领口的面补上。

2 在刚补的面上，使用 Edit Mesh → Split Polygon Tool （分割多边形）工具将衣服领口的面分割成图 6-48 和图 6-49 红线标注的状态。

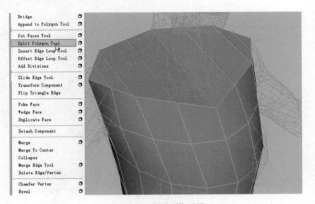

图 6-48　分割模型线

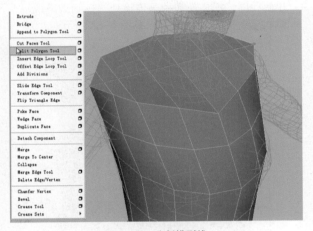

图 6-49　分割模型线

3 按【F8】快捷键或单击鼠标右键，选点级别，在点级别下按【W】键，将模型调节成红线标注形状，如图 6-50 所示。

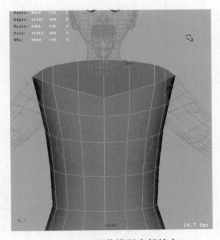

图 6-50　调节模型肩部的点

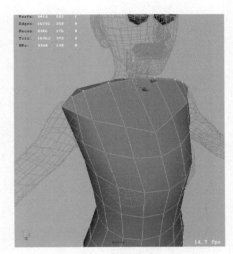

图 6-50（续）

4 在面级别下按【Delete】键，将模型上的面删除，如图 6-51、图 6-52 所示。

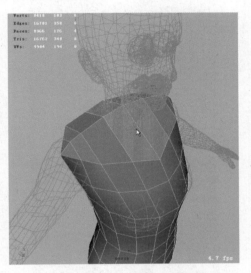

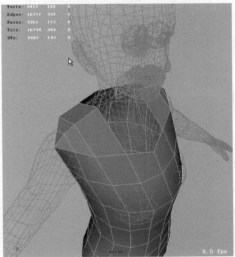

图 6-51　删除模型的面

5 在面级别下按【Delete】键，将模型右半边的面删除，如图 6-53 所示。

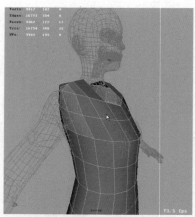

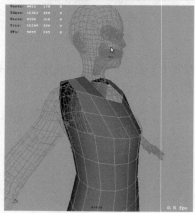

图 6-52　删除模型的面

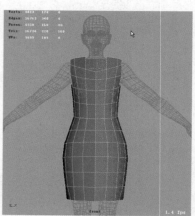

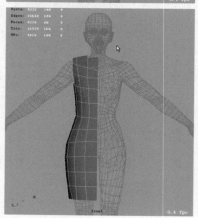

图 6-53　删除模型的面

6 在物体模式下选择模型，执行 Edit → Duplicate Special 命令，具体设置 Geometry type:Instance（关联），Scale（缩放）：-1、1、1，如图 6-54 所示。

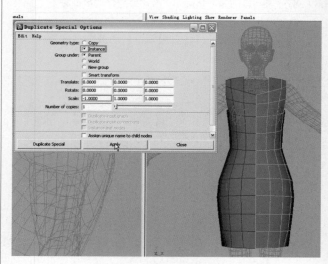

图 6-54　对模型进行关联复制

7 在侧视图，把肩部和袖子连接处的形状调节成圆形，使其符合手臂的切面形状，如图 6-55 所示。

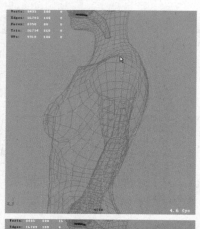

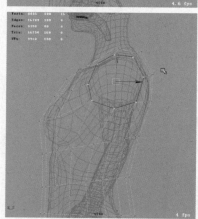

图 6-55　调节模型肩部袖口的点

8 执行 Select → Convert Selection → To Edge Loop（选择循环边）命令，选中模型肩部的线。按【R】键把循环线沿着 X 方向压平。然后按【E】键将循环线旋转一定的角度，如图 6-56 所示。

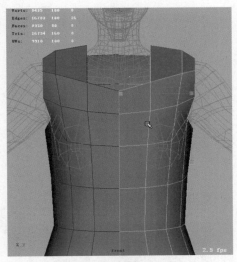

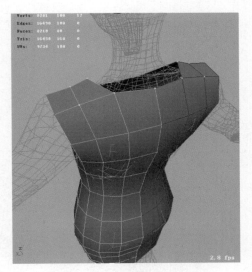

图 6-57（续）

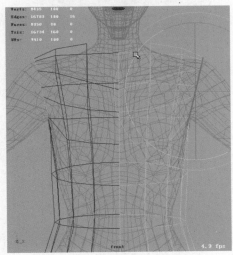

图 6-56　调节模型肩部袖口的点

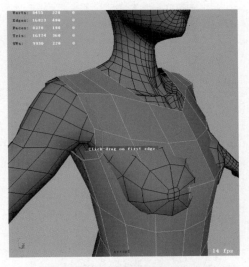

9　把领口肩膀的点调节成如图 6-57 所示的样式，让衣服的形状更贴合人体。

10　在模型肩部使用 Split Polygon Tool（分割多边形）工具，在图 6-58 中所示的位置添加一圈线。

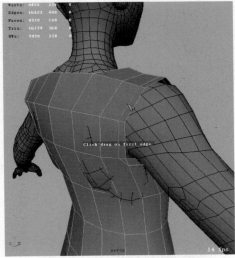

图 6-58　在肩膀分割线

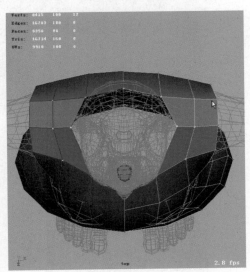

图 6-57　调节模型肩部领口的点

11　在图 6-59 中红线标注的位置，执行 Edit Mesh → Coll- apse（塌陷）命令。

12　将图 6-60 中圆圈框选位置的与身体穿插的衣服模型向外调整，解决穿帮。调整后的效果如图 6-61 所示。

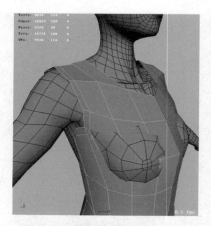

图 6-59　塌陷红线标注的线

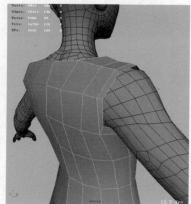

图 6-61　调整后的效果

6.3.3　肩部细致调整

1 在图 6-62 红线位置处，执行 Edit Mesh → Insert Edge Loop Tool 命令，划分两条切线。然后按【W】键，调整 Y 轴方向。

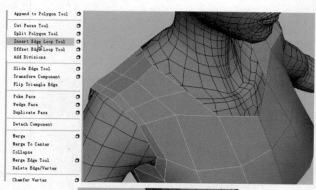

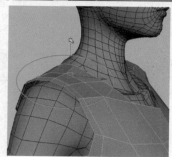

图 6-62　调整肩部形状

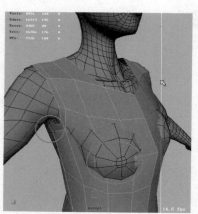

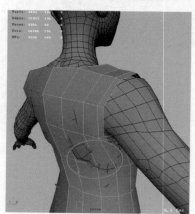

图 6-60　修改衣服与身体的穿插

2 在如图 6-63 所示红线位置处，使用 Edit Mesh → Split Polygon Tool（分割多边形）工具，划分两条切线，并将如图 6-64 所示红线位置处的线删掉。

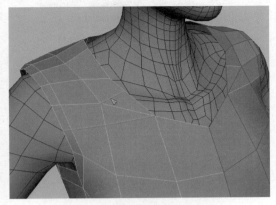

图 6-63 分割红线处的多边形

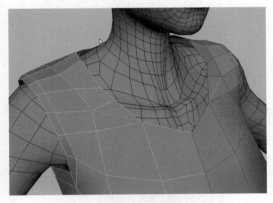

图 6-64 删除红线标注的位置

3 将领口的点调节成如图 6-65 所示形状，保持线的走势平滑。

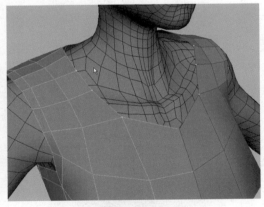

图 6-65 调节点的位置

4 执行 Edit Mesh → Append to Polygon Tool（添加面）命令，按照图 6-66 所示的位置和顺序依次选择"1"和"2"两条边，得到如图 6-67 中的样式。

5 在如图 6-68 所示红线位置处，执行 Edit Mesh → Split Polygon Tool 命令，划分两条切线（注意线的连续性）。

6 将图 6-69 所示的红色虚线部分删除，将红色实线的位置执行 Edit Mesh → Collapse（塌陷）命令。

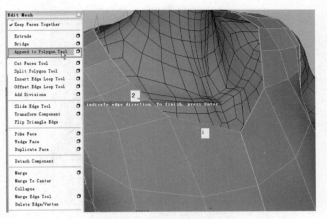

图 6-66 添加多边形

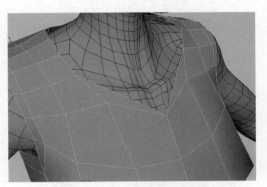

图 6-67 补完面的效果

图 6-68 分割多边形

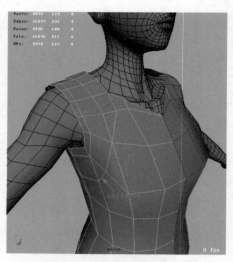

图 6-69　删除线并塌陷线

7 在如图 6-70 所示红线位置处，执行 Edit Mesh → Split Polygon Tool（分割多边形）命令，划分一条切线。

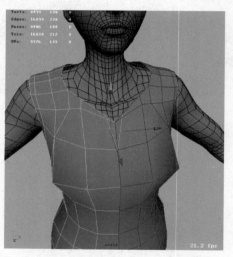

图 6-70　使用分割多边形工具划出红线位置的线

8 选如图 6-71 所示模型中的面删除，将领口的点调节成图 6-72 中的样式。

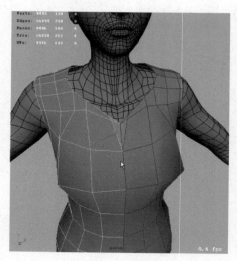

图 6-71　删除选中面

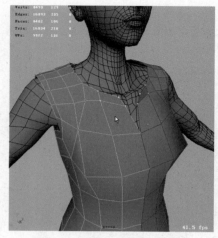

图 6-72　调整后领口的形状

9 在如图 6-73 所示红线位置处，执行 Edit Mesh → Split Polygon Tool 命令，添加两条线。

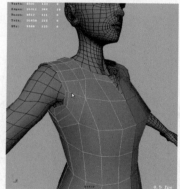

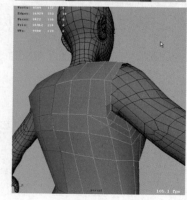

图 6-73　添加线

10 删除如图 6-74 所示红色虚线位置的线，删除后的效果如图 6-75 所示。

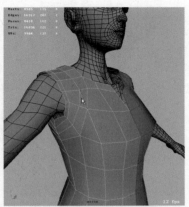

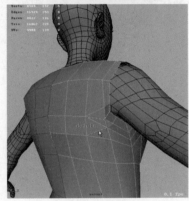

图 6-74　删除多边形上多余的边

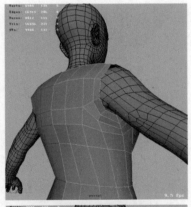

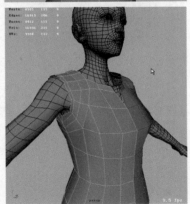

图 6-75　得到的结果

6.3.4　领口细致调整

1 选择如图 6-76 所示领口的边。

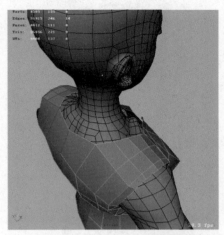

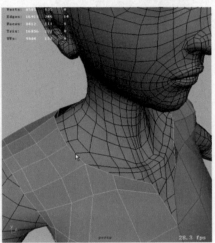

图 6-76　选中领口的边

2 执行 Edit Mesh → Extrude（挤压）命令，并且选中挤压手柄的 Z 轴，向下拖动一段距离，如图 6-77 所示。然后使用移动工具，把挤压出来的边沿着 Y 轴向上移动一段距离，使选中的边和原来的领口保持平齐，如图 6-78 所示。

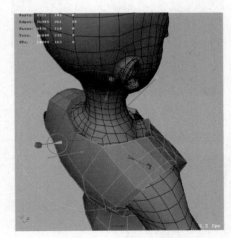

图 6-77　挤压领口选中的边

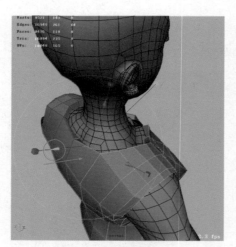

图 6-77（续）

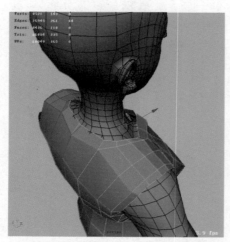

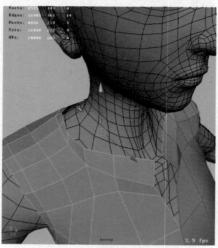

图 6-78　移动后的结果

3　把挤压出来的边调节成如图 6-79 所示的形状。

注　意

保持模型拓扑线的平滑。

4　再次选中领口的边界，如图 6-80 所示。执行 Extrude
　（挤压）命令，并且选中挤压手柄的 Z 轴，向上拖动一

段距离。挤压出领子的形状，如图 6-81 所示。然后调节
领子的形状，使其符合参考图的样式，如图 6-82 所示。

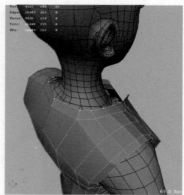

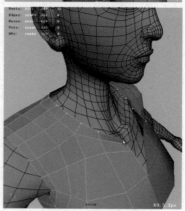

图 6-79　调节点后结果

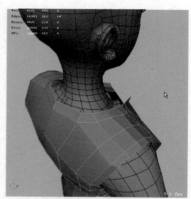

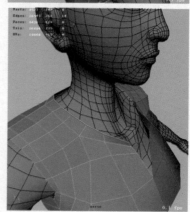

图 6-80　选中领口的边界

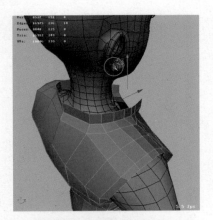

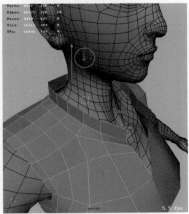

图 6-81　挤压领子的边

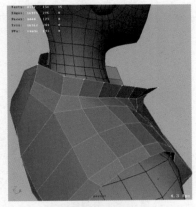

图 6-82　调节点后结果

6.3.5　上身拓扑细致调整

1 在背部执行 Edit Mesh → Insert Edge Loop Tool（插入循环边）命令，插入一条连续的边。然后把这条循环边沿着 Z 轴向外移动一段距离，如图 6-83 所示。

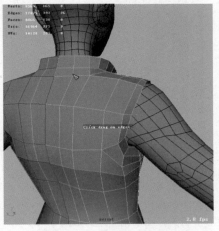

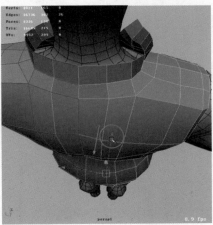

图 6-83　在背部插入循环边

2 继续在背部执行 Edit Mesh → Insert Edge Loop Tool（插入循环边）命令，在图 6-84（a）所示的位置，插入两条连续的边。然后把这两条循环边沿着 Z 轴向外移动一段距离，以保持模型的平滑，如图 6-84（b）所示。

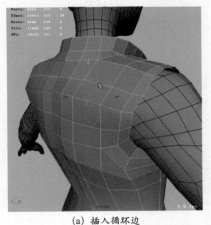

（a）插入循环边

图 6-84　在背部插入循环边并调整形状

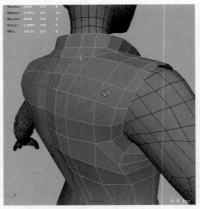

（b）调整模型形状

图 6-84（续）

3　执行 Edit Mesh → Split Polygon Tool（分割多边形工
　具）命令，在模型上添加如图 6-85 所示的红色的边
　线。再次使用 Edit Mesh → Split Polygon Tool（分割
　多边形）工具，在模型上添加如图 6-86 所示的红色的
　边线。

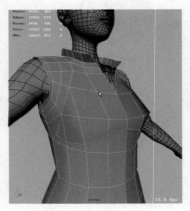

图 6-85　分割多边形

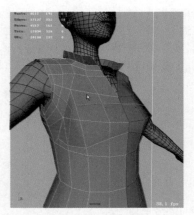

图 6-86　分割多边形

4　删除如图 6-87 所示的红色的虚线。然后把模型胸部的
　点调节成如图 6-88 所示的形态。

5　使用 Edit Mesh → Split Polygon Tool（分割多边形）
　工具，在模型上添加如图 6-89 所示的红色的边线。然
　后把模型胸部的点调节成如图 6-90 所示的形态。

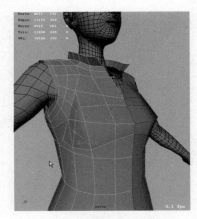

图 6-87　删除多边形上的边

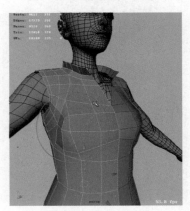

图 6-88　调节模型胸部的点

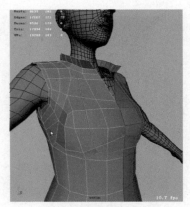

图 6-89　分割多边形

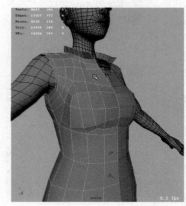

图 6-90　调节模型胸部的点

6 执行 Edit Mesh → Insert EdgeLoop Tool（插入循环边）命令，在如图 6-91 所示胸部的位置上添加线。把模型胸部的点调节成如图 6-92 所示的形态。

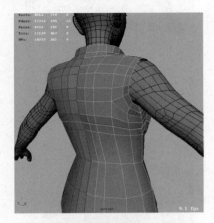

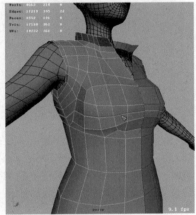

图 6-91　为多边形插入循环边

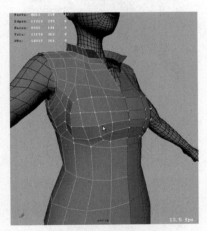

图 6-92　调节模型胸部的点

7 在图 6-93 所示腰部的位置上，执行 Edit Mesh → Insert Edge Loop Tool（插入循环边）命令，插入两条循环边，把模型腰部的点调节成如图 6-94 所示的形态。

8 在如图 6-95、图 6-96 所示臀部和腿部的位置上，执行 Edit Mesh → Insert Edge Loop Tool（插入循环边）命令，再次插入七条循环边。把模型臀部和腿部的点调节成如图 6-97 所示的形态。

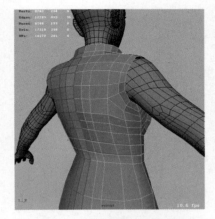

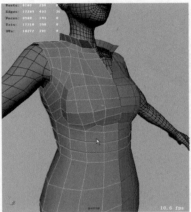

图 6-93　为多边形插入循环边

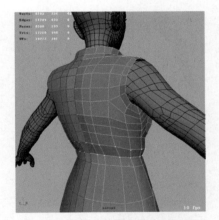

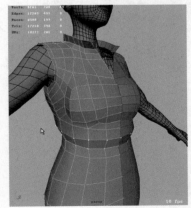

图 6-94　调节模型腰部的点

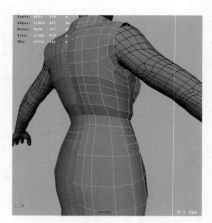

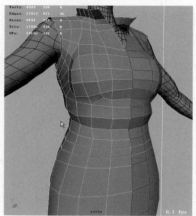

图 6-95　为多边形插入循环边

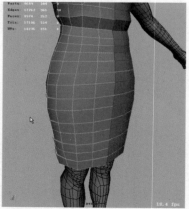

图 6-96　为多边形插入循环边

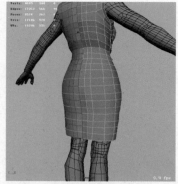

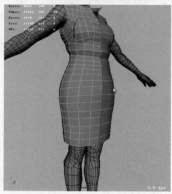

图 6-97　调节模型腰部的点

9　如图 6-98 所示从肩部到裙底，沿着红色实线的位置，使用 Edit Mesh → Split Polygon Tool（分割多边形）工具，添加一条线。为了平滑模型的拓扑线，把旁边红色虚线位置的线删除掉，修改后的效果如图 6-99 所示。

图 6-98　分割多边形删除多余的线

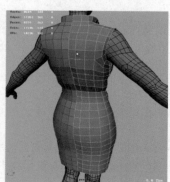

图 6-99　修改后的效果

6.3.6 袖子制作

1 在腋下到胸部下沿使用 Edit Mesh → Split Polygon Tool 工具，分割一条切线，如图 6-100 所示。调整形态如图 6-101 所示。

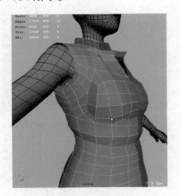

图 6-100 分割多边形

图 6-101 调整形状

2 把肩膀的截面形状再次调节成圆形，如图 6-102 所示。

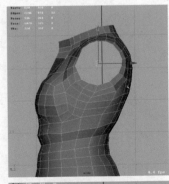

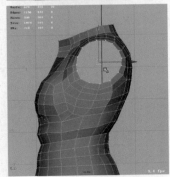

图 6-102 调整肩膀截面形状

3 执行 Select → Convert Seletion → To Edge Loop Tool（选择循环）命令选中袖口的循环边，如图 6-103 所示。执行 Edit Mesh → Extrude（挤压）命令，如图 6-104 所示。按【R】键使用缩放，调节挤压出来的袖子的形状，如图 6-105 所示。

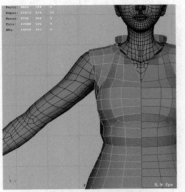

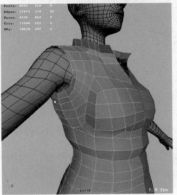

图 6-103 选择循环边

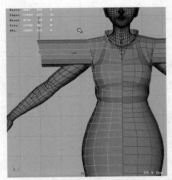

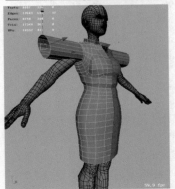

图 6-104 挤压选中的循环边

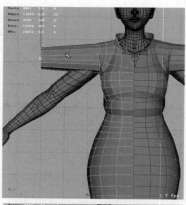

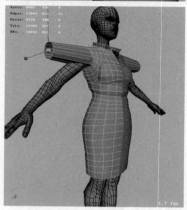

图 6-105　缩放工具调整袖口的形状

4 使用移动工具，调节袖子的形状，如图 6-106 所示。再次执行挤压命令，挤压出前臂袖子的形状。并且使用移动工具，调节袖子的形状，如图 6-107 所示。

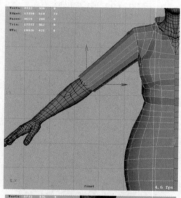

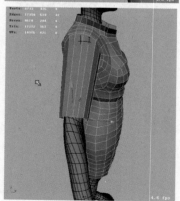

图 6-106　移动工具调节模型

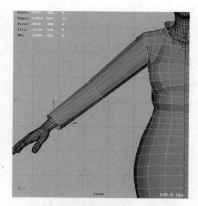

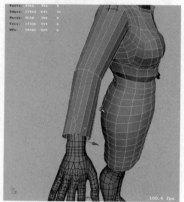

图 6-107　挤压并移动工具调节模型

5 再次执行 Edit Mesh → Extrude（挤压）命令，连续挤压两次，调节出袖口的形状，如图 6-108 所示。

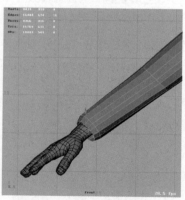

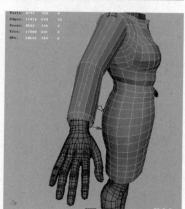

图 6-108　挤压并移动工具调节模型

Maya模型

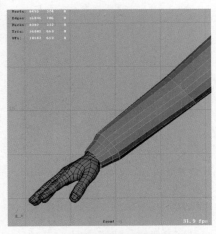

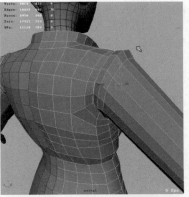

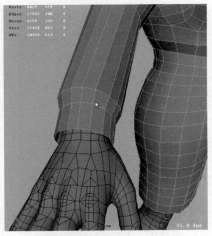

图 6-108（续）

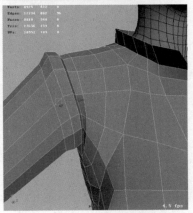

图 6-110　用缩放工具调节模型

6　执行 Edit Mesh → Insert Edge Loop Tool 命令，在肩关节处插入三条边。准备刻画肩部的形状，如图 6-109 所示。

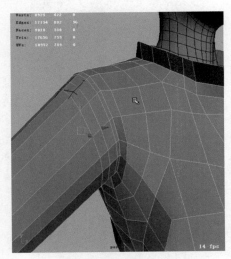

图 6-109　插入循环边

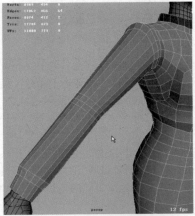

7　使用缩放工具，调节肩关节处的结构，如图 6-110 所示。

8　在肘关节处，执行 Edit Mesh → Insert Edge Loop Tool（插入循环边）命令，插入两条边，并且把形状调节成红线标注的状态，如图 6-111 所示。

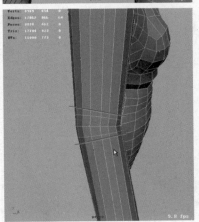

图 6-111　插入循环边调形

9 在上下臂的位置处，执行 Edit Mesh → Insert Edge Loop Tool（插入循环边）命令，插入两条边。并且把形状调整成图6-112所示的状态，让袖子符合人体的模型。

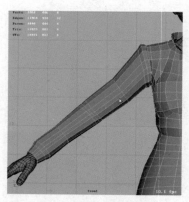

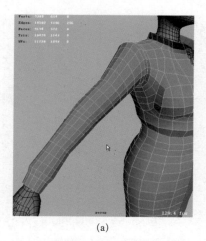

(a)

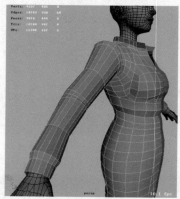

图6-112 插入循环边调形

10 再次在上下臂的位置处，执行 Edit Mesh → Insert Edge Loop Tool（插入循环边）命令，插入八条边。并且把形状调节成如图6-113所示的状态，精致调节袖子的形状使之符合人体的模型，同时把手臂的肌肉形状表现出来。

11 在袖子和肩膀的连接处，使用 Edit Mesh → Split Polygon Tool（分割多边形）工具，插入一圈边。然后使用缩放工具，把这条边向内进行缩放，如图6-114所示。

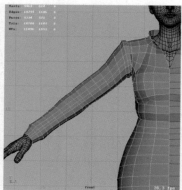

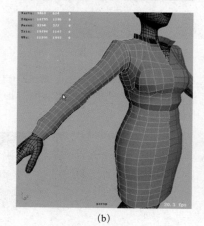

(b)

图6-113（续）

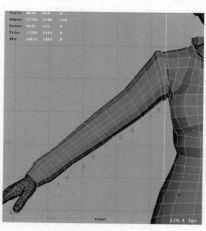

图6-113 插入循环边调形

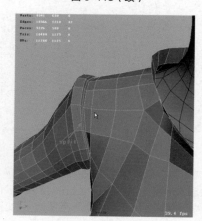

图6-114 分割多边形调形

Maya模型

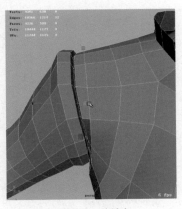

图 6-114（续）

12 在袖口处，使用 Edit Mesh → Extrude（挤压）工具，沿着 Z 轴的方向连续挤压两次，挤压出袖子的厚度来，如图 6-115 所示。

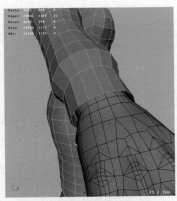

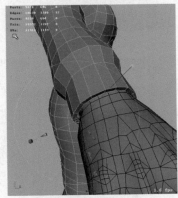

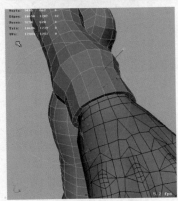

图 6-115　挤压出袖子的厚度

13 在袖口处，执行 Edit Mesh → Bevel（倒角）命令，将袖口的边缘制作出面过渡，具体属性设置参考图 6-116，操作过程如图 6-117 所示。

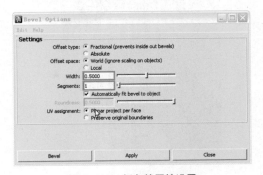

图 6-116　倒角的属性设置

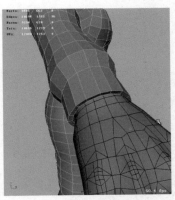

（a）选择需要倒角的线

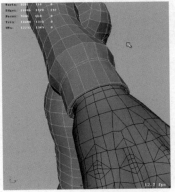

（b）第一次倒角后效果

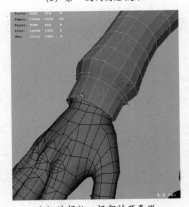

（c）选择袖口根部的两条线

图 6-117　袖口位置倒角

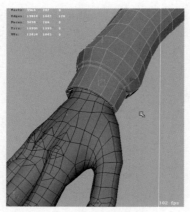

(d) 第二次倒角后效果

图 6-117（续）

14 在袖口处，执行 Edit Mesh → Insert Edge Loop Tool（插入循环边）命令插入一圈边，用缩放工具，收缩一下，如图 6-118 所示。

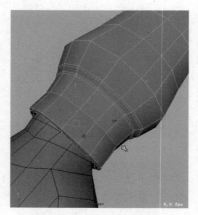

图 6-118 插入边收缩调形

6.3.7 上身细节制作

1 在排扣处，使用 Edit Mesh → Split Polygon Tool（分割多边形）工具在如图 6-119 所示红线标注的位置，划分一条线。再次使用 Edit Mesh → Split Polygon Tool（分割多边形）工具在如图 6-120 所示的位置，再次划分一条线。

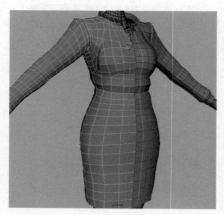

图 6-119 添加线

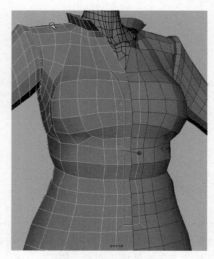

图 6-120 添加线

2 调整胸前的线，如图 6-121 所示的形状。

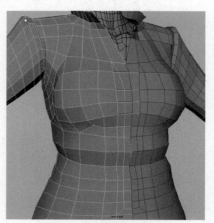

(a) 调整前

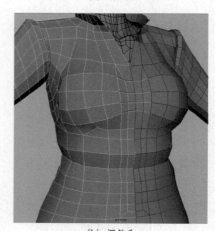

(b) 调整后

图 6-121 调节模型的线

3 使用 Edit Mesh → Split Polygon Tool（分割多边形）工具，在如图 6-122 所示红色实线的位置划分两条切线，并删除红色虚线的位置的线。

4 再次使用 Edit Mesh → Split Polygon Tool（分割多边形）工具，在如图 6-123 所示红色实线的位置划分两条切线，删掉红色虚线的位置的线。

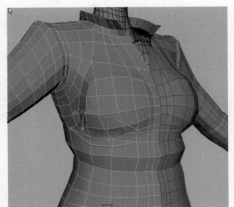

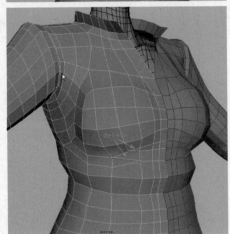

图 6-122　调节模型的线

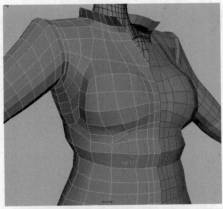

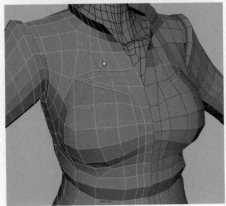

图 6-123　调节模型的线

5　调整模型的线，如图 6-124 所示。

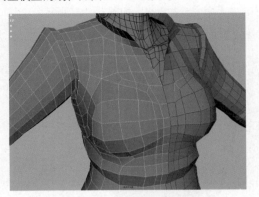

图 6-124　调节模型的线

6　根据参考图 6-125，使用移动工具，调整模型的线，如图 6-126 所示。

图 6-125　参考图片

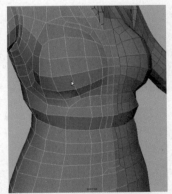

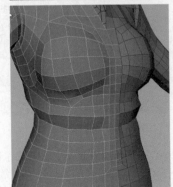

图 6-126　调节模型的线

7 把关联复制的左右两边的模型，执行 Mesh → Combine（合并）命令合并起来，如图 6-127 所示。

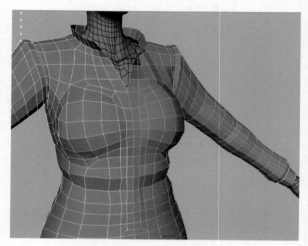

图 6-127　合并模型

8 使用 Edit Mesh → Split Polygon Tool（分割多边形）工具，在如图 6-128 所示红色实线的位置划分两条切线，删掉红色虚线的位置的线。

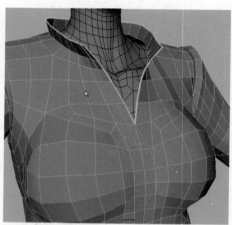

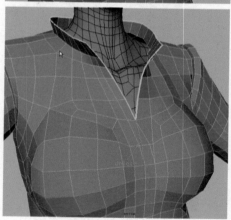

图 6-128　调节模型的线

9 删掉如图 6-129 所示选中的面，注意扣子附近的面。

10 选中图 6-130 所示的模型的领口的面，然后执行 Edit Mesh → Extrude（挤压）命令，把衣服的领子挤压出厚度，如图 6-131 所示。

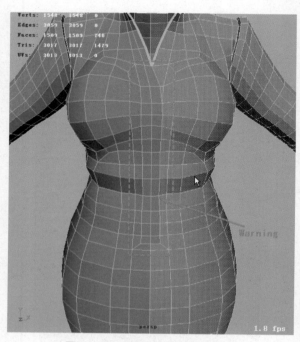

图 6-129　删掉图中选中的部分的面

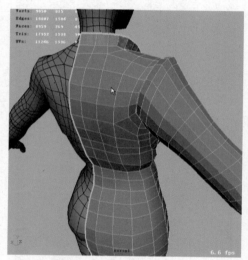

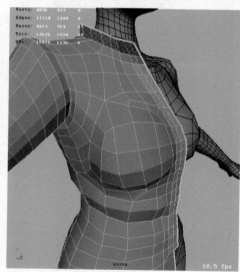

图 6-130　选中模型的面

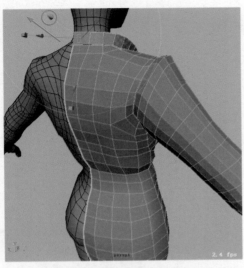

图 6-131　挤压模型的面

11 删掉图 6-132 所示选中的部分的面。

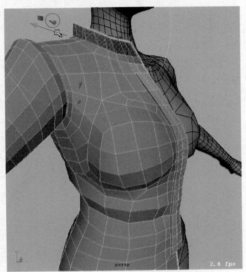

图 6-132　删除模型的面

12 使用 Edit Mesh → Split Polygon Tool（分割多边形）工具，在领子的中间的位置划分一条线。然后使用移动工具，调节模型，使领子看起来有弯曲的过渡，如图 6-133 所示。

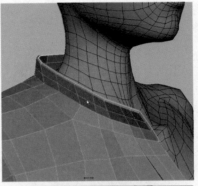

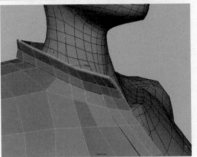

图 6-133　分割多边形移动调形

6.3.8　衣兜制作

1 使用 Edit Mesh → Split Polygon Tool（分割多边形）工具，在衣服对应胯骨的位置划分出衣兜的形状，并在衣兜的位置加线，如图 6-134 所示。

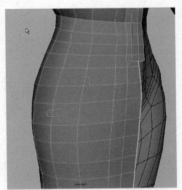

（a）加线绘制衣兜形状

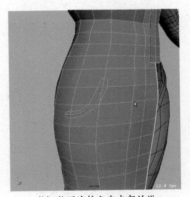

（b）整理连接衣兜内部的线

图 6-134　分割多边形划分衣兜

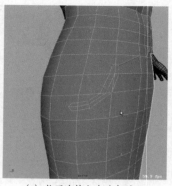

（c）整理连接衣兜外部的线

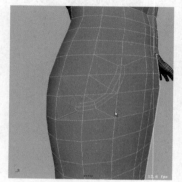

（d）处理衣兜尾部的线

图 6-134（续）

2　删掉红色虚线的位置的线，使用 Edit Mesh → Split Polygon Tool（分割多边形）工具，在红色实线的位置划分切线，如图 6-135 所示。然后调整模型，如图 6-136 所示。

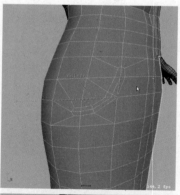

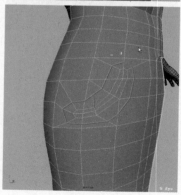

图 6-135　分割多边形为衣兜加细

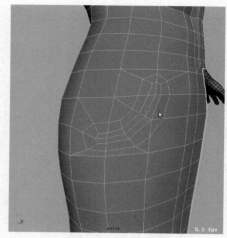

图 6-136　调整完后衣兜的线

3　将红色实线的位置 Collapse（塌陷）〔图 6-137（a）〕，删掉红色虚线的位置的线〔图 6-137（b）〕，使用 Edit Mesh → Split Polygon Tool（分割多边形）工具，在红色实线的位置划分切线〔图 6-137（c）〕。完成后的效果如图 6-138 所示。

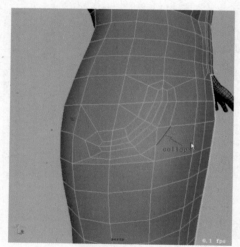

（a）合并图示的线

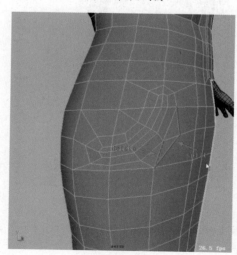

（b）整理环线

图 6-137　调整衣兜的拓扑

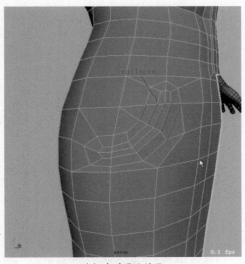

(c) 合并图示的线

图 6-137（续）

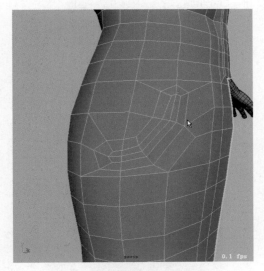

图 6-138　调整完后衣兜的线

4　将衣兜开口处的线调节成如图 6-139 所示的形状。

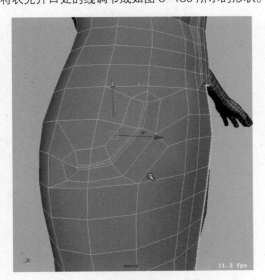

图 6-139　调整后衣兜开口处的线

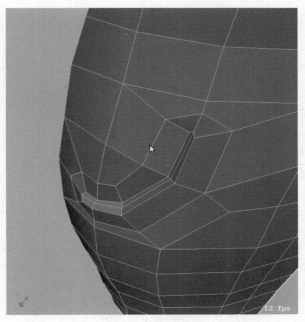

图 6-139（续）

5　将衣兜开口处的面选中，执行两次 Edit Mesh → Extrude（挤压）命令，调节成如图 6-140 所示的形状，把衣兜的深度挤出来。

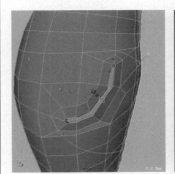

(a) 挤压衣兜的面　　　　(b) 将挤压的面向里推

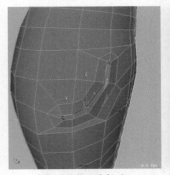

(c) 继续挤压选择的面　　　(d) 将挤压的面向里推

图 6-140　挤压出衣兜的深度

6.3.9　臀部衣兜制作

1　使用 Edit Mesh → Split Polygon Tool（分割多边形）工具在红色实线的位置划分切线，划分出后面衣兜的形状，如图 6-141 所示。

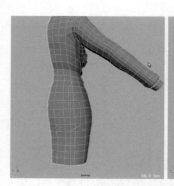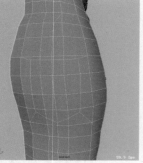

图 6-141　划分出后面的衣兜

2　将衣兜形状的面选中，执行两次 Edit Mesh → Extrude（挤压）命令，把衣兜的厚度挤压出来，如图 6-142 所示。

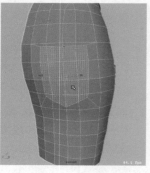

(a)

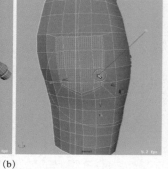

(b)

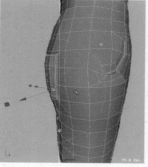

(c)

图 6-142　挤压出衣兜的厚度

3　将衣兜开口的面选中，执行两次 Edit Mesh → Extrude（挤压）命令，从衣兜的开口处向内挤压出衣兜的深度，如图 6-143 所示。然后整理衣兜的点，平滑模型的拓扑，如图 6-144 所示。

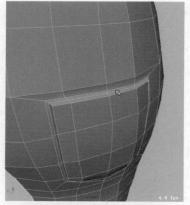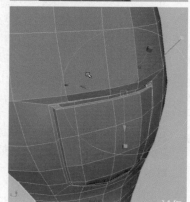

图 6-143　挤压出衣兜的深度

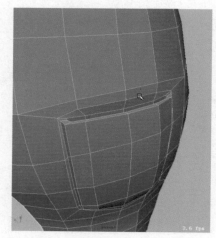

图 6-144　整理完成后衣兜的效果

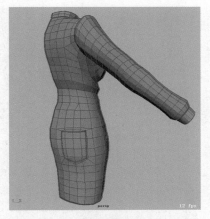

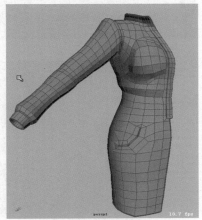

图 6-144（续）

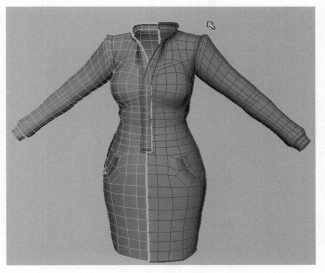

图 6-145（续）

6.3.10　完成左右衣领

1　在物体模式下选择单边模型，执行 Edit → Duplicate Special（特殊复制）命令，具体设置 Geometry type:Copy（复制），Scale（缩放）：-1、1、1，复制出右侧的模型，如图 6-145 所示。

2　选择模型的左半边，在层工具栏中新建一个层。执行 Add Selected Objects 命令把选中的模型添加进去。并且冻结为线框模式，如图 6-146 所示。

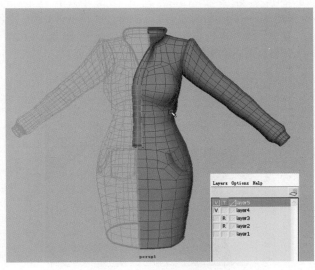

图 6-146　把模型冻结在层中

3　删除图 6-147 选中的面。

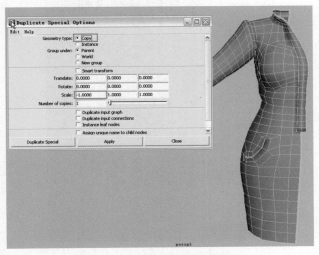

图 6-145　整理完后衣兜的线效果

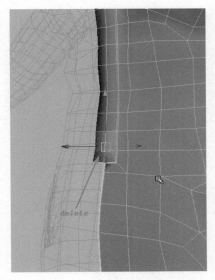

图 6-147　删除模型选中的面

4 调整模型的点，修改衣服对襟处的穿插，修改后的效果如图 6-148 所示。

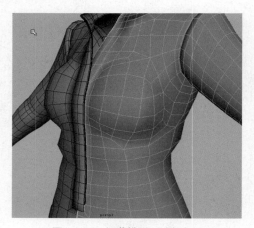

图 6-148　调节模型，避免交叉

5 把调节好的模型左右两边都选中，再次执行 Mesh→Combine（合并）命令，把模型合并为一个整体。然后执行 Edit Mesh→Merge（缝合）命令，把模型上的边缝合起来，如图 6-149 所示。

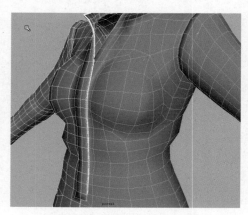

图 6-149　合并模型并且缝合边

6 在红线的位置，按照图中序号"1"和"2"的顺序，执行 Edit Mesh→Append to Polygon Tool（添加多边形）命令，为模型补面，如图 6-150 所示。

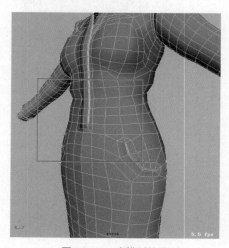

图 6-150　为模型补面

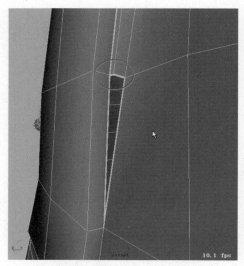

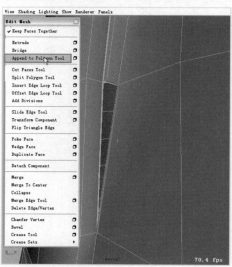

图 6-150（续）

7 在补完面的模型上选中分离开的两条边，使用 Edit Mesh→Merge Edge Tool（缝合边）工具，将模型的两条边缝合起来，如图 6-151 所示。

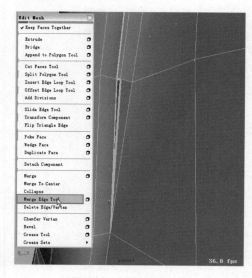

图6-151　为模型缝合边

Maya模型

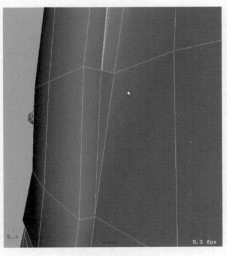

图 6-151（续）

8　使用 Select → Convert Seletion → To Edge Loop
　　Tool（选择循环边）工具，选中衣服领口的循环
　　边，如图 6-152 所示。对选中的边，执行两次 Edit
　　Mesh → Extrude（挤压）命令，挤压出领子的内部的
　　厚度，如图 6-153 所示。

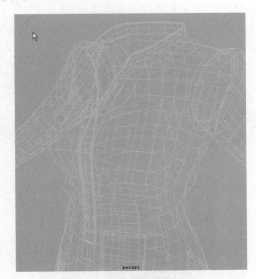

图 6-152　选中衣领的循环边

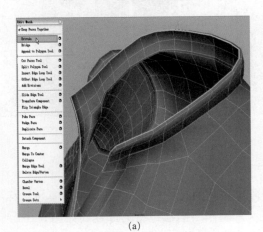

(a)

图 6-153　挤压出领子的内部的厚度

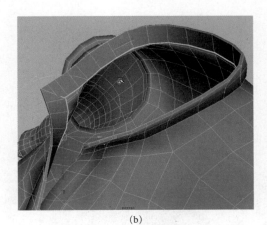

(b)

图 6-153（续）

9　如图 6-154 所示，对领口选中的点，执行 Edit Mesh →
　　Merge To Center（向中心缝合点）命令，把选中的点
　　缝合成一个点。把图 6-155 中虚线标注出来的线删除。

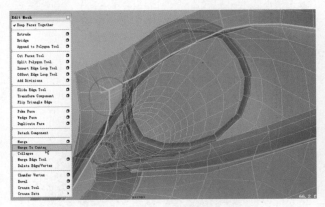

图 6-154　合并选中点

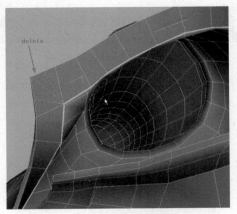

图 6-155　删除选中的边

提　示

左右两边的操作相同。

10　使用 Edit Mesh → Split Polygon Tool 工具，在领子内
　　　侧中间的位置横向划分一条线，并且和领子外侧的线
　　　连接起来，如图 6-156 所示。

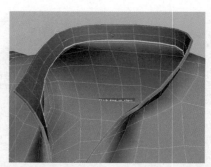

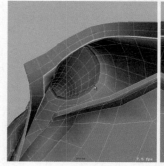

图 6-156　分割出领子内测的线

11 再次使用 Edit Mesh → Split Polygon Tool（分割多边形）工具，在领子的内侧中间的位置纵向划分一条线，如图 6-157 所示。

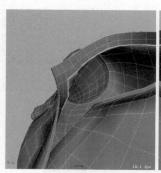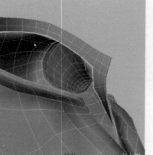

图 6-157　分割出领子内测的线

12 使用缩放工具，调节划分出来的线，如图 6-158 所示。

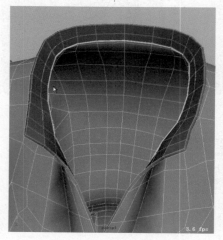

图 6-158　调节模型

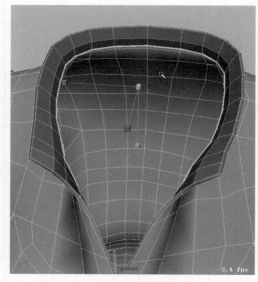

图 6-158（续）

13 执行 Edit Mesh → Split Polygon Tool（分割多边形工具）命令，在领子的外侧划分一条线，卡出领子的折痕，如图 6-159 所示。

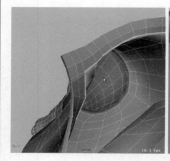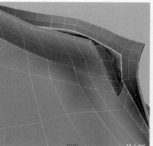

图 6-159　加线卡出领子的折痕

14 执行 Edit Mesh → Insert Edge Loop Tool（插入循环边）命令，在领子边缘再加一条线，制作出领子边缘的过渡，如图 6-160 所示。

图 6-160　加线做出领子的边缘的过渡

6.3.11　裙摆边缘制作

执行 Edit Mesh → Extrued（挤压）命令，连续挤压两次，制作出裙摆边缘的厚度，如图 6-161 所示。至此裙子整体造型基本制作完成，如图 6-162 所示。

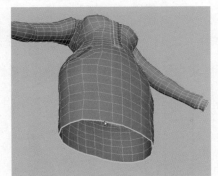

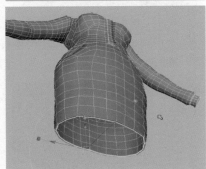

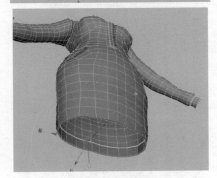

图 6-161　制作出裙摆边缘的厚度

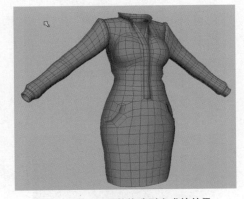

图 6-162　裙子整体造型完成的效果

6.3.12　褶皱制作

为了让裙子看起来细节更多更真实，又能反映出裙子的质地，还需要制作出裙子上的褶皱。在制作褶皱的时候，要根据裙子的布料受重力影响下垂的状态，以及角色身体活动时容易产生褶皱的位置来完成。在这里要多参考真实的照片。裙子上褶皱比较多

的位置，如图 6-163 所示。

图 6-163　褶皱的位置

通过图片可以发现，除了款式上的特别设计，其余的褶皱多产生在活动的关节处。模型上衣褶皱的走势如图 6-164 所示。在模型的制作过程中，要按照褶皱产生的位置和角度，来调整布线。另外在建模的过程中，尽量保持四边面。下面就来学习衣服褶皱的具体制作方法。

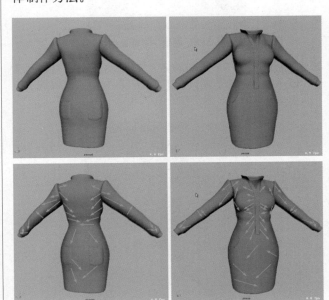

图 6-164　模型上衣褶皱的走势

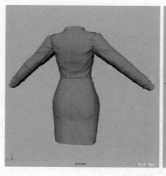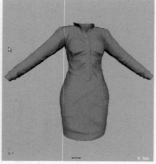

图 6-164（续）

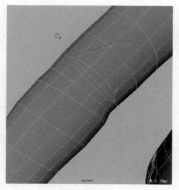

图 6-166（续）

1 以袖子为例，在袖子臂弯处找到一条线，使用 Edit Mesh → Split Polygon Tool（分割多边形）工具，在它的两边各划一条线，如图 6-165 所示。

3 使用移动工具，把中间的边如图 6-167 所示向外移动一些距离，得到一个褶皱。

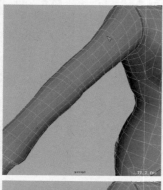

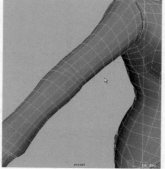

图 6-165　在袖子臂弯处划线

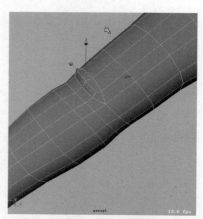

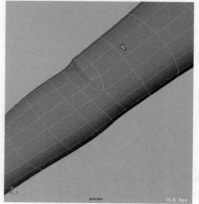

2 删除如图 6-166 所示的虚线标注的边，这样就得到了两个相对的四边面，起到了加线的目的，还保持了四边面。

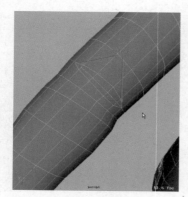

图 6-166　删掉虚线的部分

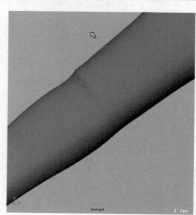

图 6-167　移动中间的线

Maya模型

利用这样的方法，就可以把衣服上的横向走势的褶皱都制作出来。如果褶皱的位置不在模型的线上，可以采用如下方法来制作。

1 以靠近肩膀的位置为例，使用 Edit Mesh → Split Polygon Tool（分割多边形）工具，按照红色实线标识的位置，在袖子上划一条线，如图 6-168 所示。

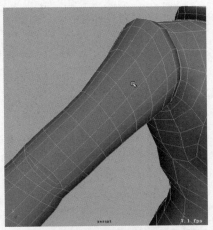

图 6-168　在袖子上划一条线

2 继续执行 Edit Mesh → Split Polygon Tool（分割多边形工具）命令，按照红色实线标识的位置，在袖子上划线，删除标志出的虚线，如图 6-169 所示。

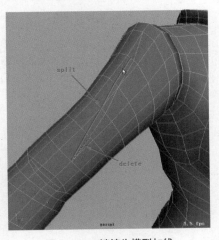

图 6-169　继续为模型加线

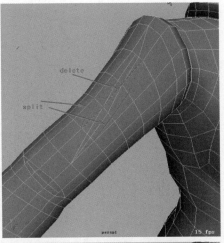

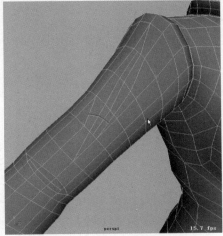

图 6-169（续）

3 整理加完线的模型，把产生褶皱的边尽量调节得错落有致，如图 6-170 所示。光滑后的效果如图 6-171 所示。

利用以上这两种方法，可以把衣服上的褶皱全部制作出来。在制作的时候，要多观察多总结，这样做出的模型才能更接近真实。最终效果如图 6-172 所示。

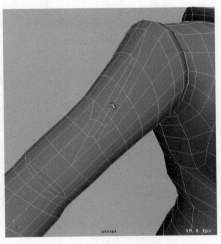

图 6-170　整理加完线的点

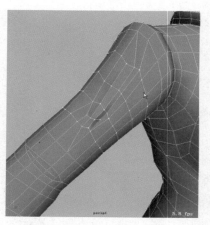

图 6-170 (续)

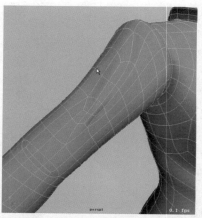

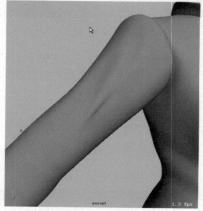

图 6-171 调节好的效果

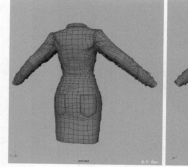

图 6-172 衣服褶皱的最终效果

图 6-172 (续)

6.3.13 扣子制作

1 执行 Create → Polygon Primitives → Cylinder (圆柱体) 命令，在场景中创建一个圆柱体。在通道栏中设置圆柱体的构造历史，如图 6-173 所示。

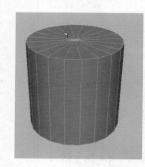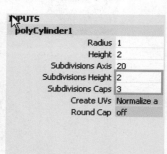

图 6-173 创建圆柱体

2 使用缩放工具，按照扣子的比例把模型压扁，如图 6-174 所示。

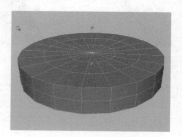

图 6-174 缩放圆柱体

3 执行 Edit Mesh → Insert Edge Loop Tool (插入循环边) 命令，在图 6-175 (a) 的位置插入两圈边，并且把这两圈边向上提起一段距离，如图 6-175 (b) 所示。

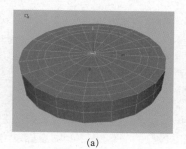

(a)

图 6-175 为模型加线调节形状

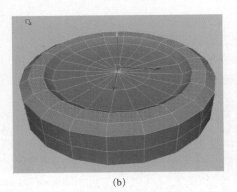

(b)

图 6-175（续）

4 为选中的循环边执行 Edit Mesh Bevel（倒角）命令，增加模型边缘的过渡，如图 6-176 所示。

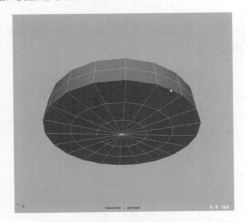

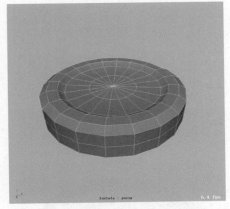

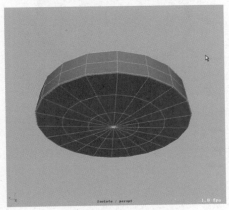

图 6-176 为模型边缘倒角

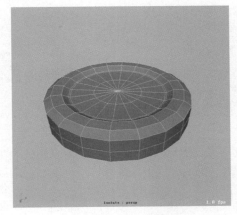

图 6-176（续）

5 利用位移、旋转和缩放工具把扣子模型放置在衣服相应的位置上，如图 6-177 所示。

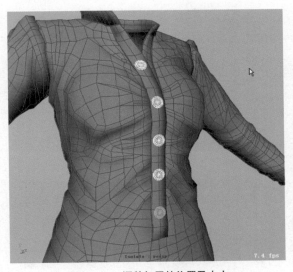

图 6-177 调整扣子的位置及大小

6.3.14 腰带制作

1）腰带扣的制作

腰带扣的制作步骤如下。

1 创建一个圆柱体，并修改其参数，具体参数如图 6-178 所示。

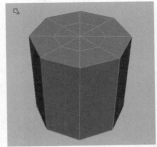
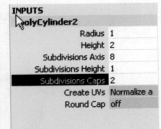

图 6-178 创建圆柱体修改参数

2 删除多余的部分，并且调整成如图 6-179 所示的圆环形。

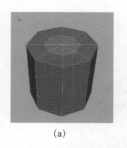
(a)

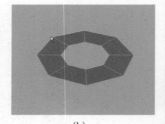
(b)

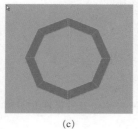
(c)

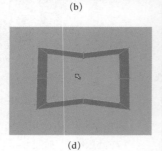
(d)

图 6-179　调整模型形状

3　为模型加线，继续调整模型的形态，如图 6-180 所示。

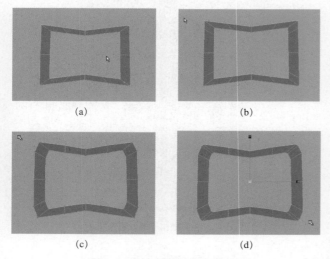
(a)　　　　　　　　　(b)

(c)　　　　　　　　　(d)

图 6-180　加线并调整模型形状

4　挤压出模型的厚度，继续加线，调整模型的形态，并且在模型转角的地方倒角，如图 6-181 所示。

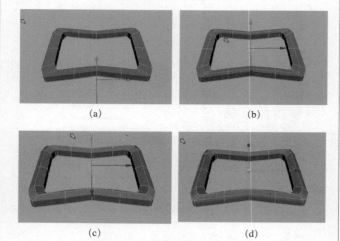
(a)　　　　　　　　　(b)

(c)　　　　　　　　　(d)

图 6-181　加线并调整模型形状

2）皮带的制作

皮带的制作步骤如下。

1　创建一个圆柱体，并修改其参数，如图 6-182 所示。

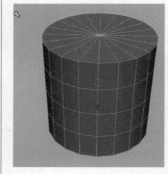

图 6-182　创建圆柱体

2　调整形态，并且删除多余的部分，做成如图 6-183 所示的圆环形。

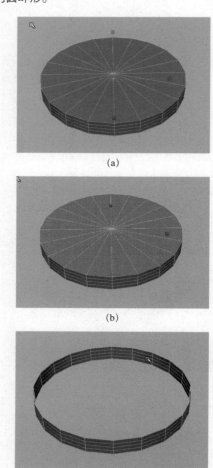
(a)

(b)

(c)

图 6-183　调整模型形状

3　选中模型的面，执行 Edit Mesh → Duplicate Face（复制面）命令，复制出皮带的重叠部分，如图 6-184 所示。

4　在皮带接头处，划分一条线，并且删除图中选中的面，再把两个模型合并起来，如图 6-185 所示。

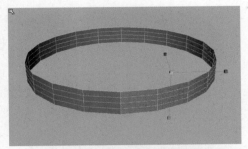

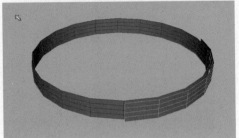

图 6-184 复制模型的面

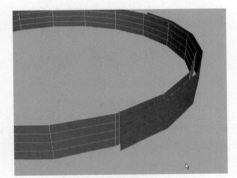

(a) 添加划分线

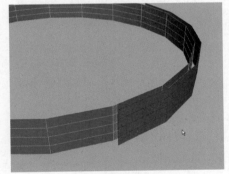

(b) 选择面

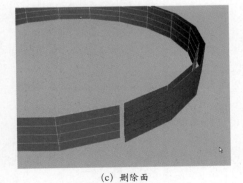

(c) 删除面

图 6-185 合并两段皮带

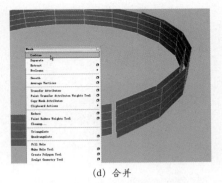

(d) 合并

图 6-185（续）

5 执行 Edit Mesh Merge（缝合）命令把两段皮带的顶点缝合起来，如图 6-186 所示，这样一条皮带就制作完成了。

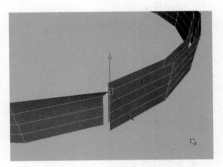

图 6-186 缝合两段皮带

6 在皮带扣的位置为模型加线，如图 6-187 所示。

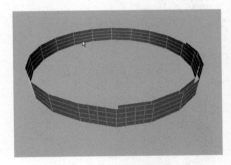

图 6-187 为模型加线

7 在皮带孔的位置，执行 Edit Mesh → Chamfer Vertex（分离点）命令，把皮带孔分离出来，然后加线，保持四边面，最后删除中间的面，如图 6-188 所示。

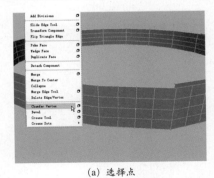

(a) 选择点

图 6-188 制作皮带孔

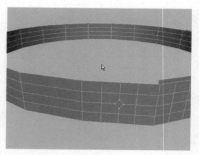

（b）分离点

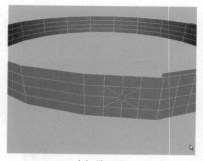

（c）添加线

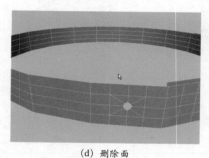

（d）删除面

图 6-188（续）

8 使用移动工具将皮带头的点调整成半圆形，如图 6-189 所示。

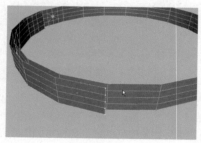

（a）选择点

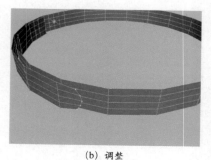

（b）调整

图 6-189 调整皮带头形状

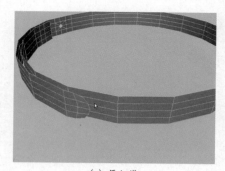

（c）添加线

图 6-189（续）

9 使用 Edit Mesh Extrude（挤压）工具将皮带挤压出厚度来，如图 6-190 所示。

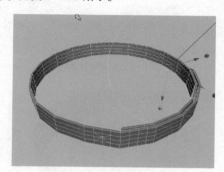

图 6-190 挤压出皮带的厚度

10 调整皮带扣和皮带之间的位置关系，使皮带有穿过皮带扣的效果，如图 6-191 所示。

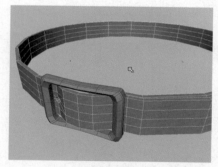

图 6-191 调整皮带扣和皮带的位置

11 创建一个圆柱体，并且把它的形状调节成腰带顶针的样式，如图 6-192 所示。

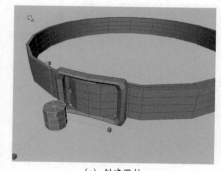

（a）创建圆柱

图 6-192 制作腰带顶针

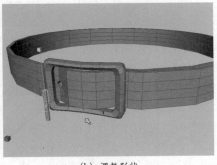

(b) 调整形状

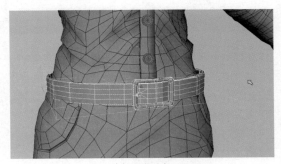

(c) 调整晶格

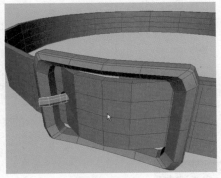

(c) 调整位置

图 6-192（续）

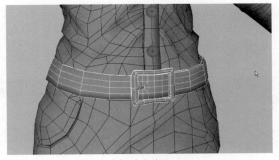

(d) 最终效果

图 6-193（续）

12 选 中 皮 带 上 的 物 件， 创 建 Animation → Create Deformers → Lattice（晶格变形器），把晶格点的数量调整为 5、2、5，然后调节晶格点使腰带和衣服的形状匹配，如图 6-193 所示。到此衣服就制作完成了，最终效果如图 6-194 所示。

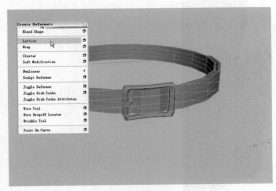

(a) 创建晶格

(a) 正面

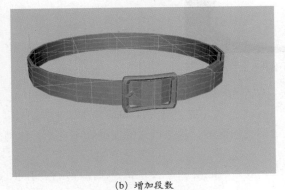

(b) 增加段数

图 6-193 调节腰带的外形匹配衣服

(b) 背面

图 6-194 衣服模型最终效果

6.4 本章小结

（1）Maya 建模的方式常用有两种：Polygon（多边形）建模和 NURBS（曲面）建模。本章在制作靴子时，先后运用了这两种建模方法。在建模中常用这样的方法来表现不同的质感。

（2）制作靴子时，鞋底形状比例很重要。制作过程中可以先把鞋底的大型制作出来，再根据鞋底的大型来确定鞋面和鞋跟的结构。

（3）靴子制作中鞋带的制作是难点。在建模中遇到类似鞋带这种缠绕类型的模型，通常使用先创建路径，然后沿路径挤压出模型的方法。

（4）在衣服模型制作中，衣服的褶皱是制作的难点，在制作时先根据衣服的质地、角色的动作、制作工艺等因素分析衣褶重点分布的范围和走向，然后利用 6.3.12 节提供的方法进行制作。

（5）由于衣服褶皱的形成与多种因素有关，因此其分布没有特定规律，更不可能左右绝对对称，建模过程中一定避免出现这种常识性的错误。

6.5 课后练习

观察图 6-195，充分运用之前学到的知识，在第 5 章女性角色模型基础上，按照图 6-195 所示的效果，给角色制作铠甲。制作过程中需要注意以下几点。

图 6-195　角色铠甲

（1）比例关系与造型：参照角色的比例确定铠甲的比例，确保铠甲和配件的比例协调。

（2）在比例关系确定的前提下刻画铠甲和配件的细节。

（3）角色头上的围巾和披风属于布质材料，制作中应注意褶皱和形态，避免褶皱的僵硬和不自然，体现出布料质感。

（4）铠甲是硬质材料，在角色的关节处没有铠甲覆盖，因此对布线的要求不会太高，在保证结构的同时尽力避免非四边面的出现。

观察图 6-196，此作品是一幅较为精彩的写实作品，在以下几个部分做得较为突出。

图 6-196　完美动力动画教育　临摹作品

（1）造型及比例：作品中的裙子、飘带、裙摆的比例协调，褶皱安排合理。

（2）准确把握了中式长裙的特点，并且做出了布质面料随风飘动的姿态。

（3）细节处理较好：配饰、服装布纹制作较精良。

（4）布线较合理：从布线上看符合制作需要，布线均匀的同时刻画出了褶皱的结构。

观察图 6-197，此作品是一幅比较差的写实作品，主要体现在以下几个方面。

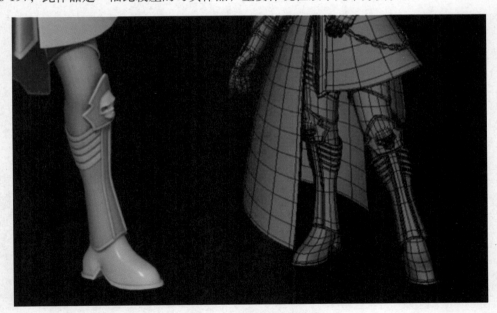

图 6-197　较差道具角色作品

（1）比例不准确，造型没有美感：作品的比例存在问题，在制作靴子的时候没有考虑小腿和脚腕的结构比例，靴子鞋底的形状不准确，鞋面到脚腕过渡没有调整好。

（2）布线欠合理：脚腕经常运动处布线太少，鞋面布线没有纵向的可弯折的线，不符合动画运动需要。制作鞋子的时候，在脚掌与脚趾的弯折处应该有纵向的环形结构线，这样在绑定环节才能制作出符合要求的脚部动作。

7

生动传神——
面部表情建模

> 了解表情基础知识
> 理解表情制作流程
> 熟悉表情目标体制作常用命令
> 掌握表情及口型制作方法

表情是角色表达情感最直接的方式，在动画制作流程中，完整的表情制作需要模型、绑定和动画三个环节的协同配合。本章将介绍表情制作流程、模型环节表情目标体制作以及表情连接工具 Blend Shape（混合变形器）的使用，并且通过实例掌握角色表情制作的方法和要点。

7.1　认识表情

开始表情建模之前，本节我们先来了解表情有哪些类型，表情是如何产生的，以及眼部、眉部、嘴部等部位的表情变化分别传达了怎样的含义等。

7.1.1　表情分类

人类的表情广义上可以分为语言表情、肢体表情和面部表情。

在影视表演中，演员综合运用这三种表情，甚至进行适度的夸张来表现故事情节，展示人物情绪状态、性格特征及思想变化。动画表演是影视表演的延伸，了解表情的一般规律对塑造动画角色至关重要。

1）语言表情

语言本身可以表达想法、传递信息、交流情感，如果再配以恰当的声调（如声音的强度、速度、旋律等），能够更加生动、完整、准确地展示情感状态和性格特征。例如：缠绵时语速缓慢、声音丝柔；愤怒时语速加快、声调上扬；缺乏自信时结结巴巴、语无伦次；自信满满时条理清晰、声音洪亮。

动画制作中，语言表情是通过配音演员来演绎完成的。

2）肢体表情

人的情感状态、能力特征和性格特征有时会通过身体姿势自发或有意识地表现出来，从而形成肢体表情。例如：人拘谨时正襟危坐，焦躁不安时来回踱步，兴奋快乐时手舞足蹈，自信时昂首挺胸，谦恭顺从时点头哈腰等。那么图 7-1 中女孩的肢体表情传达了怎样的信息呢？请大家尝试解读一下。

肢体表情归根到底还是肢体动作，动画制作中是由动画师完成的。

3）面部表情

面部表情最直接传达人的情感状态与思想变化，如图 7-2 所示。人类价值关系的多样性和复杂性导致了人类面部表情的丰富和微妙。人的面部表情主要通过眼、眉、嘴、鼻等部位的肌肉变化来体现，详见7.1.3 面部表情总结。

动画人物丰富的面部表情在制作时需要模型、绑定、动画三个环节的协同工作，模型环节的主要工作是制作出角色的各种表情模型。

图 7-1　肢体语言（图片来源于：CGSoclety 论坛 Andrew Hickinbottom 作品）

图 7-2　面部表情

7.1.2　表情的产生

众所周知，人之所以可以运动是遍布全身的肌肉系统的功劳，面部表情的产生亦与丰富的表情肌息息相关。表情肌属于头部肌肉的一类，埋藏在皮肤下面，人们自主或有意图地控制表情肌相互作用，从而牵动面部皮肤形成喜怒哀乐等各种丰富、生动的面部表情。这就是人类表情产生的原理。

在人类表情产生原理的基础上，动画创作者结合制作软件摸索出了一套三维动画表情制作的方法。首先，模型师要根据真实人类的表情制作各种表情模型〔图 7-3（a）〕。然后这些表情模型会交给绑定师，由他们让这些模型与角色之间产生关联，并添加控制〔图 7-3（b）〕，这时动画人物就具备了做出各种表情的能力。最后动画师控制这些表情，完成表情动画的制作，这样观众就能看到动画人物的喜怒哀乐了。

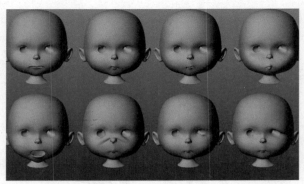

(a) 表情模型

(b) 表情控制

图 7-3 表情产生

7.1.3 面部表情总结

复杂的面部肌肉牵动五官使得人们可以做出成千上万种表情，人类经过长期的进化和演变，面部表情的表达已经成了一种本能。影视表演和动画表演之所以被称之为艺术，正是因为它来源于生活又高于生活，影视演员和动画师为了更好地把生活艺术化，将人类的各种各样的表情加以总结和提炼，掌握五官动作所代表的特定含义有助于塑造逼真的动画形象。

1）眼部表情

眼睛是心灵的窗户，能够最直接、最深刻、最丰富地表现人的精神状态和内心活动，透过眼睛可以看出一个人是欢乐还是忧伤，是烦恼还是高兴，是厌恶还是喜欢。眼神还可以表达一个人的心是坦然还是心虚，是诚恳还是伪善。

眼部表情及其含义见表 7-1。

表 7-1 眼部表情解析

眼部动作	图标	表达的含义
注视		注意、引起注视

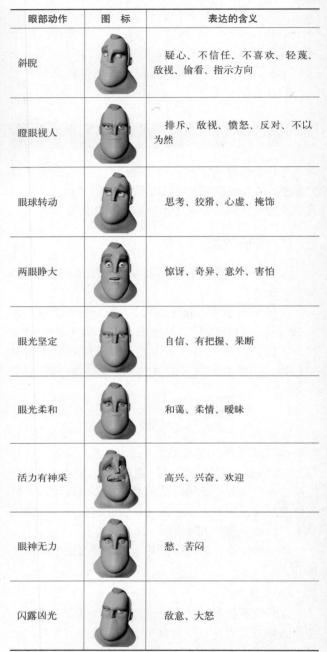

眼部动作	图标	表达的含义
斜睨		疑心、不信任、不喜欢、轻蔑、敌视、偷看、指示方向
瞪眼视人		排斥、敌视、愤怒、反对、不以为然
眼球转动		思考、狡猾、心虚、掩饰
两眼睁大		惊讶、奇异、意外、害怕
眼光坚定		自信、有把握、果断
眼光柔和		和蔼、柔情、暧昧
活力有神采		高兴、兴奋、欢迎
眼神无力		愁、苦闷
闪露凶光		敌意、大怒

> **提 示**
>
> 眼部表情主要通过眼球动作来表现，在表情控制过程中不需要制作目标体，因此本章不介绍眼部表情制作。眼球控制方法在"完美动力影视动画课程实录"系列图书《Maya 绑定》分册中有详细讲解。

2）眉部表情

眉毛的动作以及眉间肌肉纹理能够表达丰富的情感变化，例如：皱眉表示忧愁，横眉冷对表示敌意，眉头舒展表示宽慰等。

眉部表情及其表达的含义见表 7-2。

Maya模型

228

表 7-2　眉部表情解析

眉部动作	图标	表达的含义
眉毛抬起		快乐、希望、奇怪、不在乎
拱成弧形		疑惑、惊讶、恐惧、羡慕、发笑
眉毛压低		权威、忧虑、不快
双眉皱紧		愤怒、坚强
眉心皱而压低		大怒、忧愁、悲伤
眉心皱紧而抬起		嫉妒、失望、忧愁、悲伤
无力而下垂		软弱、丧气

3）嘴部表情

嘴部表情主要体现在表达情感的口型上，例如：欢快时嘴角提升，委屈时撅起嘴巴，惊讶时张口结舌，忿恨时咬牙切齿，忍耐痛苦时咬住下唇。

嘴部表情及其表达的含义见表 7-3。

表 7-3　嘴部表情解析

嘴部动作	图标	表达的含义
嘴角上翘		微笑、欣喜、快乐
嘴角下拉		情绪低落、委屈、难过

嘴部动作	图标	表达的含义
抿嘴		压力大、尴尬、不知所措、无奈
撅嘴		不赞同、不情愿、为难、委屈
舔嘴唇		不自信、紧张、馋
咬嘴唇		痛苦
呲牙咧嘴		极度愤怒、憎恨、恐吓

4）鼻部表情

相对于眼、眉、嘴部的表情，鼻部可以运动的位置和幅度都很小，因此鼻部表情相对匮乏，通常以辅助五官及其他器官动作来表达情感。例如：紧张时呼吸急促、厌恶时耸起鼻翼、愤怒时鼻孔张大等。

5）耳部表情

人类的耳朵长在面部的后方，主要功能是接收声音。在人类进化的过程中，人们身体各部位接受信息、传达信息的能力不断增强，耳部的运动功能逐渐丧失，因此耳部表达表情的能力基本不存在了。

> 提　示
>
> 　　面部的各个器官是一个有机整体，在完成各种表情时需要相互协调。

7.1.4　口型

在"面部表情总结"部分已经知道嘴部可以产生丰富的表情，例如：抿嘴、咬嘴唇等，嘴部的这些动作使嘴唇形成了特定的形状，我们将嘴部运动产生的形状统称为口型。

根据口型表现方式的不同，在动画制作过程中把口型分为两类：表情口型、语言口型（图 7-4）。人们表达情绪、意愿的口型为表情口型；说话发音产生的口型为语言口型。其中表情口型已在表 7-3 中进行了详细说明，语言口型则是根据人们说话时的发声原理总结出来的（详见"完美动力影视动画课程实录"系列图书《Maya动画》第6章生动的面部表情），在表情制作中需要为角色制作如图7-5所示的基础口型。有了这些基础口型，动画师在制作口型动画的过程中将这些口型根据发音特点进行组合，就可以将角色说话的过程以动画的形式呈现在观众眼前了。

表情口型　　　　　　　　语言口型

图7-4　表情、语言口型

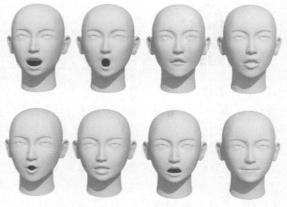

图7-5　基础口型图

7.2　表情制作流程

现实生活中，表情是自然流露的，也可以受到人们主观意志的控制。对于一个健全人来说，做出喜怒哀乐等丰富的面部表情不费吹灰之力。然而，要让动画角色能够像人一样拥有丰富、生动的表情却不是一件简单的事情，需要遵照如下制作流程来逐步实现。

1）了解角色的性格特征

在制作角色表情之前，首先要熟悉这个角色，弄清楚它是什么身份，具有什么样的性格和显著特征，故事中经历了怎样的情绪变化。只有把这些情况弄清楚后，在制作的时候，才能让自己融入其中，赋予角色以灵魂。

以《午夜凶兔》中的主角炮灰兔为例，从前期角色设定人员那里，我们知道炮灰兔是一个拟人化的兔子。它性格憨厚、可爱，不仅很执着还有点坏坏的感

觉，身体胖胖的，脸上堆满了赘肉。故事中炮灰兔看到从电视中爬出来的贞子会吓得大叫（图7-6）。通过对这些信息的分析可以确定，在模型环节除了制作炮灰兔基本的喜怒哀乐等表情外，还需要制作它脸上赘肉颤动及受到惊吓时夸张的表情。这就是在模型环节制作角色表情模型前需要与前期组沟通的事情。

图7-6　吓得大叫的炮灰兔

提　示

可以随时在纸上以速写的形式绘出角色的一些表情特写，用心感受角色的喜怒哀乐。

2）制作表情模型

在确定了角色所需要的表情之后，模型师就要根据这些表情制作表情模型了，每个表情模型对应一个表情，在制作的时候，要尽可能地将这些表情的模型做得全面、细致、准确、生动。角色常见的一些表情模型如图7-7所示。

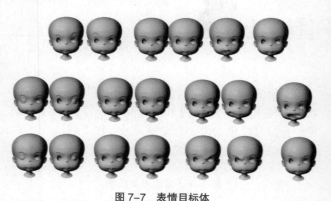

图7-7　表情目标体

3）添加表情控制

这个环节的工作是绑定师来完成的，在接收到上一个环节完成的表情模型之后，绑定师首先要通过Blend Shape（混合变形）的方式，把这些表情模型连接到角色上，如图7-8所示。然后，添加表情控制，即表情绑定。这里的绑定主要分为两部分内容，一部分是为下巴、牙齿、舌头、眼睛添加骨骼控制，另一部分是为Blend Shape添加控制器。这些控制用来方

便动画师操纵角色表情。为实现角色表情控制添加的头部骨骼如图 7-9 所示。

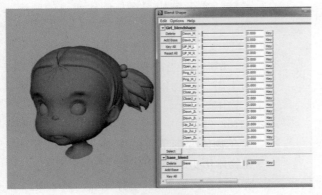

图 7-8 连接表情模型

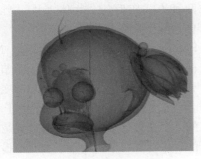

图 7-9 角色头部骨骼

4）设置音效制作表情动画

音效也属于表情制作中重要的一环，这个环节的工作是由动画师完成的。动画师首先将音效导入到 Maya 的时间滑块，对音效进行分析，找出发音的各个波峰及波谷，确定出各个表情目标体所处的时间位置，然后为其设置关键帧，并在动画编辑器里进行细调。需要反复听取音效并调整口型，直至完成最后动画。

7.3 制作目标体常用命令

在表情制作中，我们需要制作许多表情模型来实现角色各种各样的表情，通过 Blend Shape（混合变形器）可以实现表情模型到角色模型的平滑变化。在制作这些表情模型时，Cluster（簇）变形器可以帮助模型师提高工作效率。因此，在开始制作表情模型之前先来学习这两个变形器的应用。

7.3.1 混合变形器的简单介绍

Blend Shape（混合变形器）用来在两个不同形状的物体之间创建变形动画，使模型从自身的状态变换到目标物体的状态。Blend Shape（混合变形器）本身不创建新的变形，它只是将同一个物体的多个变化形态连接起来，通过手柄控制基础物体由一个形状至另一个形状的变形过程。

所谓基础物体（Basic Shape），即角色模型，变形后的物体称为目标物体（Target Shape），即表情模型。它在制作角色动画，尤其是制作角色表情动画时非常重要。

Blend Shape（混合变形）命令所在位置：Create Deformers → Blend Shape，如图 7-10 所示。

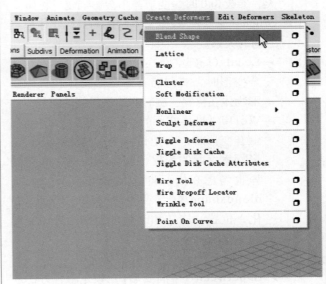

图 7-10 混合变形命令菜单位置

单击 Blend Shape（混合变形）命令后面的选项盒按钮可以打开其属性编辑窗口，如果 7-11 所示。

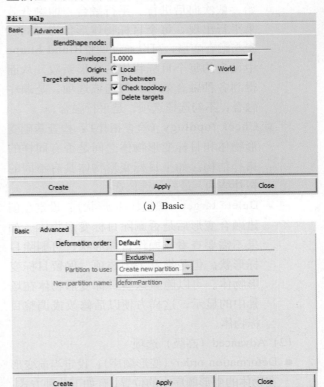

(a) Basic

(b) Advanced

图 7-11 混合变形命令属性编辑窗口

【参数说明】

（1）Basic（基础）选项

● BlendShape node（融合变形节点）：设定融合变形节点的名称。

● Envelope（封套）：设定变形器影响力作用的权重。参数值越大，变形器对变形物体影响越大。参数为0时，变形器不会影响变形物体。

● Origin（原点）：设定基本物体与目标物体原点之间的关系。

　➤ Local（局部空间）：点选该项，Maya在融合变形时，将忽略基本变形物体和目标变形物体在位置、旋转和比例之间的差异。

　➤ World（世界空间）：点选该项，Maya在融合变形时，会把目标变形物体和基础变形物体之间的位置、旋转和比例之间的差异也考虑在内。即在创建变形后，调整blendshape属性，目标物体不仅形状上变化，位置、旋转和比例也会根据目标变形物体变化。

● Target shape options：目标形状选项。

　➤ In-between（中间变形）：设定融合方式是顺序融合还是平行融合。**顺序融合**：即变形按照目标变形物体被选择的顺序进行。融合形状的变换从第一个目标变形物体开始，依次向后进行。**平行融合**：即融合效果平行出现，每个目标物体形状均可同时参与融合变形，可以通过调整Blend Shape中设定的每个目标物体的变形系数，从而得到各种融合效果。勾选该选项，是顺序融合；不勾选该选项，是平行融合。

　➤ Check topology（检查拓扑）：检查基础变形物体和目标变形物体之间是否有同样的拓扑结构。如果目标变形物体具有不同的拓扑结构，最好勾选该选项。

　➤ Delete targets（删除目标形状）：设定在创建融合变形后是否删除目标变形物体。如果不需要查看或操作目标形状，可删除目标形状。但是推荐关闭该项，保留目标变形物体。可以隐藏这些目标变形物体在场景中的显示，这样方便以后修改或调整目标物体。

（2）Advanced（高级）选项

● Deformation order（变形顺序）：设定当前变形在物体的变形顺序中的位置。有如下几种方式：

　➤ Default（默认放置）：选择该项，Maya把当前变形放置在变形节点的上游。默认放置与Before（前置）类似。当使用默认放置为物体创建多个变形时，结果是一个变形链，变形链的顺序与创建变形的顺序相同。

　➤ Before（前置）：选择该项，在创建变形后，Maya将当前变形放置在物体变形节点的上游。在物体的历史中，变形将被放置在物体的Shape（形状）节点前面。

　➤ After（后置）：选择该项，Maya将变形放置在物体变形节点的下游。使用后置功能在物体历史的中间创建一个变形形状。

　➤ Split（分离放置）：选择该项，Maya把变形分成两个变形链。使用分离放置能同时以两种方式变形一个物体，从一个原始形状创建两个最终形状。

　➤ Parallel（平行放置）：选择该项，Maya将当前的变形节点和物体历史的上游节点平行放置，然后将现存上游节点和当前变形效果混合在一起。需要混合同时作用于一个物体的几个变形效果时，Parllel放置是非常有用的。平行混合节点为每一个变形提供了一个权重通道，可以编辑平行混合节点的权重，来实现多样的混合效果。

　➤ Frontiers Of Chain（变形链之前）：该选项只有在Blend Shape中才提供。Blend Shape常常需要在绑定骨骼并蒙皮后的角色上创建变形效果，比如我们将要讲到的表情动画。Frontiers Of Chain放置能确保Blend Shape作用在蒙皮之前。如果作用顺序颠倒，当使用骨骼动画时，将出现不必要的双倍变形效果。使用Frontiers Of Chain放置功能，在可变形物体的形状历史中，Blend Shape节点总是在所有其他变形和蒙皮节点的前面，但不是在任何扭曲节点的前面。

> **提 示**
>
> 　Advanced（高级）选项在对角色表情绑定时作用明显，模型模块重点是制作目标体，应用 Blend Shape（混合变形）的 Basic（基础）选项便可以满足制作需求，Advanced（高级）选项在此了解即可。

7.3.2　创建混合变形

　了解了 Blend Shape（混合变形）及其属性之后我们学习如何创建 Blend Shape（混合变形）。

1　打开一个模型，可以是任意模型，这里以一个头部模

Maya模型

232

型为例。将模型的名称命名为 basic（基础），如图 7-12 所示，作为 Blend Shape（混合变形）的基础物体。

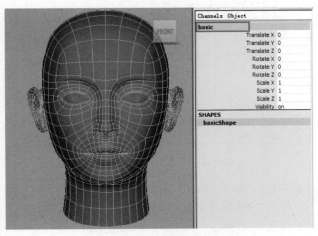

图 7-12　为基础物体命名

2　选择头部模型，按【Ctrl+D】键复制一个新的模型，移动到旁边并在通道栏修改物体名称为 target（目标），如图 7-13 所示。

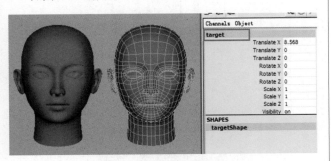

图 7-13　为目标物体命名

3　修改 target 模型嘴部形状，做出张嘴的口型，如图 7-14 所示。

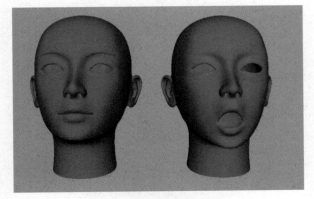

图 7-14　修改目标物体形状

4　先选择 target 物体再加选 basic 物体，这里一定要注意选择的先后顺序。然后切换到 Animation 动画模块，打开 Create Deformers → Blend Shape 菜单后面的选项盒，在弹出的属性面板的 BlendShape node 选项中输入 Open Mouth，如图 7-15 所示。然后单击【Create】创建按钮，完成 Blend Shape（混合变形）创建。

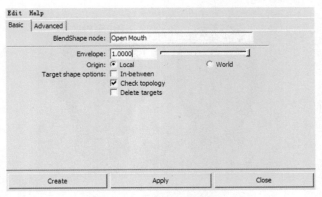

图 7-15　设置混合变形属性

> **注 意**
>
> 　　创建 Blend Shape（混合变形）要注意物体的选择顺序，要先选择 target（目标）物体，再加选 Basic（基础）物体，如果顺序颠倒将不能正确创建混合变形。

5　执行 Window → Animation Editors → Blend Shape 命令，打开 Blend Shape（混合变形）控制面板。

6　在 Blend Shape 控制面板中，可以看到刚才创建的混合变形 Open Mouth 控制手柄，如图 7-16 所示。

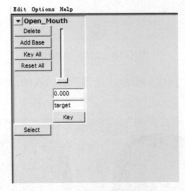

图 7-16　混合变形控制手柄

7　拖动 Open Mouth 控制手柄，可以看到 basic 物体的变化过程，最终变化成为 target 的形态，如图 7-17 所示。

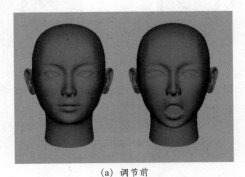

（a）调节前

图7-17　调节控制手柄的效果对比

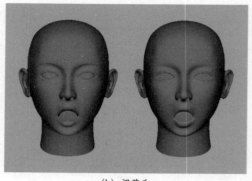

(b) 调节后

图 7-17（续）

8 一个基础物体可以添加多个目标物体，并实现在不同的目标形状之间切换。首先，将 Open Mouth 控制手柄拖动到 0 值。选择 basic 物体，按【Ctrl+D】键复制，移动到旁边，在通道栏中将物体名称改为 target2，如图 7-18 所示。

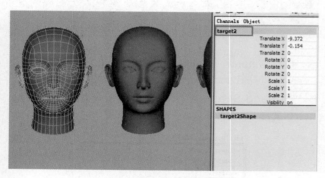

图 7-18　创建目标物体

9 调整 target2 的形状，做出闭眼的表情，如图 7-19 所示。

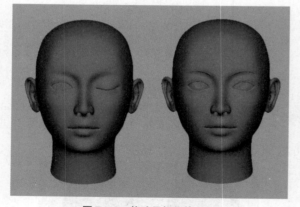

图 7-19　修改目标物体形状

10 先 选 择 target2 再 加 选 basic 物 体，执 行 Edit Deformers → Blend Shape → Add（添加混合变形）命令，单击命令后面的选项盒按钮，在弹出的对话框中，勾选 Specify node 选项，并在 Existing nodes 后面的下拉菜单中选择 basic 物体已经存在的混合变形节点 Open_Mouth，如图 7-20 所示。最后单击【Apply and Close】按钮，完成添加 Blend Shape 的操作。

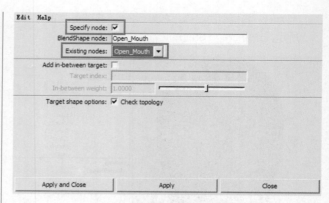

图 7-20　设置添加混合变形属性

11 这时，可以在 Blend Shape 控制面板中看到 Open_Mouth 的框里多了一个控制手柄，如图 7-21 所示。

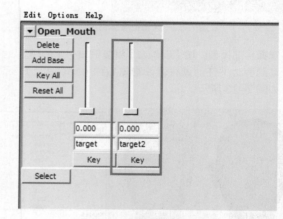

图 7-21　混合变形控制手柄

12 拖动 target2 和 target 的手柄，会看到 basic 物体上产生了融合变形，既有 target 的形变，也有 target2 的形变，如图 7-22 所示。

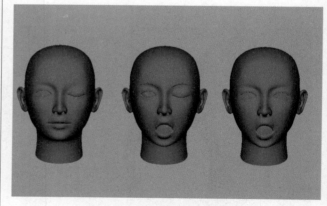

图 7-22　调节控制手柄后的效果

7.3.3　Cluster（簇）变形器及其应用

Cluster（簇）变形器可以对模型、曲线、晶格等物体上一个区域的顶点进行群组，将这些点的集合作为一个对象进行操作，并可以对这个群组对象以绘画的方式分配权重。在模型制作中使用 Cluster（簇）

Maya模型

变形器可以对某个区域进行整体调整，大大提高工作效率。

Cluster（簇）命令的菜单位置：Create Deformers → Cluster。

Cluster（簇）命令的 Basic（基础）属性窗口如图 7-23 所示。

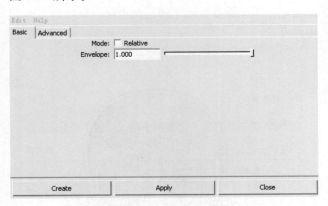

图 7-23　Cluster（簇）命令属性窗口

【参数说明】

● Mode（模式）：勾选 Relative（相对），只有簇会影响变形，簇的父物体的变换不会影响变形效果。取消勾选，簇的父物体的变换将影响变形效果。

● Envelope（封套）：设定变形作用系数。该参数值越小，变形器对物体的影响力越小；该参数越大，变形器对物体的影响力越大。

下面就看看如何为物体创建 Cluster（簇），以及如何编辑 Cluster（簇）权重。

1 执行 Create → Polygon Primitives → Sphere（圆球）命令，创建一个球体，选择一些点，如图 7-24 所示。

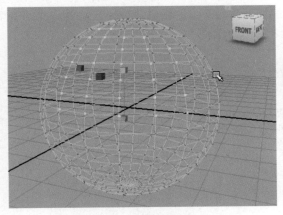

图 7-24　选择模型点

2 执行 Creat Deformers → Cluster（簇变形器）命令，给选择的点加上一个簇，完成后会出现一个绿色的"C"字手柄。选择"C"字手柄对齐进行拖拽，可以看到在步骤 1 中所选择的点受 Cluster 手柄的控制而位移，如图 7-25 所示。

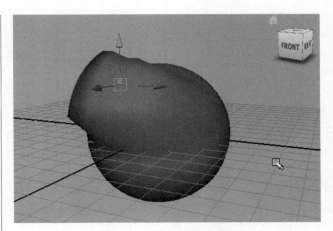

图 7-25　拖动手柄后的效果

3 编辑簇的权重。选择物体，打开 Edit Deformers → Paint Cluster Weights Tool（绘画簇权重工具）命令后面的选项盒（图 7-26），会弹出权重绘画笔刷的属性窗口。

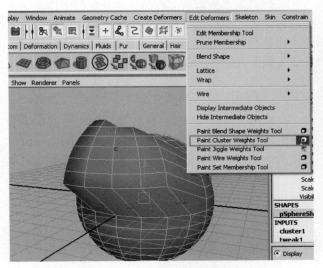

图 7-26　绘画簇权重工具命令位置

4 可以通过笔刷来绘画 Cluster 对点的控制力度，这时模型上的白色部分表示完全控制，黑色表示完全不受控制，灰色表示不完全受控制，如图 7-27 所示。

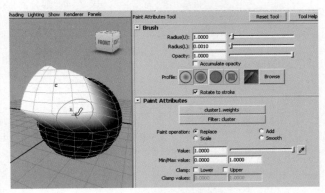

图 7-27　绘画簇权重工具选项

5 在笔刷属性中将其模式改为 Smooth（光滑）选项，可以绘画出过渡的效果，如图 7-28 所示。

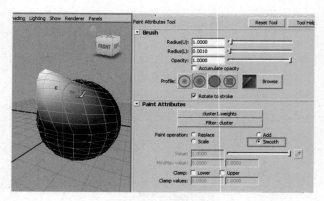

图 7-28　编辑簇权重

7.4　面部表情制作

了解了表情分类、表情制作的流程及常用命令之后，本节将重点讲解面部肌肉分布及如何制作面部表情的目标体。面部相同部位表情的制作方法相似，因此在讲解过程中将挑选具有代表性的表情进行制作，并给出剩余表情目标体完成后的图片供读者参考。

7.4.1　面部肌肉分析及布线要求

在制作表情目标体时，不仅要制作每个目标体所呈现出的表情状态，还要结合基础物体时刻关注表情变化的运动方式，确保制作出的表情符合真实的运动规律，因此了解面部肌肉分布及运动方式尤为重要。制作角色表情对于模型布线也有严格的要求，在第4章写实角色头部制作中我们要求了解人体头部肌肉分布，结合肌肉走势确定角色头部模型的布线，是为本节制作角色表情打基础。

1）面部肌肉分析

面部表情是通过表情肌带动面部皮肤产生的，表情肌，又称为面肌，属于头部肌肉的一种，面部表情

肌由薄而纤细的肌纤维组成。一般起于骨或筋膜，止于皮肤，主要分布于面部孔裂周围，如眼裂、口裂和鼻孔周围，可分为环形肌和辐射肌两种，有闭合或开大上述孔裂的作用，肌肉收缩时牵动皮肤，使面部呈现出各种表情。眼部和嘴部肌肉是面部最为活跃的区域，其他部位则相应地因受这两部分肌肉运动的影响而变化，因此需要重点了解这两个部分肌肉的走向和运动方式。

面部肌肉走向和肌肉名称如图 7-29 所示。

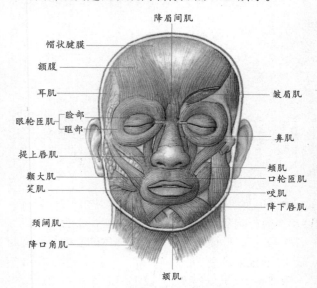

图 7-29　面部肌肉分布图

在众多的面部肌肉中，眼部及嘴部肌肉对表情的影响是最大的，其主要肌肉的分布及运动方式见表 7-4。

2）鼻唇沟

鼻唇沟是由面颊部有动力的面部肌肉和无动力的组织相互作用产生的结果，是比较重要的面部造型，如图 7-30 所示。

表 7-4　部分面部肌肉分布及运动方式

名　称	走　向	位　置	作　用	影响表情
眼轮匝肌	环状	位于眼眶部周围和上、下眼睑皮下	收缩时能上提颊部和下拉额部的皮肤使眼睑闭合，同时还在眼周围皮肤上产生放射状的鱼尾皱纹	眼部表情动作，例如：闭眼、思考等
皱眉肌	横向	额肌和眼轮匝肌的之间靠近眉间的位置	收缩时，能使眉头向内侧偏下的方向拉动，并使鼻部产生纵向的小沟	眉部表情动作，例如：皱眉、展眉等
降眉肌	纵向	位于鼻根上部皱眉肌内侧，其中还包括降眉间肌	收缩时可以牵动眉头下降，并使鼻根皮肤产生横纹 一般来说，皱眉肌和降眉肌是共同参与表情变化的	眉部表情动作，例如：愁闷、思考等
口轮匝肌	环状	位于口裂上下唇周围。分成内、外两个部分，内圈为唇缘，外圈为唇缘外围	内圈在收缩时，能紧闭口裂，外圈收缩并在颊肌的作用下聚拢口裂	嘴部表情动作、口型，例如：抿嘴、撅嘴等
笑肌	放射状	靠近下嘴唇的嘴角部	牵动的是下嘴唇的末端，嘴角外张	嘴角动作，例如：微笑、大笑

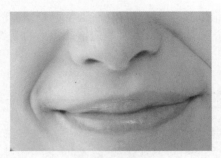

图 7-30 鼻唇沟

制作模型时的布线一定要有一条完整的环状线确定鼻唇沟的结构。

在口部周围有称为鼻唇沟和颏唇沟的两条曲线，对面部表情的变化影响较大。鼻唇沟是由上唇方肌和颧骨的上颌突构成，位置在鼻翼两侧至嘴角两侧。颏唇沟是由下唇方肌和颏隆凸构成，位于下唇边缘并向颏结节上缘逐渐消失。

鼻唇沟是将面颊部及颌分开的体表标志。人们的许多表情动作，如微笑、哭泣等，都是通过鼻唇沟形态的改变而产生的。例如，微笑始于鼻唇沟周围的肌肉，当它们收缩时，上唇便朝着鼻唇沟向后方牵拉，由于颊部有皮下脂肪，使唇在鼻唇沟处遇到阻力，使鼻唇沟弯曲并且加深。同样，在哭泣、示齿、咀嚼等表情及动作中，都会表现出鼻唇沟的弯曲及加深。

3）面部布线要求

面部肌肉的形状和走向为模型布线提供了方向，模型头部布线要按照肌肉走势制作，这样才能做出脸部基本结构，并且做出来的模型才会适合制作表情，如图 7-31 所示，角色头部模型的布线严格按照眼轮匝肌、口轮匝肌和鼻唇沟的走势进行。

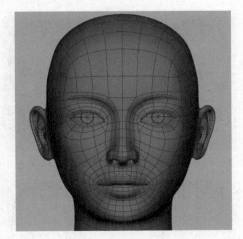

图 7-31 面部布线

符合制作表情的角色头部模型布线要求如下。

（1）模型布线一定要符合肌肉走势。

（2）鼻唇沟位置的布线（图 7-32），起于嘴角外侧脸颊，终止于鼻头软骨上端。线的密度要达到满足

鼻唇沟变形隆起的造型需要，鼻唇沟布线的位置是否正确，决定着所制作表情的好坏。

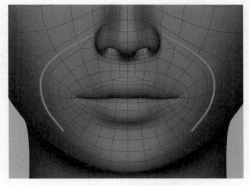

图 7-32 鼻唇沟布线

（3）嘴角的活动范围大，很多表情需要嘴角表现。所以嘴角需要足够多的布线来满足嘴角的运动。

（4）脸颊 5 星点，这个 5 星点产生的原因是眼部环状眼轮匝肌和环状的口轮匝肌布线的交会点，建模过程中要把这个点放在面部动作最少的位置，如图 7-33 所示。

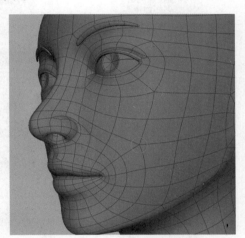

图 7-33 5 星点位置

（5）脸颊位置的布线应该遵循下颚骨的方向和咬肌的方向，如图 7-34 所示。

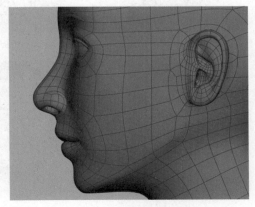

图 7-34 脸颊位置布线

7.4.2 嘴部表情制作

嘴部的表情十分丰富，嘴角的一个小小的动作经常能够表达出人物的情绪，比如嘴角上扬表示微笑，嘴角下撇表示不高兴，嘴角向外梭动表示无奈等，嘴部表情的制作是一个难点，因为嘴部的肌肉变化会牵扯到脸部和嘴巴周围部分形态的变化，想要做好嘴部的表情，需要大量的观察分析和练习。

1) 嘴部的丰富表情

在本章表 7-3 中对嘴部表情进行了详细解析，其中嘴部表情所传达的含义是与面部其他表情结合产生

的，在制作嘴部表情目标体时通常只制作嘴部动作的形状，并且是闭嘴状态时的表情，常见的嘴部表情如表 7-5 所示。

> **提 示**
>
> 嘴巴张开的动作是在绑定环节通过骨骼蒙皮的形式实现的，动画师在制作嘴部表情动画时，结合绑定张嘴控制及闭嘴表情控制来实现丰富的嘴部表情动画。

表 7-5　常见嘴部表情

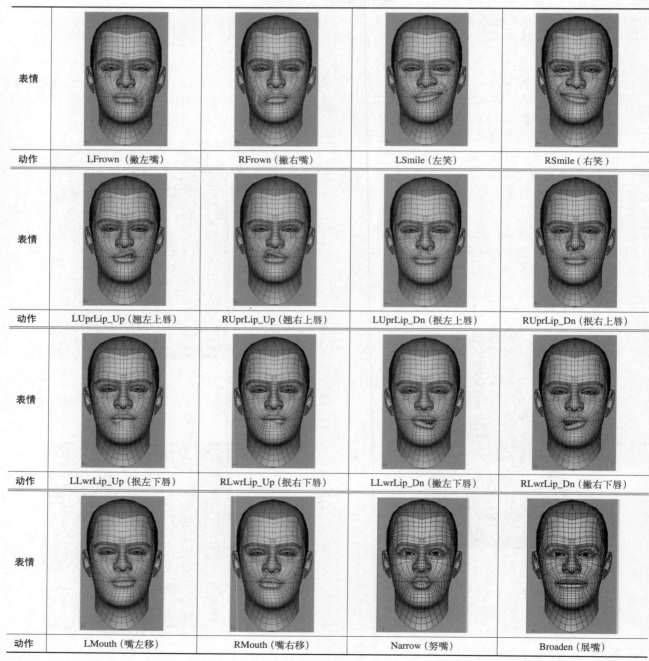

表情				
动作	LFrown（撇左嘴）	RFrown（撇右嘴）	LSmile（左笑）	RSmile（右笑）
表情				
动作	LUprLip_Up（翘左上唇）	RUprLip_Up（翘右上唇）	LUprLip_Dn（抿左上唇）	RUprLip_Dn（抿右上唇）
表情				
动作	LLwrLip_Up（抿左下唇）	RLwrLip_Up（抿右下唇）	LLwrLip_Dn（撇左下唇）	RLwrLip_Dn（撇右下唇）
表情				
动作	LMouth（嘴左移）	RMouth（嘴右移）	Narrow（努嘴）	Broaden（展嘴）

2）嘴部表情制作方法——以"微笑"为例

1 打开角色模型（目录：光盘 \Project\7.4face\
scenes\7.4face.ma.），在通道栏中修改模型的名称为
face，作为基础物体，如图 7-35 所示。

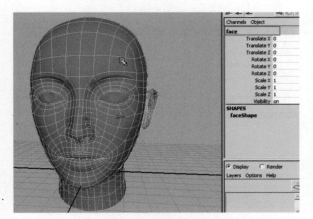

图 7-35　重命名物体

2 按【Ctrl+D】快捷键复制出一个模型并在通道栏修改命
名为 Lsmile，作为微笑的目标物体，如图 7-36 所示。

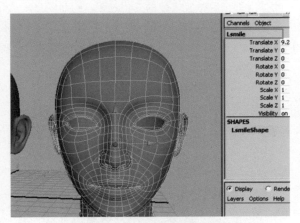

图 7-36　复制出微笑目标体

3 进入物体点级别，选择左边脸部微笑时嘴角会影响到
的范围的点，选点的范围稍微大一点，以便能制作很
多的运动细节，如图 7-37 所示。

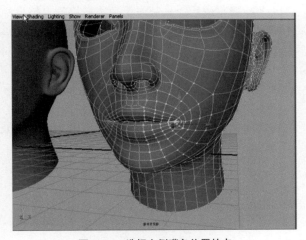

图 7-37　选择左侧嘴角位置的点

4 切换到 Animation 模块，执行 Creat Deformers
→ Cluster（簇）命令，给选择的点加上一个簇，完成
后会出现一个绿色的"C"字手柄，如图 7-38 所示。

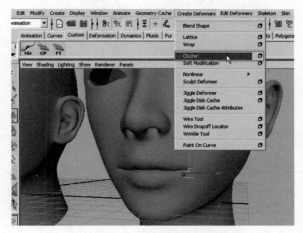

图 7-38　为选择的点创建簇变形

5 选择模型，打开 Edit Deformers → Paint Cluster
Weights Tool 菜单后面的选项盒，如图 7-39 所示。

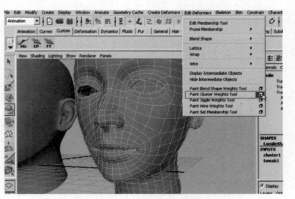

图 7-39　绘画簇全中工具菜单位置

6 在绘画簇权重工具的属性窗口中，将笔刷模式设置为
Smooth，然后单击两三次【Flood】按钮，让簇对点的
边缘控制力度平缓过渡，即模型上白色到黑色有柔和
的过渡，如图 7-40 所示。

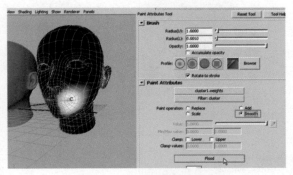

图 7-40　绘画簇的控制权重

7 微笑时嘴角应该上扬，因此选择簇的"C"字手柄，移
动、旋转手柄将嘴角调整为微笑时的形状，如图 7-41
所示。

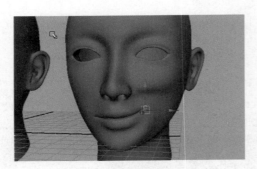

图 7-41　调整出微笑时嘴角形状

提　示

制作表情的时候需要自备镜子，时刻观察自己做该表情时候脸部形态的变化，将观察到的变化特征应用到表情的调整中，需要反复观察和调整以达到最佳效果。

8 此时发现 Cluster 簇所控制区域中点的形变很生硬，这时继续使用笔刷在模型上编辑簇的控制权重，使嘴角的形状看起来更自然。可以反复调整簇的位置和簇对点的控制权重，以达到满意的效果，如图 7-42 所示。

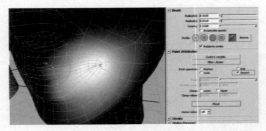

图 7-42　进一步修改簇的控制权重

9 用 Cluster 簇工具调整模型只是调整局部的初始状态。对于微笑的表情，突起的笑肌形状以及窝进去的嘴角和明显的鼻唇沟的形状，都要通过手动调整模型的形状，从而得到理想的效果，如图 7-43 所示。

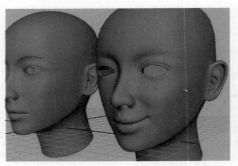

图 7-43　调整目标体形状细节

注　意

在手动调整模型形状之前，需要删除模型历史记录，将 Cluster 删除掉，再调整点，否则会出现错误的效果。

10 选择 Lsmile 模型再加选 face 模型，执行 Create Deformers → Blend Shape 命令，打开其属性窗口，在 BlendShape node 选项中输入混合变形节点的名称 face，单击【Create】按钮，完成创建 Blend Shape（混合变形）操作，如图 7-44 所示。

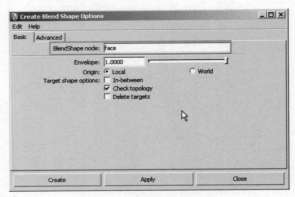

图 7-44　创建混合变形属性设置

11 打开 Window → Animation Editors → Blend Shape 混合变形控制面板，调节混合变形的控制手柄，在 face 物体上即出现微笑表情的变化过程，到此就完成了一个表情的制作，如图 7-45 所示。

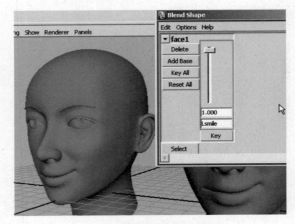

图 7-45　调节手柄察看表情变化

3）镜像表情目标体

以上步骤完成后，只制作了左边微笑的表情目标体，而人物微笑的时候两边的嘴角都要动，因此还需要制作微笑时右边嘴角的目标体。人体左右两边是对称的，为了确保左右两边目标体的运动一致，在制作右边微笑表情目标体时我们使用表情镜像插件来完成。

常见的表情镜像插件有多种，读者可以在一些专业的模型网站或论坛搜索，通常都是技术达人自己编写，供大家免费使用的。这些表情镜像插件名称不同，但是使用方法大致相同，使用插件镜像表情目标体不仅可以使角色左右两边的表情形状相同，而且可以大大提高工作效率。

下面以 jhMirrorPolyShape.mel 为例，镜像右边脸部的微笑表情目标体。

1 将插件 ntMBS.mel 文件放在 C:\Documents and Settings\（当前计算机登录的用户名）\My Documents\maya\（当前使用的 Maya 的版本，如 Maya 2008 等）\scripts 文件夹下，重新运行 Maya 软件，将插件的名称 ntMBS 粘贴到 Mel 命令行中，如图 7-46 所示。

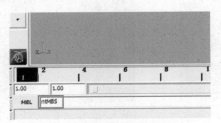

图 7-46 在命令行输入插件名称

2 选择命令行中插件的名称，使用鼠标中键拖动到 Maya 的自定义工具架上，这时在工具架上便会出现镜像复制命令 Mel 的图标，如图 7-47 所示。

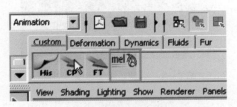

图 7-47 在工具架上添加插件快捷图标

3 选择 Lsmile 物体再加选 face 物体，然后单击图 7-47 所示的图标，就镜像复制出了另半边的目标体。将复制出来的物体移动到左侧目标体的一侧，并在通道栏中将其重命名为 Rsmile，如图 7-48 所示。

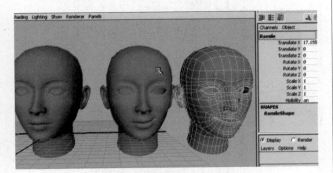

图 7-48 镜像复制目标体并命名

注 意

在镜像目标体之前要将图 7-46 中的手柄归零。

4 选择 Rsmile 物体再加选 face 物体，执行 Edit Deformers → Blend Shape → Add 命令，打开其属性窗口，勾选 Specify node 选项，在 Existing nodes 中

选择 face1（图 7-49）。单击【Apply and Close】按钮，将新的目标体添加到混合变形中。

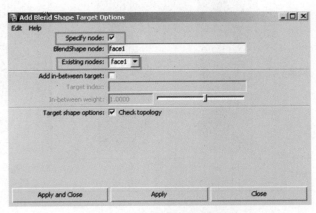

图 7-49 添加混合变形属性设置

5 打开混合变形控制面板，调节两个变形控制手柄，在 face 模型上会出现一个完整的微笑表情，如图 7-50 所示。

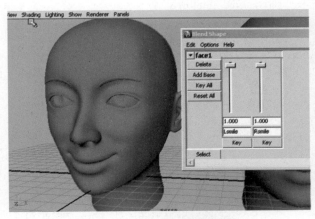

图 7-50 调节手柄察看表情变化

其他的嘴部表情，可以依照以上步骤完成，制作过程中要不断观察分析自己的嘴部表情变化过程，以达到理想的表情效果。

7.4.3 眼睛表情制作

眼部表情主要是通过眼部的两个结构——眼球、眼皮的运动来表达的。在表情制作中，这两个部分运动的实现方式不同，眼球的运动在绑定环节通过添加控制器的方式实现，而眼皮的运动在添加控制器之前需要模型环节制作表情目标体。因此制作眼皮部分的表情目标体是本节的重点内容。

1）常用的眼部表情目标体

眼睛的表情相对嘴部较少，在表 7-1 中对眼部表情进行了详细的解析，其中一些表情属于同一个眼睛动作的不同运动幅度所产生的，对眼部的运动动作进行总结，常用的眼部表情目标体有以下几种，见表 7-6。

表 7-6　常见眼部表情

表情	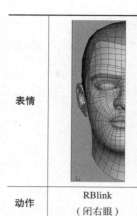	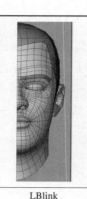		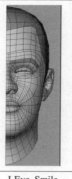		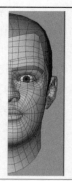
动作	RBlink （闭右眼）	LBlink （闭左眼）	REye_Smile （右眼笑）	LEye_Smile （左眼笑）	REye_Open （瞪右眼）	LEye_Open （瞪左眼）

2）眼部表情制作方法——以"闭眼"为例

1 选择 face 物体，复制出一个新的物体，并且命名为 LBlink，如图 7-51 所示。

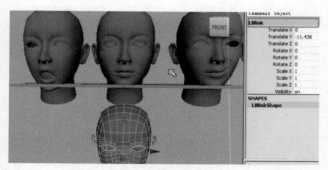

图 7-51　复制新目标体并命名

2 选择 LBlink 物体，调节眼皮位置的点，使眼睛闭合。因为眼皮位置的线比较少，所以可以直接调整上眼皮的点来做出闭眼的形状，不必使用簇工具，最终结果如图 7-52 所示。

> **提示**
>
> （1）当人在闭眼时，上眼皮的运动范围较大，眼球大部分是被上眼皮所覆盖，然而闭眼的动作不单单是上眼皮的运动，下眼皮也会略微地向上抬起，配合上眼皮的动作。因此制作闭眼表情时，上下眼皮都需要调整。
>
> （2）制作闭眼表情时一定要结合眼球的位置进行调整，避免眼皮与圆球的穿插。并且要观察眼皮的动态，眼皮位置线的运动应该是均匀的。

3 选择 LBlink 物体再加选 face 物体，执行 Edit Deformers → Blend Shape → Add 命令，打开其属性窗口，勾选 Specify node 选项，在 Existing nodes 中选择 face1，单击【Apply and Close】按钮，将新的目标体添加到混合变形中。

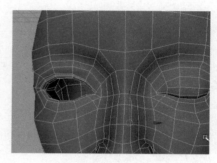

图 7-52　调整闭眼目标体的形状

4 完成后打开 Window → Animation Editors → Blend Shape 混合变形控制面板，调节变形控制手柄，就可以看到闭眼的表情，如图 7-53 所示。

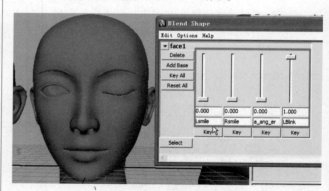

图 7-53　调节手柄察看表情变化

5 右眼的闭眼表情的目标体使用目标体镜像插件镜像复制即可，然后将右眼的闭眼表情的目标体添加到混合变形中测试其效果。

7.4.4　眉毛表情制作

眉部表情丰富，但是同眼部表情类似，总结后眉部动作并不太多。

1）常见的眉部表情

常见的眉部表情见表 7-7。

Maya模型

表 7-7　常用眉部表情

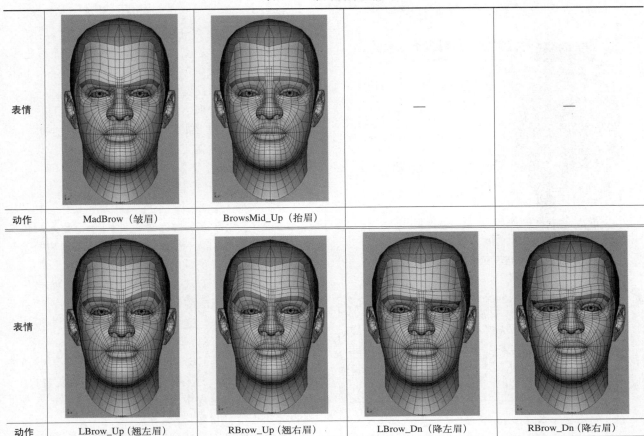

表情				
动作	MadBrow（皱眉）	BrowsMid_Up（抬眉）	—	—
表情				
动作	LBrow_Up（翘左眉）	RBrow_Up（翘右眉）	LBrow_Dn（降左眉）	RBrow_Dn（降右眉）

2）眉毛表情制作方法——以"皱眉"为例

眉部制作时通常会遇到两种情况，一种是眉毛与头部模型是一体的，这种情况在制作眉部表情时只需要按照眉毛的运动将目标体制作出来即可。另一种情况是眉毛与头部是分开的两个物体，这种情况在制作眉部表情时需要分别制作眉毛的形状与头部皱眉肌的形状，并且要使这两部分的运动同步。

第二种情况在制作眉部表情时相对复杂，下面以皱眉表情为例讲解眉部表情目标体制作方法。

1　选择 face 模型和眉毛，复制出来，头部模型命名为 LMadBrow，眉毛命名为 LMadBrow1，用调点的方式分别调整皱眉肌皱眉及眉毛皱眉的形状，如图 7-54 所示。

图 7-54　制作出皱眉表情

2　选择 LMadBrow 物体再加选 face 物体，执行 Edit Deformers → Blend Shape → Add 命令，打开其属性窗口，勾选 Specify node 选项，在 Existing nodes 中选择 face1，单击【Apply and Close】按钮，将新的目标体添加到混合变形中。选择变形后的眉毛 LMadBrow1，加选作为基础物体的眉毛，打开 Create Deformers → Blend Shape 后面的选项盒。在 BlendShape node 输入名称 LBrow，单击【Create】按钮，为眉毛创建混合变形，如图 7-55 所示。

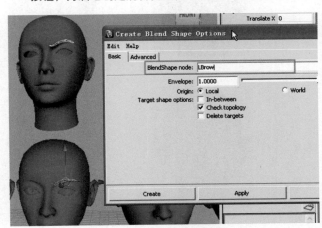

图 7-55　添加混合变形

3 打开混合变形控制面板，同时调节基础物体和眉毛模型相应的变形控制手柄，可以看到作为基础物体上皱眉的表情变化，如图7-56所示。

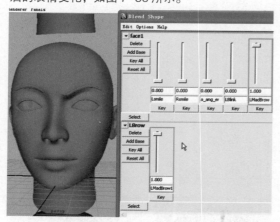

图7-56 调节手柄察看表情变化

提示

由于眉毛和头部皱眉肌是分开的两个物体，因此需要对这两个物体分别添加混合变形，添加混合变形之后需要同时调整相应的控制手柄才能实现皱眉的效果。

4 使用镜像目标体插件分别镜像复制皱眉头部模型及眉毛模型，并为其添加相应的混合变形，到此皱眉表情制作完成。

7.5 口型制作

语言是传达信息的符号系统，语言的表达形式有两种，即文字及说话。

动画中的语言不是由字母（即：文字）组成，而是由发音口型的组合（即：说话）产生。字母存在的目的是为了写而不是说，而动画却是为了说而不是写，因此口型动画里没有字母的概念，在口型目标体制作时，字母只是用来代表口型发音而已。

那么字母与口型之间的对应关系是怎样的呢？

人类语言的差异很大，为了便于语种之间相互沟通，国际语音协会制定了国际音标。音标以拉丁字母为基础，严格规定以"一符一音"为原则，即"一个音素一个符号，一个符号一个音素"。

音标按照发音方式的不同又分为"元音"和"辅音"。元音在音标中是发音最响亮的音，当人们在发元音的时候声带震动，同时舌头、嘴唇、牙齿等发音部位对声音没有任何的阻碍和摩擦。

元音发音时的口型是识别发音的依据。如果一个单词中，个别辅音发音不清楚对这个单词的识别不会产生太大的影响，但是如果元音发音错了或者没有发音，就会引起听者的理解障碍。

辅音发音时一部分口型无变化，一部分可以通过元音的组合产生，还有一部分具有特定的发音口型。因此在动画制作过程中，元音口型及具有特定发音口型的辅音是学习的重点。

在模型环节制作口型就是制作基本的元音和辅音口型的目标体，为了简化制作过程又能满足说话所必须的嘴部形状，将类似的元音、类似的音标作为一个口型来制作，例如a，ang，er，可以作为一个口型。

1）常用口型

常用口型与音标的对应关系见表7-8。

表7-8 常用口型与音标的对应关系

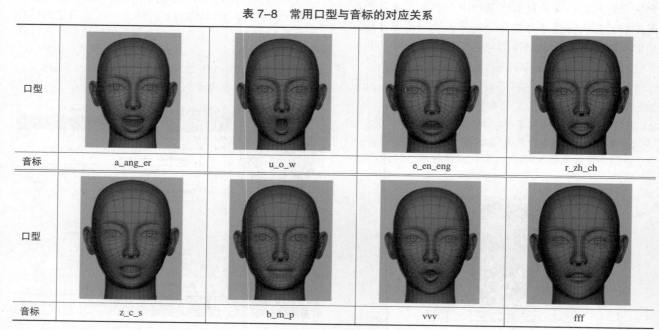

口型				
音标	a_ang_er	u_o_w	e_en_eng	r_zh_ch
口型				
音标	z_c_s	b_m_p	vvv	fff

2）口型制作方法——以 "a_ang_er" 为例

1 选择 face 物体，复制出一个新的物体，在通道栏里将名称改为 a_ang_er，如图 7-57 所示。

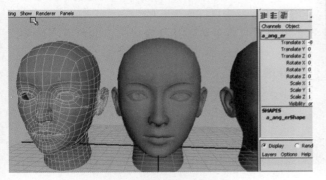

图 7-57 复制目标体并命名

2 当发 a、ang、er 音的时候都是下颚将以耳根为轴心向下旋转一定角度，使嘴部张开，因此在 a_ang_er 物体的点级别选择张嘴时会受影响的点，如图 7-58 所示。执行 Creat Deformers → Cluster 命令，为这些点创建簇。

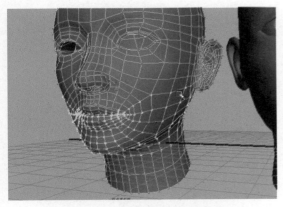

图 7-58 为下颌位置点创建簇变形

3 切换到侧视图，选择 Cluster，按【Insert】键激活物体坐标轴，将簇的中心点移动到耳根处（图 7-59），再次按【Insert】键将坐标轴锁定。

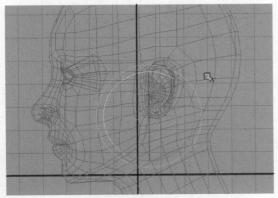

图 7-59 调整簇中心点位置

4 使用旋转工具旋转 C 簇手柄，让嘴巴张开，打开 Edit Deformers → Paint Cluster Weights Tool 后面的选项

盒，用笔刷绘画 Cluster 的控制权重，让点的过渡看起来更自然，如图 7-60 所示。

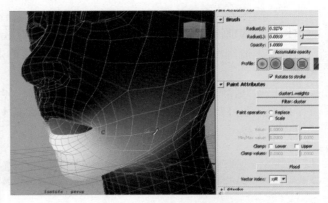

图 7-60 绘画簇的控制权重

5 大形调整好之后，选择物体删除历史记录，在物体点级别再调整嘴巴的形状。调整完后，按照 7.4.3 节步骤 3 的方式将口型目标体添加到混合变形中（图 7-61）。

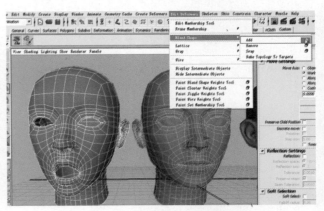

图 7-61 调整口型细节并添加混合变形

6 打开混合变形控制面板，调节变形控制手柄，就可以看到口型的变化，如图 7-62 所示。

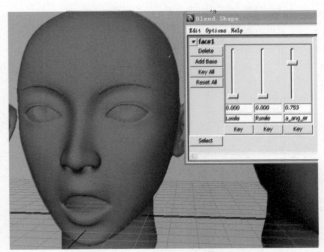

图 7-62 调节手柄察看表情变化

其他的口型目标体的制作方法与 a_ang_er 的方法类似，读者可以参考表 7-7 中的口型练习制作。

7.6 本章小结

(1) 制作表情目标体常用工具：Blend Shape（混合变形）、Cluster（簇）。Blend Shape（混合变形）是用来将目标体与基础物体连接起来产生动态的，Cluster（簇）是用来调整表情目标体形状的。

(2) 表情制作对模型有严格的要求，模型布线的走势必须遵循肌肉走势，并且表情丰富的位置布线相对稠密。

(3) 嘴部和眼部表情制作时要避免嘴唇与牙齿、眼皮与眼球的穿插。

(4) 在项目制作中应根据实际需要制作表情目标体，不一定每次制作表情都做得很全面。例如有些角色不需要说话，就可以不制作口型目标体。

7.7 课后练习

参考表 7-5 ～表 7-7 完成本章角色表情目标体的制作。

附　录

课程实录其他分册内容提示